创新思维培养与实践

许冬梅 编著

·广州·

版权所有　翻印必究

图书在版编目 (CIP) 数据

创新思维培养与实践/许冬梅编著. —广州：中山大学出版社，2020.8
ISBN 978-7-306-06897-2

Ⅰ. ①创… Ⅱ. ①许… Ⅲ. ①创造性思维—教材 Ⅳ. ①B804.4

中国版本图书馆 CIP 数据核字 (2020) 第 116918 号

出 版 人：	王天琪
策划编辑：	嵇春霞
责任编辑：	杨文泉
封面设计：	刘 犇
责任校对：	卢思敏
责任技编：	何雅涛
出版发行：	中山大学出版社
电　　话：	编辑部 020-84110283，84113349，84111997，84110779
	发行部 020-84111998，84111981，84111160
地　　址：	广州市新港西路135号
邮　　编：	510275　　传　真：020-84036565
网　　址：	http://www.zsup.com.cn　　E-mail:zdcbs@mail.sysu.edu.cn
印 刷 者：	广东虎彩云印刷有限公司
规　　格：	787mm×1092mm　1/16　19印张　425千字
版次印次：	2020年8月第1版　2023年8月第2次印刷
定　　价：	56.00元

如发现本书因印装质量影响阅读，请与出版社发行部联系调换

内容提要

　　本书是一本系统介绍创新思维培养机理及实践方式的教材，目的是提升学生的思维方式与技能，培养学生的主动创新意识与能力。本书内容包括上编的创新思维过程和价值、创新思维基础及训练、思维障碍与突破、大脑思维机理等，下编的创新思维过程中适宜的感知思维工具、管理创新思维过程的缜密思维工具等；同时在每章设置了课前动脑的思维游戏、引导案例、课后思考题、每节核心知识点的小案例引导、思维工具的实践案例等教学内容。

　　本书具有注重创新思维理论构建的系统性、突出内容的实用性、强调结构的逻辑性等主要特点。本书适合作为应用型本科院校或高职高专学生思维方法培养的课程教材，也可作为"双创"背景下创新创业教育的上游基础性教材，还可以供希望改善自己思维能力的有志人士阅读参考。

前　言

李克强总理提出的"大众创业、万众创新",强调要鼓励与关注市场中微观主体的创新。只有微观主体具有创新活力,整个国家才能迸发出巨大活力;这也是国与国之间竞争的原动力。这要求人们的"主动创新",即主动学习并应用创新规律、规范性工具引导思考方向,寻求创新性解决问题的方式。"主动创新"需要培养创新思维的思维习性与方式,即创新思维教育需要解决两个问题:其一,让创新思维成为思维的必经阶段;其二,创新思维教育具有实践性,这要求关注思维过程。

认知心理学认为,思维过程实际是大脑的信息加工过程,"创新思维之父"德博诺也认为创新思维是一种感知—反应。华莱士提出创新思维过程:准备、酝酿、明朗及验证四阶段是思维的心理过程。虽然这一理论被广为认可,但却因不能与外界产生交互作用而难以实践。基于以上理念,本书编者引入了认知过程中唯一具有外显性特征的知觉三阶段(展露、注意与理解)进行理论建构、组织教材,并历经数年教学实践、屡经迭代编成此书。

本书与常规的创新思维培养的教材差异在于两方面。其一,建构了创新思维习常化的理论基础:创新思维过程嵌入思维过程中的知觉阶段,创新思维因此成为思维的必经阶段。唯如此,才可能培养出"人人创新、万众创新",进而"主动创新"的思维主体。其二,提出了创新思维技能显性化的实践路径:在创新思维不同阶段嵌入不同的感知思维工具;由于工具的实践性,因而创新思维教育有了实践的路径。如此设计,创新思维教育可教、能学、更可用,解决了当前创新思维印证式教育的痛点——一种以"定义+案例"的形式阐述创新思维的思维形式或技法、受教者难以实践或者只能偶尔应用的"被动创新"的教育模式。此外,本书编撰理念也提供了专业知识应用的实践途径:将专业知识作为思维工具或思维的视角。这也诠释了大学教育的本质是思维教育的内涵。

本书最鲜明的特色是逻辑性、应用性与实践性,作为思维方法与技能培养的书籍,特别适合面向企业岗位培养的应用型研究生、本科生、大专生等,也可以作为个体期望提升并指导创新实践的工具书。本书融合了创新思维教育中普遍的创新技法及企业常用的经典管理工具,这有利于受教者在企业实践中的对接。本书的工具应用案例大都来源于受教者在企业岗位上的实践,这也为本书的读者提供了工具应用的体验感。

创新思维作为一门课程,它应该令学习者知其然,即"如何",还应该让学习者知其所以然,即"为何"。这样的学习效果才会更好,学习者方能将其内化成自己的能力，并最终得到思维能力的提升。这也是本书编排的逻辑：上编的四章围绕培养机理解释"为何"，阐述了创新思维的头脑基础与准备。具体包括：第一章"创新思维概述"，述及了内涵、特性、过程及价值等；第二章"创新思维基础"，阐述了形象思维是创新思维的主要来源，以及作为创新思维因子的内核与基础的想象力与记忆力的训练方式；第三章"思维障碍与突破"，介绍了定势思维、逻辑思维、批判性思维、水平思维的内涵，以及与创新思维的关系；第四章"大脑思维机理"，介绍了思维器官大脑的功能与运作模式。下编的四章侧重实践工具阐述"如何"，介绍了创新思维不同阶段的感知思维工具。第五章"准备期：充分展露的思维工具"，讲述有利于拓展展露以广泛获取信息的思维工具；第六章"酝酿、明朗期：引导注意力的思维工具"，提供引导注意的思维工具，目的是突破思维定势，寻找其他的可能；第七章"验证期：全面理解的思维工具"，提出了关注更多的细节以对前阶段感知结果进行全面解释或理解的思维工具；第八章"培养创新思维习性"，强调如何管理与修炼思维，提出了缜密思维工具及思维训练方法。第五至七章内的节与节之间亦存在先后顺序的逻辑关系，充分体现了不同思维阶段不同思维工具的选择。这也为实践中运用多个模型（工具）进行一个决策提供了理论依据与实践路径。从理论上说，如果懂得了上编的思维机理（"为何"），那么下编的实践工具（"如何"）完全可以因应个体的专业、经验进行选用与拓展。下编"如何"其实是对上编"为何"的一个佐证与呼应，也是与实践应用紧密结合的案例举证。

  本书是编者在中山大学新华学院"创新思维培养与实践"课堂的五年实践及系列关联研究后的成果。本书编排的逻辑性强，基于课堂的良好教学效果反馈以及学生在工作中的成功应用（也特别感谢他们提供的实践案例）都给予了编者编制本书不绝的动力。本校管理学院彭建平院长在关联课题研究上的鼓励与支持、杨宇帆副院长基于培养学生创新素养的远见都对本书的诞生起到了奠基性作用。2016年成功申报校级项目"独立学院大学生创新思维培养与实践的课程体系研究"是一个蒙昧但却很好的开端；成功申报广州市"十三五"社科规划项目［广州市哲学社科规划2019年度课题"大湾区创新保障机制研究：创业与就业视域下的创新思维教育"（2019GZGJ220）］是一个巨大的激励；2019年成功申报"校级质量工程规划教材"项目及入选管理学院的商科平台课则是实质上的促进。其间，编者常常经历今是昨非的失落与喜悦：作为一名理科出身者，常常执着于教材框架的逻辑性，总是关注教育结果的过程性，无论是框架章节的编排，还是内容文字的组织都屡经迭代。中山大学哲学系熊明辉教授指引的德博诺的创新思维培养理念与编者营销专业背景带来的跨学科理念碰撞与交融，开启了本书的理论创新。这为编者在面对学生们对既有创新思维教育模式产生质疑而困惑之际，打开了一扇全新的门。这种全新并不是完全的摒弃，而是基于对既有创新思维教育内容及模式梳理后的创新迭代。这是一个漫长的梳理、实践、反思与反复修改的过程，引导编者深层次的思考，从模糊渐至清晰，终得以完稿。

  特别感谢中山大学出版社嵇春霞副总编及杨文泉编辑在本书的编辑、出版方面所做的工作。

本书从动笔到完稿历经数年，诸多资料都是源于平时的持续性的零星收录，因此可能存在借鉴部分学者、专家的观点而未能一一有效标注，在此一并谢过。由于作者水平有限，书中的缺陷在所难免，期望能得到专家、学者及同行的批评和赐教，以进一步调整与完善。

使用指南

使用指南旨在方便本书的学习者和使用者，使其尽快熟悉本书的编写特点，掌握本书的学习和使用要领，方便和有效地学习。

1. 教学建议

本课程是关于学生创新思维培养与实践方面的课程，通过构建创新思维过程与思维过程中知觉三阶段的对应关系，实现创新思维成为思维的必经阶段，进而也实现了创新思维过程的显性化，因而也是思维方式与技能培养的课程。通过讲授创新思维的基础与机理，及创新思维过程对应的感知思维工具的实践性，培养创新思维习性，提升思维能力。

2. 教学方式方法及手段建议

创新思维是一门教授方法的学科，学生需要理解创新思维的机理，方能领悟方法学习的内涵。为使教学达到预期效果，建议在进行理论教学（即课堂讲授）时，尽量以学生能感受到的现实问题导入；学生首先形成感性认识，进而领悟与理解。作为方法和技能的学习，重在学生的实践和参与，因而课堂应该有多于一半的时间让学生讨论与分享，让学生主导课堂是保证本门课学习有效性的根本。

3. 学时分配建议（供参考）

序号	章节	教学内容	学习要点	学时安排
1	第一章	创新思维概述	创新思维的内涵	2
			创新思维的特性	
			创新思维的过程	
			创新思维的价值	
2	第二章	创新思维基础	形象思维	4
			创新思维因子	
			想象力训练	
			记忆力训练	

续上表

序号	章节	教学内容	学习要点	学时安排
3	第三章	思维障碍与突破	思维定势	4
			逻辑思维	
			批判性思维	
			水平思维	
4	第四章	大脑思维机理	大脑的功能	2
			大脑的运作模式	
			创新思维教育	
			引导感知的工具	
5	第五章	准备期：充分展露的思维工具	使用信息的来源	6
			运用提问	
			寻找不相关信息	
6	第六章	酝酿、明朗期：引导注意力的思维工具	寻找：激发与运用逻辑	6
			延伸	
			判断	
7	第七章	验证期：全面理解的思维工具	回顾与复核	4
			推演	
			总结：经验与试点	
8	第八章	培养创新思维习性	缜密思维	2
			思维的修炼	
9	学科考查	小组作业 + 个人作业	小组汇报、个人展示	6
10	合计			36

4. **本书框架结构图（见下图）**

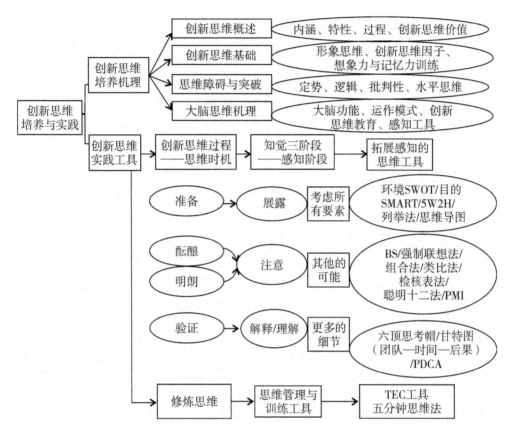

目　录

上编　创新思维培养机理

第一章　创新思维概述 ⋯⋯⋯⋯⋯⋯⋯⋯⋯⋯⋯⋯⋯⋯⋯⋯⋯⋯⋯⋯⋯⋯ 3
　　第一节　创新思维的内涵 ⋯⋯⋯⋯⋯⋯⋯⋯⋯⋯⋯⋯⋯⋯⋯⋯⋯⋯⋯ 5
　　第二节　创新思维的特性 ⋯⋯⋯⋯⋯⋯⋯⋯⋯⋯⋯⋯⋯⋯⋯⋯⋯⋯⋯ 12
　　第三节　创新思维的过程 ⋯⋯⋯⋯⋯⋯⋯⋯⋯⋯⋯⋯⋯⋯⋯⋯⋯⋯⋯ 16
　　第四节　创新思维的价值 ⋯⋯⋯⋯⋯⋯⋯⋯⋯⋯⋯⋯⋯⋯⋯⋯⋯⋯⋯ 22

第二章　创新思维基础 ⋯⋯⋯⋯⋯⋯⋯⋯⋯⋯⋯⋯⋯⋯⋯⋯⋯⋯⋯⋯⋯⋯ 30
　　第一节　形象思维概述 ⋯⋯⋯⋯⋯⋯⋯⋯⋯⋯⋯⋯⋯⋯⋯⋯⋯⋯⋯⋯ 31
　　第二节　创新思维因子 ⋯⋯⋯⋯⋯⋯⋯⋯⋯⋯⋯⋯⋯⋯⋯⋯⋯⋯⋯⋯ 43
　　第三节　想象力训练 ⋯⋯⋯⋯⋯⋯⋯⋯⋯⋯⋯⋯⋯⋯⋯⋯⋯⋯⋯⋯⋯ 52
　　第四节　记忆力训练 ⋯⋯⋯⋯⋯⋯⋯⋯⋯⋯⋯⋯⋯⋯⋯⋯⋯⋯⋯⋯⋯ 57

第三章　思维障碍与突破 ⋯⋯⋯⋯⋯⋯⋯⋯⋯⋯⋯⋯⋯⋯⋯⋯⋯⋯⋯⋯⋯ 65
　　第一节　思维定势 ⋯⋯⋯⋯⋯⋯⋯⋯⋯⋯⋯⋯⋯⋯⋯⋯⋯⋯⋯⋯⋯⋯ 67
　　第二节　逻辑思维 ⋯⋯⋯⋯⋯⋯⋯⋯⋯⋯⋯⋯⋯⋯⋯⋯⋯⋯⋯⋯⋯⋯ 76
　　第三节　批判性思维 ⋯⋯⋯⋯⋯⋯⋯⋯⋯⋯⋯⋯⋯⋯⋯⋯⋯⋯⋯⋯⋯ 83
　　第四节　水平思维 ⋯⋯⋯⋯⋯⋯⋯⋯⋯⋯⋯⋯⋯⋯⋯⋯⋯⋯⋯⋯⋯⋯ 95

第四章　大脑思维机理 ⋯⋯⋯⋯⋯⋯⋯⋯⋯⋯⋯⋯⋯⋯⋯⋯⋯⋯⋯⋯⋯⋯ 105
　　第一节　大脑的功能 ⋯⋯⋯⋯⋯⋯⋯⋯⋯⋯⋯⋯⋯⋯⋯⋯⋯⋯⋯⋯⋯ 106
　　第二节　大脑的运作模式 ⋯⋯⋯⋯⋯⋯⋯⋯⋯⋯⋯⋯⋯⋯⋯⋯⋯⋯⋯ 114
　　第三节　创新思维教育 ⋯⋯⋯⋯⋯⋯⋯⋯⋯⋯⋯⋯⋯⋯⋯⋯⋯⋯⋯⋯ 123
　　第四节　引导感知的工具 ⋯⋯⋯⋯⋯⋯⋯⋯⋯⋯⋯⋯⋯⋯⋯⋯⋯⋯⋯ 132

下编　创新思维实践工具

第五章　准备期：充分展露的思维工具 ⋯⋯⋯⋯⋯⋯⋯⋯⋯⋯⋯⋯⋯⋯⋯ 143
　　第一节　使用信息的来源 ⋯⋯⋯⋯⋯⋯⋯⋯⋯⋯⋯⋯⋯⋯⋯⋯⋯⋯⋯ 144

第二节　运用提问 …………………………………………… 163
　　　第三节　寻找不相关信息 …………………………………… 177
第六章　酝酿、明朗期：引导注意力的思维工具 ……………… 187
　　　第一节　寻找：激发与运用逻辑 …………………………… 189
　　　第二节　延伸 ………………………………………………… 209
　　　第三节　判断 ………………………………………………… 224
第七章　验证期：全面理解的思维工具 ………………………… 230
　　　第一节　回顾与复核 ………………………………………… 232
　　　第二节　推演 ………………………………………………… 241
　　　第三节　总结：经验与试点 ………………………………… 253
第八章　培养创新思维习性 ……………………………………… 263
　　　第一节　缜密思维 …………………………………………… 265
　　　第二节　思维的修炼 ………………………………………… 274

附录　课程考查 …………………………………………………… 284
参考文献 …………………………………………………………… 286

上编　创新思维培养机理

爱因斯坦说过，教育就是当一个人把在学校所学全部忘光之后剩下的东西。这就是思维。

教育的本质就是思维方式的培养。美国哈佛大学前任校长陆登庭认为，一个成功者和一个失败者之间的差别，并不在于知识和经验，而在于思维方式。

思维教育有两种方式，其一为专门的思维课程，如逻辑思维课程、批判性思维课程、创新思维课程等，其侧重思维的方法与技能；其二为不同的课程促进思维，如各种专业课程铸就的专业思维，其侧重思维的视角与内容。二者的关系是：前者避免后者陷入专业思维的束缚与定势，拓宽思维的广度；后者为前者提供思维的燃料，提升思维的深度。

"创新思维培养与实践"是一门讲授思维方法与技能的课程，这要求学习者理解并掌握其机理，在此基础上才能形成并将其内化成自己的思维方式，进而在生活与工作中灵活应用创新思维的技能，培养主动创新意识与创新思维的习性。大脑是思维的器官，学习者必须通过训练提升自己大脑的活跃度，如想象力与记忆力等，为更有效地实现创新思维做准备。

第一章　创新思维概述

学习目标
1. 理解创新思维的概念。
2. 知道创新思维的特性。
3. 掌握创新思维的过程。
4. 了解创新思维的价值。

课前动脑
1. 现有黑白尼龙袜各 7 只，至少要取出几只才能凑成颜色相同的一对？
2. 2 个数字 1 组成的最大数为 11，3 个数字 1 组成的最大数为 111，4 个数字 1 组成的最大数是多少呢？
3. 有一条宽（对岸 A 点和 B 点的距离）100 米的河，同岸边的 C 点距 B 点的距离 300 米。现要架一座桥，桥只能与这条河垂直架。请问怎样架这座桥才能使从 A 点走到 C 点的路程最短？
4. 10 个人面墙而立成纵列。每人戴一顶红色或黑色帽子，后排的人能看到前面所有人的帽子。假设在戴帽子前可以讨论，每人有一次机会猜自己头上帽子（只说红色或黑色），如何保证最多人猜对？

导入案例

屠呦呦发现青蒿素

诺贝尔生理学或医学奖得主约瑟夫·戈尔斯坦曾说过，生物医学的发展主要通过两种途径：一是发现，二是发明创造。而屠呦呦却同时通过这两种途径发现了青蒿素及其抗疟功效，开创了人类抗疟之路的一座新的里程碑，并因此获得 2015 年诺贝尔生理学或医学奖。

1969 年年初，屠呦呦带领的课题组开始从中国传统医学宝库中寻找分离治疗疟疾的有效成分。课题组经过两年的艰苦努力，在 2000 多种中草药中筛选出了最有希望的青蒿，但最初的实验结果并不十分理想。屠呦呦查阅文献时看到公元 340 年间东晋葛洪对青蒿治疗方法的描述是"绞取汁"，而不是传统的水熬时受到启发，意识到可能是煮沸和高温提取破坏了青蒿中的活性成分，于是她改变了原来的提取方法。新法所得提取物获得了很好的实验效果。这也是青蒿中有效成分青蒿素发现过程中的一个重大突破。

> 青蒿只是一个类别，包括了6种不同的中草药，每一种都包含了不同的化学成分，治疗疟疾的效果也不同，葛洪并没有具体指明哪一种青蒿及青蒿的哪一部分可用来治疗疟疾。屠呦呦经过反复实验和研究分析，发现了"黄花蒿"，含有抗疟活性的是它的叶片，而且只有新鲜的叶子才含有，进而发现即将开花的叶片所含青蒿素最丰富。
>
> 在上述系列发现的基础上，1972年，屠呦呦和她的同事从青蒿中提取到了一种无色结晶体，并命名为青蒿素。正如约瑟夫·戈尔斯坦所说，这一发现只是第一步，接下来的第二步才是创造性的工作，即如何将这种具有抗疟功效的天然分子转化为一种强效抗疟药物。
>
> 对疟疾患者的临床实验表明，青蒿素的抗疟疾效果极好，不仅能减轻症状，而且能够治愈这种疾病。屠呦呦研究小组最初进行临床测试的药物形式是片剂，但结果并不太理想，后来改成一种新的形式——青蒿素提纯物的胶囊，由此开辟了发明抗疟疾新药的道路。
>
> 无论是发现还是发明都源于屠呦呦及其团队使用了不同于常人的眼光看待事物，即创新思维。
>
> （资料来源：《屠呦呦接受美国〈临床研究期刊〉访谈》，方陵生编译，《文汇报》2011年9月22日。有改动。）

创新思维是一种不以常规眼光看问题，从而创造性地解决问题的思维，新颖、独特、有价值是创新思维成果的判断标准。

知识是创新思维的来源与燃料，但在获取知识的过程中可能形成引发创新思维的障碍。这要求理解知识背后的本质关系、进行知识结构的拓宽，这也是产生高品质创新的源泉。

创新思维是普通人经由训练可以掌握的思维技能。一般认为，创新思维的过程包括准备、酝酿、明朗与验证四阶段。

创新思维的价值体现在国家、社会及个体生活工作的方方面面。国与国之间的竞争优势源于创新的领先；社会的创新发展源于人类无止境升级的需求；个体在工作、生活之中的创新既有利于环境中竞争优势的获取，也是社会、国家创新的源泉。

本章主要讲述创新思维的内涵、特性、过程及价值，目的是建立对创新思维的基本认识。

第一节　创新思维的内涵

一、创新思维的定义

创新思维可拆解为"创新"与"思维"两个词进行理解。创新是指人类为了一定的目的，遵循事物发展的规律，对事物的整体或其中的某些部分进行变革，从而使其得以更新与发展的活动。创新在当今世界，尤其在我们国家是一个出现频率非常高的词。在 2015 年《政府工作报告》中，李克强总理 38 次提到"创新"。同时，创新又是一个非常古老的词。在英文中，创新（innovation）这个词起源于拉丁语。它原意有三层含义：第一，更新；第二，创造新的东西；第三，改变。"创新"遍及社会的方方面面，比如产品创新、市场创新、模式创新、管理创新等。总之，凡是有助于改善当前环境中的工作质量、生活质量、工作效率或竞争地位的，都可以称之为创新。创新不一定是全新的东西，强调的是在当前情境下对旧的事物的扬弃。

思维是指人脑对客观世界的反映，即借助于语言对客观事物的概括和间接的反应过程。按照信息论的观点，思维是对新输入信息与脑内储存的知识、经验、价值观等进行一系列复杂的心智操作的过程；思维以感知为基础又超越感知的界限。通常意义上的思维，涉及所有的认知或智力活动，它探索与发现事物内部的本质联系和规律性，是认识过程的高级阶段。思维对事物的间接反映，是指它通过其他媒介认识客观事物，即借助已有的知识和经验、已知的条件推测未知的事物。从这个角度来说，思维是指思考的方向或思考的维度，是一个基于某种目的而进行的有意识的探索过程。这个目的可能是理解问题、决策制定、解决问题、判断、采取行动等。

创新源于创新思维，可以认为，创新思维是指相对既有对象，提出更新或变革的思考方向。创新思维是创新的基础与前提：先有创新思维，才可能产生创新的结果。

创新思维有狭义与广义之分。狭义的创新思维是指思维成果是首创的、独一无二的，具有社会价值和社会意义；广义的创新思维是指（对个体而言）以前头脑中不存在的、没有经历过的新颖、独特的思维过程。后者更具普遍性与实践性。总之，创新思维既是相对于群体，也是相对于某个个体应用了独创、新颖的方式解决问题的思维过程。

人们在面对问题时，通常的思维方式是利用现有信息进行分析、综合、判断、推理而产生解决办法，实则是将所需解决的问题与头脑中已储存的曾经历的问题进行匹配，以寻找解决问题的办法。其本质是通过学习、记忆和记忆迁移的方式去思考问题。这种思维被称为自然思维、再现性思维，也被称为习惯性思维。而第二种思维方式则是在已有经验的基础上，寻找另外的途径。从某些事实中探求新思路、发现新关系、创造新方法以解决问题，这被称为创新思维。比如，在国外番茄采收机的发明过程中，番茄皮易被夹坏，虽反复调整机器的压力但也解决不了问题；后来培育出硬皮番茄或方型番茄解决了该问题。前一种做法的思维即为习惯性思维，后者则为创新思维。

同样一个问题，人们采取不同的思维方式去寻求解决的方法，可能产生完全不同的效果。人们习惯的第一种思维方式，要么解决不了问题，要么没有使用当前更适合的解决问题的方式。而第二种思维方式则是跳脱了习惯性思维的束缚，寻找到更佳的解决方法。番茄采收机正是运用了逆向思维，创造性地从采摘对象——番茄着手，以新颖、独特的方式解决了自动采收番茄的难题。常规的定义中，创新思维是指以新颖独创的方法解决问题的思维过程，通过这种思维能突破常规思维的界限，以超常规甚至反常规的方法、视角去思考问题，提出与众不同的解决方案，从而产生新颖的、独到的、有社会意义的思维成果。这个定义包含两方面内容：首先，它是能够产生创造性社会后果或成果的思维，即新颖、独特、有价值是创新思维的成果判断标准；其次，它是在思维方法、思维形式、思维过程等的某些方面富有独创性的思维。简言之，创新思维就是思维本身和思维结果均具有创造特点的思维。

国家思维科学首席专家王跃新在其《创新思维学》一书中界定了创新思维的本质。他认为创新思维是思维主体依托大脑（尤其是右脑）皮层区域的运动，以人类特有的高级形式的感知、记忆、思考、联想、理解等能力为基础，在与思维客体的相互作用过程中，通过发散和收敛、求异与求同、形象和抽象、逻辑与非逻辑等辩证统一的思维过程，历经准备、酝酿、明朗和验证等四个时期，形成具有首创性、开拓性、复合性认知成果的心智活动。王跃新的这个定义内涵丰富而全面：第一，创新思维的能力来源是感知、记忆与想象。这三者中，感知是唯一有外显特征的，更具体地说，感知过程包含的知觉三阶段即展露、注意和解释等与外界有交互作用。第二，引发创新思维的形式有发散、形象、逆向等。如果个体这些方面的思维能力强，则将有利于创新思维。故而，针对思维形式的教育也是当前创新思维教育的主要内容之一。第三，创新思维的过程包含准备、酝酿、明朗和验证等四个阶段。第四，创新思维的成果具有首创性、新颖性、独到性等特点。

思维学专家贺善侃教授在《创新思维概论》一书中认为，创新思维是指人类在探索未知领域的过程中，充分发挥认识的能动作用，突破固定的逻辑通道，以灵活、新颖的方式和多维的角度探求事物运动内部机理的思维活动。他指出，广义的创新思维是经常可见的、面广量大的思维，常见于人们日常的思维活动中。只要对确定的规则有所突破，对已有的思路有所更新，对以往的方法有所改善，都可称作某种意义的创新。狭义的创新思维以优见长，属于高级、尖端的思维活动，是创新思维中的精华。前者是后者的基础。

学者张晓芒认为，创新思维是思维的一种智力品质，是一种认知能力，是基于过往知识、经验及当下信息的连接而产生的符合事物内在本质与规律的思维产物。学者张丽华和白学军（2006）认为，创新思维是一个过程、状态和结果，是大脑皮层区域不断恢复联系和形成联系的过程，是以感知、记忆、思考、联想、理解等能力为基础，以综合性、探索性和求新性为特点的心智活动。

国际"创新思维之父"爱德华·德博诺（Edward de Bono）（通称德博诺）认为，创新思维是一种感知—反应，是思维的智力表现，是一种思维方式与技能。他提出，创新思维就是在恰当的时机嵌入适合的感知思维工具。德博诺建立了一套风靡全世界的创新思维训练与实践工具——柯尔特（Cort）思维训练。他为创新思维培养奠定了理论基础，并且认为创新思维应该要成为思维的习性才可能有效地培养出创新思维的能力。

综上所述，思维研究者公认：创新思维是人类特有的一种高级思维形式，是人们认知世界的过程，也是促使人们进行创新活动的动因；创新思维是一种具有开创意义的思维活动，即开拓认识领域、开创认识成果的思维活动，它往往表现为发明新技术、形成新观念、提出新方案或决策、创建新理论等。

二、知识与创新思维

小案例 1-1

蜜蜂和苍蝇

组织行为学者卡尔·维克曾做过一个实验，把6只蜜蜂与6只苍蝇共同装进一个玻璃瓶中，然后将玻璃瓶平放，瓶底朝向光线最明亮的窗户，再打开瓶盖。实验结果：蜜蜂会不断地在瓶底找出口，直至力竭而死；而苍蝇却在不到两分钟的时间，从玻璃瓶口逃出。蜜蜂之死，是因为它们以为"密室"的出口必然是在光线最明亮的地方，所以只管拼命撞向瓶底。这显示出虽然蜜蜂的智力相对苍蝇来说，其实比较高——其能重视逻辑和经验，但却容易因囿于经验而作茧自缚。反之，苍蝇的智力比较低，只管四下乱飞，却误打误撞地找到了出口。

（资料来源：卡尔·维克著《组织的社会心理学》，高隽译，中国人民大学出版社2009年版，第8页。有改动。）

我们在生活实践中常常有这样的认知：高学历的人并不见得比低学历的人有更高的创造力，有时知识似乎阻碍了创新思维。犹如玻璃瓶中的蜜蜂，其虽更有知识，却因囿于常规而致死，反不及无知识的苍蝇能逃生，这也是我国的教育常受到诟议的地方——高分低能。

确实，低学历的人不见得缺乏创造力，但知识并不必然形成创新思维的障碍，反而它应该是创新思维丰富性的重要来源。知识是客观事物及其客观规律反映的结果，是高层次的系统化的信息。心理学教授艾莉森·高普尼克认为，想象力来源于知识，并指出正是在理解了事物之间的因果关系的知识以后，想象力才成为可能。比如现在的武侠小说里总有"暗器"，但在数量不少的古代神侠小说中暗器却几乎没有出现。为什么古人想象不到暗器？因为暗器是近代小说家受手枪的启发想象出来的。如果没有知识，天马行空地漫想也难以想出有价值的创新。换言之，蜜蜂之所以找不到出口，正是对能让光线穿透的玻璃缺乏了解，即光亮并不必然是出口，反而可能是形成阻碍的玻璃。

人在对自然、社会等认知的过程中会获得知识。当一个人没有任何知识储备的时候，是无法实现创新的，因此要不断积累知识。而知识的积累并不完全是指在数量上的增加，更需要在数量的基础上有质的改进。当两者的积累都达到一定程度时，思维主体对外界刺激就会具备别样的敏锐，从而不断地产生创新思维活动。专家与新手的区别不仅在于专家比新手拥有更多的知识，最主要是二者头脑中知识的组织方式的不同。比如，专家和新手对相同的物理问题的分类：专家通常对问题的深层次结构很敏感，他们根据与问题解决途径有关的物理原理（如能量守恒原理）来判定类别；而新手则对问题的表面特征敏感，他们往往根据问题涉及的物体实体进行归类。这表明专家和新手的差别不仅在于他们拥有的知识量的差异，还在于他们头脑中知识的组织方式上的差异。

知识在头脑中组织方式的差异实则是一种知识应用即思维的能力。爱因斯坦是20世纪最伟大的科学家，他认为，大学教育的价值，不在于学习很多事实，而在于训练大脑会思考。这里说的"事实"就是知识。比如"光速是多少"这是事实与知识，知识当然重要，但是知识不是教育的全部内容。光知道光速还不行，更关键的还在于知道（光速）这样的事实可以用来解决什么问题，这就是大学教育的本质——思维的教育。李开复在写给女儿的信中说，最重要的不是你学到的具体的知识，而是你学习新事物和解决新问题的能力。

清华大学教授钱颖一对著名的"钱学森之问"——为什么我们的学校总是培养不出杰出的人才——的解释是：在我们的教育体制下，学生的知识结构有问题。我们的学生过多局限于专业知识，而缺乏跨学科、跨领域、跨界知识，而这些往往是具有创造力的人才所具备的。创新思维首先来源于知识，这似乎没有争议。但这个知识并不仅限于学科和领域的专业知识，而是应该包括跨学科知识、跨领域知识、跨界知识，而这些正是我们的薄弱环节。创新思维强调的是用不同视角看待问题，过于专注专业知识视角，反而会形成很强烈的定势与偏见。

合理的知识结构对创造性思维的影响体现在以下六个方面。

（1）影响思维的流畅性。人们遇到问题时，首先就要在头脑中形成解决问题的设想。知识面越广，掌握的越扎实，可提供的信息就越多，就越能在短时间内迅速发散思维。

（2）影响思维的变通性。要使思维从一个维度转换到另一个维度，实现从一个领域跨越到另一个领域，就必须以丰富的专业基础知识和纯熟的创新技法为先决条件。

（3）影响思维的新颖性。基础知识缺乏使人创造力枯竭；哲学知识缺乏可能使人迷失创造方向；创造技法知识缺乏易使人思维禁锢，难以找到突破口。三者兼备才能对实践要求和研究动态进行全面分析，发现缺口或空白点，创造出既新颖又有价值的东西。

（4）影响创造优势。知识领域的宽窄和水平的高低、前沿知识的精尖程度在很大程度上决定了一个人的创造优势。创造活动的成败往往源于知识结构的细微差距。

（5）影响思路的开阔性。知识面的广度、宽度影响到思路的开阔程度，即面对一个信息的输入，头脑会更易感且更多元，从而能极大地拓宽思路。

（6）影响灵感的产生与捕捉。灵感只会生发在"有准备的头脑中"，是积淀在潜意识中的经验、知识在外界刺激下的突然联系，因而丰富的知识积累配以长久深思，将能提高捕捉和激发灵感的能力。

当今时代是一个知识爆炸的时代，也是一个头脑竞争的时代。在竞争日益激烈的环境下，一个人想要很好地生存，不但需要勤奋付出，而且还必须具有智慧。智慧需要将获得的知识建立深层次的联系，从而能很好地运用知识来解决问题，而这依靠的就是大脑思维。那些在社会上有所成就的人无不是具有卓越思维能力的人。

小知识 1-1　　　　**本科生提升知识创新能力的途径**

（1）勇于创新。只要对自己来说是"创新"的就是创新。
（2）学以致用，夯实理论知识。学习不以分数为目的。将学到的知识与可能的问题进行情境联想，注重知识与实践应用的联结思考。
（3）查看文献与新技术，了解学科前沿动态；参与老师的课题等。
（4）参与业界创新实践，与时俱进。如参与各类学科赛事等。

（资料来源：笔者撰写。）

三、创新思维研究

创新思维属于思维科学研究的范畴，国外关于创新思维的研究相对较早。20世纪科学技术的蓬勃发展引致的发明创新对经济带来深远影响，心理学家和创造学家试图探索创造的本质内容、寻求影响创新思维能力的根本因素，最终目的是找到培养创新能力及创新思维能力的途径。

创新思维的研究最早可溯至19世纪中叶英国心理学家高尔顿著的《遗传的天才》，1898年美国心理学家、哈佛大学教授笛尔本著的《创造性想象测验》。

英国心理学家约瑟夫·华莱士在1926年出版的《思考的艺术》则是针对创造力

核心——创造性思维——的标志性研究。华莱士首次对创造性思维所涉及的心理活动过程进行了较深入的研究，并提出了包含准备、酝酿、明朗和验证等四个阶段的创造性思维模型。

德国心理学家韦索默在1945年出版的《创造性思维》中明确地提出了"创造性思维"这一概念。韦索默运用心理学的格式塔理论分析创造性思维过程。他提出，创造性思维过程既不是形式逻辑的逐步操作，也非联想主义的盲目联结，而是格式塔的"结构说"。他进一步指出，这种格式塔结构既不是来自机械的练习，也不能归之为过去经验的重复，而是通过顿悟而获得。

美国心理学家吉尔福特在1959年出版的《论创造力》一书中提出了三维智力结构模型，即人类智力应由三个维度：智力的内容、智力的操作、智力的产物等构成。在1967年出版的《人类智力的性质》一书中，他又对这个结构模式进行了详细论述。他把发散性思维与聚合性思维相统一，提出发散性思维的流畅性、变通性以及独创性等特性是创造的核心。目前，通用的创新思维能力的测试大都是沿用吉尔福特的发散性思维的测量方法。

1988年，美国耶鲁大学心理学家斯滕伯格教授提出了一种在国际上有较大影响的"创造力三维模型理论"。该模型的第一维是指与创造力有关的"智力"（智力维），第二维是指与创造力有关的认知方式（方式维），第三维是指与创造力有关的人格特质（人格维）。斯滕伯格对创造力的研究是将人的智力、知识、人格等个体因素与外部环境因素相结合。他通过实验对相关信息进行整理、研究，得出有利于创新思维发生的六种重要因素：知识经验、智力、人格特征、思维方式、动机、外部环境。同时，他还认为综合与优化这些因素是获取创新成果的关键。

20世纪80至90年代，知识发展速度达到巅峰，围绕思维的器官——大脑的研究取得了比较卓越的成果。脑科学家们的研究为创新思维开创了一个新的领域，关于创新思维能力与社会心理因素之间的关系的研究也有了突破性的进展。斯佩利和赫曼各自提出的"脑割裂理论"、麦克连的"脑部三分模型"和全脑模型理论等都具有划时代的意义，为创新思维能力的研究做出了巨大贡献，也因此衍生出很多围绕右脑开发及全脑开发的思维培训课程。

我国对创新思维的研究起步较晚。20世纪80年代初，钱学森院士开创了我国的思维科学研究。在其思维科学体系中，创新思维、形象思维、灵感思维、辩证思维等占据核心地位，成为培养创新人才的基本要素。在其引领下，我国引发了大量的创新思维研究。学者刘奎林（1986）提出了"潜意识推论"理论，并运用它建立起"灵感发生模型"。这是创造性思维研究中比较完整、有说服力的模型。

总之，目前学术界对创造性思维本身的研究其实还存在较多的争议，但这门学科本身已经成熟，学科体系构建也基本完成。这些研究一方面来源于实验，另一方面也是基于实践的需求。因而，很多国家都同步进行围绕创新思维培养的活动。这其中最具代表性的是亚历克斯·奥斯本及爱德华·德博诺。

> **小知识 1-2**
>
> ### 人物介绍
>
> 1. 亚历克斯·奥斯本（Alex Faickney Osborn，1888—1966）。"创造学和创造工程之父"、头脑风暴法的发明人。他是美国著名的创意思维大师，创设了美国创造教育基金会，开创了每年一度的创造性解决问题讲习会。亚历克斯·奥斯本用大半生的时间，走访美国各大学及上千家企业，进行人类创造力的研究。根据这些调查研究所著的畅销书《我是最懂创造力的人物》成为创造学、创新思维培养的思路、框架，该书的封底有一句话是对调查的总结，"强大的美国来自想象力和创造力"。
>
> 奥斯本的许多创意思维模式如头脑风暴法、奥斯本检核表法等已成为家喻户晓的常用方式，其所著《创造性想象》的销量曾一度超过《圣经》。
>
> 奥斯本名言：想象力是人类能力的试金石，人类正是依靠想象力征服世界的。
>
> （资料来源：品牌网，https://www.globrand.com/baike/yalikesiaosiben.html。有改动。）
>
> 2. 爱德华·德博诺（Edward de Bono）。1933年出生于马耳他，曾任职于牛津大学、伦敦大学、哈佛大学和剑桥大学。德博诺第一次把创造性思维的研究建立在科学的基础上，被誉为20世纪改变人类思考方式的缔造者，是创造性思维领域和思维训练领域举世公认的权威，被尊为"创新思维之父"。
>
> 德博诺已著书68部，其中《我对你错》一书阐述了德博诺的创新思维培养理念；《12堂思维课》则介绍了具体的思维方法或工具，可用于5岁儿童到顶级商业公司领袖的创新思维培训课程。
>
> 核心观点：大脑是自我组织的信息系统；创新思维是一种感知—反应；创新思维实现的途径是在恰当的思维阶段嵌入适宜的感知思维工具。
>
> （资料来源：爱德华·德博诺著《12堂思维课》，韩英鑫译，华东师范大学出版社2015年版；爱德华·德博诺著《我对你错》，冯杨译，山西人民出版社2008年版。有改动。）

创新思维一直被误认为是一种偶尔才需要用到、少数聪明人擅长的技能，因而并不被广泛接受与应用。20世纪中叶，关于思维研究最有名的成果之一：思维是可以借助于训练和学习而获得的高级技能。至此，创新思维才走下高不可攀的神坛，开始被看成人类思维的基本类型，被认为普通人也可以具有，并且有可能为更多的人所掌握。

作为技能，创新思维能训练与加强。尽管思考是我们都会做的事情，但个体间显然存在思考的差异。这就如人人都会跑步，但接受专家训练，我们的呼吸与姿势得以改善，从而帮助我们跑得更好。20世纪六七十年代，美国的少数学校进行过有关"创造性思维"的教学试验；这类试验基本上都是在吉尔福特的"发散性思维"教学理论的指导下进行的，它还远远不能反映出整个创造性思维过程的深刻内涵。在麻省理工学院讲授过工学课程的阿诺教授指出,曾经接受独创性训练的人,要比从未接受训练的人有更多推展富有价值的革新的机会。最初创办独创性教育课程的是美国奇异公司,其对职务与科学有关的职员进行了 16 堂的独创性训练。1962 年 8 月 23 日的《华尔街日报》曾记载:修完课程的人能够获得 3 倍以上数量的专利。

心理学家 OhoSelz 和 P. Kohnstamm 认为创新思维存在障碍的原因在于人们的认知缺陷,包括不能同时思考信息的两个方面、以零碎的方式处理资料等。基于此,学者们提出了"工具性增值"训练以提升创新思维。亚历克斯·奥斯本在《我是最懂创造力的人物》一书中根据走访企业的实践提炼出:创新思维可以通过培训产生,主要的方法是训练大脑的活跃性与创新技法的掌握应用。他还提出了头脑风暴法、奥斯本检核表法等具有实践性且后来被广泛采用的工具。德博诺推行的柯尔特思维训练法,主要也是思维模式(工具)的应用训练方法。他提出,思维是一种技能,可以通过训练、实践以及学习而得到提高。

创新思维可以经由培训获得,但需要人们付出艰苦的脑力实践。一项创新思维成果的取得,往往需要经过长期的探索、刻苦的钻研,甚至多次的挫折之后才能取得;而创新思维能力也要经过长期的知识积累、智能训练、素质磨砺等才能具备。

第二节 创新思维的特性

小案例 1-2　个人应用电脑

当比尔·盖茨还是哈佛大学法律系二年级学生时,他从杂志封面上看到 MITS 公司研制的第一台个人计算机的照片。他马上意识到,这种个人机体积小、价格低,可以进入家庭,甚至人手一台。比尔·盖茨的这个想法是异乎寻常的,当时统治计算机王国的 IBM 公司认为微型的个人电脑只能玩玩游戏、简单应用,计算机的发展潮流应该是大型机、巨大型机。但比尔·盖茨奇特的求异、逆向思维及敢于向传统、权威挑战的精神获得了巨大的成功。

(资料来源:卢业忠《智慧的价值》,载《发明与革新》2000 年第 1 期。有改动。)

创新思维是创新人才智力结构的核心,是社会乃至个人都不可或缺的要素。创新思维强调开拓性和突破性,在解决问题时带有鲜明的主动性,这种思维与创造活动联系在一起,体现新颖性和独创性的社会价值。因而创新思维成果特别强调新颖性、独特性与价值性。

吉尔福特最早提出创新思维的"发散性"概念,并以思想中产生观念的流畅性、灵活性和独特性来规定这种思维活动的本质。流畅性是指所涌现观念的数量多寡，数量是创新结果的基础。灵活性是从各个不同侧面去分析某一事物或问题的水平。它既表现为思维的开放灵活，可以从多层次、多角度、多方面去解决问题，以活跃的思维去应对千姿百态的世界；也表现为不受思维定势禁锢，即使思维受阻也能极快地调整思路。独特性指观念别具一格、独辟蹊径的程度，即能打破传统概念，不按部就班；能锐意改革，积极创新。在创新思维的过程中，人的思维极其活跃，能从不同的角度提出问题，以独到的见解分析问题，开展的思路与众不同，思维得到的结果标新立异、独具卓识。比如，英国作家毛姆在未成名时所出版的作品，社会反应冷淡，读者寥寥无几。于是他在报纸上刊登了一则首创性的征婚广告："本人喜欢音乐和运动，是个年轻而有教养的百万富翁，希望找到一个像毛姆小说中的主人公那样的女子做终身伴侣。"这则广告刊出后引起了社会的注意，有些人希望真能嫁一个年轻富有者，过一种舒适的生活，而更多的人则是出于好奇，想看看作者书中的主人公究竟是什么样的人。于是，冷落多时的作品很快成了畅销书。

发散思维是创新思维的重要特征，但创新思维不只是发散，它既具有一般思维的特点，又有别于一般思维。这种差别主要表现在：创新思维存在着思维形式的反常性、思维过程的辩证性、思维空间的开放性、思维成果的独创性及思维主体的能动性。这体现了创新思维的内在特性。

一、求实性

创新源于发展的需求，社会发展的需求是创新的第一动力；人类的需求永无止境，社会的创新也源源不绝。思维的求实性就体现在善于发现社会的需求，发现人们在理想与现实之间的差距；从满足社会的需求出发，拓展思维的空间。社会的需求是多方面的，有显性的和隐性的。显性的需求已被世人关注，若再去研究，易步人后尘而难以创新；隐性的需求则需要创造性的发现。乔布斯从来不做用户调研，他说如果亨利·福特在发明汽车之前去做市场调研，他得到的答案一定是消费者希望得到一辆更快的马车。消费者需求的并不是一辆"更快的马车"，他们的真实需求其实是"更快"，而"马车"只是实现"更快"需求的一种解决方案。人们既可以在马车这个解决方案上改良，也可以创造一种全新的、满足更快需求的解决方案——汽车。求实性要求创新思维主体用创新的眼光去发掘潜在的需求。

二、批判性

习常性思维是人们思维方式的一种惯性，也因此成为创新思维的障碍。虽然习常性思维能解决很多问题，但由于客观情境的变化，这种思维带来的行为结果极可能是不经济的甚至是错误的。毕竟我们原有的知识是有限的，其真理性是相对的；而世界上的事物是无限的，其发展又是无止境的。因此，批判性在创造者身上表现为一种科学的怀疑态度。这种怀疑是以事实为依据，积极地从反面对现存的理论、方法进行思考、探索和研究的思维活动。这种怀疑既是创新思维的起点，又是创新思维继续发展的环节和工具，起着打开思路、促进科学发展的重要作用。从某种意义上讲，人类的认识史就是一部对现成的理论、观念的怀疑史。天文学家哥白尼正是根据新的观测事实，大胆怀疑当时在天文学占统治地位的托勒密的地球中心说，然后创立了"日心说"，提出地球和其他行星一起都以太阳为中心不停地运转。近代实验科学的奠基人伽利略正是在怀疑的基础上推理，用两个铁球同时落地的实验推翻了延续近两千年之久的亚里士多德的观点，提出了自己划时代的见解，从而开创了近代物理学的先河。

思维的批判性还体现在敢于冲破习惯思维的束缚，敢于另辟蹊径、独立思考。这种批判精神是与科学怀疑紧密相连的。它表现为冷静地思考问题，对大家通常认为是完美无缺的结论，从新的角度予以修改或"扬弃"。其实质在于对对象的相对价值做出判断，运用丰富的知识和经验，充分展开想象的翅膀，从而迸射出创造性的火花，发现前所未有的东西。例如，控制论的诞生就体现了思维的批判性。古典概念认为世界由物质和能量组成，维纳则认为世界是由能量、物质和信息这三部分组成。尽管一开始他的理论受到了保守者的反对，但他勇敢地坚持自己的观点和理论，最终创立了具有非凡生命力的"控制论"新学科。

三、灵活性

思维灵活性是思维的品质之一。客观事物总是处于不断运动、变化之中，灵活性指要善于根据客观实际情况的变化而及时改变原来的工作计划或解决问题的思路，并提出新的符合实际情况的思路和方案。思维的灵活性表现为：不囿于过时的方案，善于根据实际情况的变化灵活地改变原有的方案，采用新的方法、途径去解决问题。思维的灵活性受高级神经活动过程的灵活性所决定，但这种灵活性不是固定不变的，而是能够通过教育或自我教育，得到发展或发生变化。"因地制宜""量体裁衣"是思维灵活性的表现，而"削足适履""按图索骥"则反之。思维的灵活性与思维的深刻性相结合，就表现为机智、敏锐、富有独创性。

创新思维要求人们在考虑问题时可以迅速地从一个思路转向另一个思路，从一种意境进入另一种意境，多方位地探寻解决问题的办法，从而表现出不同的结果或不同的方法、技巧。例如面对处于世界经济趋于一体化、竞争日趋激烈的背景之中的小企业的前途问题，企业必须考虑引进外资，联合办厂；或是改组企业的人、财、物的资源配置，并进行技术革新；或是加强产品宣传，更新包装；或是上述并用。当然还可以考虑企业的转产，或者让某一大型企业兼并，成为大企业的一个分厂。这里的第一条思路是方法、技巧的创新，第二条思路是结果的创新，两种创新都是创新思维在拯救该企业中的应用。

灵活性还体现在思维的自由跳跃，能借助直觉和灵感，以突发式、飞跃式的形式寻求问题的答案。思维主体能"运筹帷幄之中，决胜千里之外""一叶落知天下秋"。

四、跨越性

创新思维活动带有很大的省略性或者跨越性，思维结果呈现突发性。这种突发性是指思维过程的非预期的质变方式。古希腊物理学家阿基米德发现了举世闻名的浮力原理，是因为他在洗澡时受到水的浮力启发而豁然开朗。爱迪生发明留声机，是因为电话简膜片的振动使他顿悟到声音的力量。费米是在捕捉壁虎的过程中，悟出了量子物理学著名的费米统计。从古至今，学者们撷取的科学发现和技术发明上的颗颗明珠，都生动地体现了创新思维的突发性特征。

思维的突发性源于思维的跨越性，即思维步骤与跨度较大，表现为明显的跳跃性。创新思维与那些毫无根据的胡思乱想是截然不同的，它是一个从艰苦思索到茅塞顿开的量变和质变交融渐进的过程。创新思维的跨越性表现在跨越事物"可见度"的限制，实现"虚体"与"实体"之间的转化，加大思维前进的"转化跨度"。思维的跨越性越大，创新性就越大。人们的习惯性思维是阻碍创新的主要原因，思维的跨越性有利于跳脱既有思维模式的束缚，激活直觉思维，从而找到解决问题的新思路。"一战"时，美国的鱼雷速度不高，德国人发现只需改变军舰航向就能避开，因而其命中率极低。爱迪生面对这一难题，既未调查也未计算，就提出了解决方案：做一块鱼雷状的肥皂，用军舰在海上拖行几天，鱼雷按新肥皂形状制作。这是一种直觉，源于思维的跨越性。

五、连贯性

很多问题的解决都是隐含在看似不相干的要素之中的，每个创新事后看来都是符合逻辑的。看似偶然的创新，隐含着必然的结果。这种偶然到必然，显示出思维的连贯性：勤于思考的人，易于进入创新思维状态，激活潜意识，从而产生灵感。创新者在平时就要进行思维训练，不断提出新的构想，培养思维连贯性，保持大脑活跃的态势。

思维的连贯性有利于及时捕捉住具有突破性思维的灵感，所有成功的背后都有思维的连贯性。爱迪生一生拥有的专利高达1039项，这个记录迄今无人打破。这源于他给自己和助手设定了新想法的定额，以此来保持创造力，进而保持了思维连贯性。正是在"定额"的要求下，当他在思考如何制作碳丝时，他无意中将一根绳子在手上来回缠绕，便激发出了用这种方法缠绕碳丝的想法。巴赫每星期都要创作一首大合唱，即便生病或疲劳时也不例外。莫扎特的乐曲有600多首。相对论是爱因斯坦最著名的观点，但此外他还发表了248篇论文。正因为思维的连贯性保证了良好的思维态势，奠定了良好的思维基础，这些人方能流芳后世，获得如此璀璨的成就。

六、综合性

任何事物都是作为系统而存在的，是由相互联系、相互依存、相互制约的多层次、多方面的因素按照一定的结构组成的有机整体。创新者必须将事物放在系统中进行思考，在详尽地掌握大量的事实、材料及相关知识基础上，深入分析、把握特点、找出规律。"综合而创造"的思维方式，体现了对已有智慧、知识的杂交和升华，是将众多优点集中起来进行协调、兼容和创造。比如，日本综合了世界上90多种各具特色的既有摩托车发动机的优点，研制出了综合性能最佳的发动机，一跃成为世界摩托车行业的领头羊。

创新思维还体现在对已有思维成果的综合运用，同时也指对多种思维方式、方法的综合运用。德博诺认为，创新思维就是在思维的不同阶段嵌入适当的思维工具，这正是多种思维方法和思维形式的综合运用。思维方法让思维主体能从不同角度和层次思考问题；思维形式可以让横向、纵向思维融合，发散、收敛思维交织统一。磁半导体的研制者菊池城博士认为搞发明有两条路：第一是全新的发明；第二是把已知原理的事实进行综合。

创新思维的这些特性要求思维的器官——大脑既要有高度的活跃性，又要具有丰富的知识与经验。前者要求加强平时的思维训练，同时还要借助思维工具。

第三节　创新思维的过程

小案例 1-3　从"水头"到"春暖"

在春节过后，饮料行业通常会针对渠道商给予较大的优惠，促使其大量备货，并顺势将产品销往零售终端，以抢占市场先机与占领消费者的心智，俗称"水头"案。某饮料企业为了避免让董事长认为"水头"就是压货到中间商，该企业策划团队决定为该方案取一个更贴切的名称。活动案的名称对于上传下达及活动的执行是比较重要的。大家集思广益，提了诸多名字，或不贴切，或缺乏美感，均不够理想。是时，团队管理者也上网查看了很多相关的资料，思考良久，始终没有找到适合的。数日后的一天中午，与同事们外出午餐回来耽误了午休，该管理者便想着上网随意浏览以打发上班前的十多分钟，随机打开的网页上有一幅"新柳、池塘、鸭戏水"的图片，突然让其想到了诗句"春江水暖鸭先知"，紧接着就想到用"春暖"作为专案名，再细想也觉得很是适合。

> 在推行中，同事们都认为这个名字非常别致且贴切。这一创新活动很好地体现了创新思维过程的四个阶段。
>
> （资料来源：笔者撰写。）

创新思维的发生及运行与其他思维方式一样，都是建立在一定的、基本的规律性基础上，是在遵循思维的基本逻辑及其自身发生、运行规律的前提下进行的。创新思维发生及运行的机制主要有"潜意识与显意识统一、逻辑与非逻辑思维统一、发散与收敛思维统一"。

潜意识与显意识都属于人的意识，都是人脑的特殊机能和属性。意识是高度发展的人脑在对客观世界进行认识的活动过程中对其所反映出的映像。意识是一种能够控制并进行思维活动的形式，其中，以动态形式参与思维活动，能够被自我感知的就是意识的显性存在；而大量没有被自我感知到的意识形式，处于相对静止状态的意识，就是意识的潜意识性存在。显意识经过沉淀可以转化为潜意识，而潜意识受到刺激又可以转化为显意识。创新思维发生及运行的机制是潜意识与显意识的统一，潜意识是创造的源泉。人的潜意识是在不自觉的状态中"工作"，思维在加工信息材料时潜意识与显意识共同参与其中，潜意识作为人对客体的反应，它体现着人的认识能动性的基本部分。创新思维发生及运行过程中需要灵感、想象、直觉、联想等思维方式参与其中，而这些思维方式的运用恰恰是将人的潜意识激发为显意识的过程。由此看来，潜意识主要是一种心理过程，而非像显意识那样是过程的结果。因此，潜意识相对于显意识更容易被人所忽略，但其承担的重要作用则是不言而喻的。特别是在创新思维活动过程中，正是潜意识与显意识的相互转化，才激发了创新思维的产生。

创新思维的发生及运行要运用非逻辑思维以获取大量信息，历经酝酿、产生顿悟，又要运用逻辑思维进行检验、论证，还要在逻辑思维与非逻辑思维的相互联系、相互渗透、相互作用中进行。因而创新思维过程实际上存在两类思维形式：一种是具有连续渐变功能的逻辑思维形式，如分析与综合、抽象与概括、归纳与演绎、判断与推理等；另一种是具有跳跃突变功能的非逻辑思维形式，如联想与想象、直觉与灵感等。

人类的思维创新活动从某种意义上来说，是一种思维发散与思维收敛内在统一的运动整合状态。或者说，思维发散与思维收敛对于思维创新来说，都是缺一不可的。思维的发散有利于科学上的突破和创新，推进科学、理论的发展与变革。但只强调思维发散，思维势必陷入混乱、失控，唯有设置界限，收敛思维才可能真正实现科学进步。因此，研究创新思维发生及运行的机制必须将发散思维与收敛思维相统一，这也必然体现在创新思维的过程中。

创新思维要解决前人所没有解决过的新问题，因而它必然具有开创性和新颖性。这也表明它是没有现成答案可以遵循的探索性活动过程。研究认为，这种探索性的过程是分阶段的，并产生了多种阶段学说。最有代表性的是英国心理学家华莱士的四阶段理论,即准备阶段、酝酿阶段、明朗阶段和检验阶段。其他学者的"阶段论"可以视为华莱士"四阶段"模式的演变和发展。

一、准备期

准备期又称为准备阶段,是准备和提出问题阶段。准备阶段的目的是使问题概念化、形象化和具有可行性,主要包括发现问题、界定问题和设立目的的过程。

创新思维总是在人进行某种创造活动的动机和欲望之后产生的。一切创新都是从发现问题、提出问题开始的。问题的本质是现有状况与理想状况的差距。差距引致怀疑和不满,从而产生问题,实质是理想与现实间存在的矛盾。正确认识矛盾从而找出确切的问题是关键。爱因斯坦认为:形成问题通常比解决问题还要重要,由于解决问题不过牵涉数学上的或实验上的技能而已,然而明确问题并非易事,需要有创新性的想象力。他还认为对问题的感受性是人的重要资质。因而从事创造活动,首先必须要有一个充分的准备期,这是一个外部信息输入环节。因为要解决的问题存在许多未知数,因此要搜集前人的知识经验,来对问题形成新的认识,从而为创造活动的下一个阶段做准备。

首先,对知识和经验进行积累和整理。任何领域都存在前人积累的知识和经验,要想创新,必须对必要的基础和专业知识进行深入学习,目的是储存必要的知识和经验、了解筹集相关技术和设备。大发明家爱迪生为了发明电灯,光收集资料整理成的笔记就有200多本,总计4万多页。创造者在创造之前,应了解前人在同类问题上所积累的经验、前人在该问题的解决上进展到什么程度及已经解决或尚未解决的问题等,做深入的分析。这样,既可以避免重复前人的劳动,浪费时间,还可以从旧问题中发现新问题,从旧关系中发现新关系,有利于挖掘到全新、有价值的起点。这个阶段借助专业知识或模型,尤其是前沿技术将大大提升思考的高度。

其次,搜集必要的事实和资料。任何发明创造都不是凭空生发的,都是在日积月累、大量观察研究的基础上进行的。克鲁柏在研究达尔文提出的进化论的过程后指出,达尔文是经过了许多年的观察、对比才逐步建立起进化概念的。一如巴斯德的名言,"在观察领域中,机遇只偏爱那种有准备的头脑"。这是因为对机遇观察的解释才是在创造中真正起作用的。机遇只起了提供机会的作用,必须由创造者去认出机会,并有所发现。机会的辨识要求思维主体不能只关注信息的重要性或相关性,而要尽可能拓展看似不相干的信息。这需要借助各种拓展信息的工具。

最后,明确目标。这要求了解问题的社会价值,知道它能满足社会的何种需要及具有何种价值前景。明确目标将引导思维主体以终为始进行思考,既利于正确辨别问题,也利于增强解决问题的意愿,最终促进问题解决。

准备阶段一般遵循以上三步。在这个阶段里,思维主体已明确所要解决的问题,也收集了资料信息,了解了问题实质,确认了问题的价值。但是,在这个阶段中,这些不断尝试和寻找初步的解决方法,应用有关的知识、操作相关技能等均行不通,以致问题解决出现了僵持状态。

二、酝酿期

酝酿期也称为沉思阶段、孕育阶段或多方思维发散阶段。酝酿阶段是理解、吸收已有的资料信息，不断深化对资料的认识过程，或者对如何解决问题进行反复思考的过程。这一时期要对准备期收集的资料、信息进行加工处理，探索解决问题的关键。此阶段，时间、精力耗费巨大，大脑处于高强度活动中。

创新思维的酝酿期，特别强调有意识的选择。所谓"选择"，就是充分地思索，让各方面的问题都充分地暴露，进而舍弃思维过程中那些不必要的部分。这一时期，要从各个方面进行思维发散，让各种设想在头脑中反复撞击、组合，按照新的方式进行加工。此时要主动地使用创新方法，不断选择，力求生发出新颖的创意。富有创造性的人都注意选择，科学家彭加勒认为，任何科学的创造都发端于选择。选择的目的就是提高找到真正有价值的创意的可能性，因此，彭加勒还说："所谓发明，实际上就是鉴别，简单说来，也就是选择。"

酝酿过程的深刻和广泛对于创意的丰富性、新颖性、独特性至关重要。要想打破成见，独辟蹊径，冲破传统思维方式和"权威"的束缚，酝酿期要有意识地把思考的范围从熟悉的领域，扩大到表面上看起来没有什么联系的跨专业领域，特别是常被自己忽视的领域。这样，既能获得更多的信息，还能进行多学科知识的"交叉"，从而在一个更高层次上把握创新活动的全局，寻找到创新突破口。

在酝酿阶段中由于一时难以找到有效的答案，因而我们可以通过有意识的转换，把思考的问题一次或多次搁置。研究表明，大脑长时间兴奋后有意松弛，有利于灵感的闪现。因而，在此阶段有机结合思维的紧张与松弛，比如运动、睡觉、聊天、画画、阅读等，将更有利于朝向问题解决的方向发展。这是因为潜意识里的思维活动并没有真正停止，问题仍萦绕在头脑中。

酝酿期需要思维主体具备良好的意志品质和进取性性格，这是此阶段取得进展直至突破的心理保证。酝酿期百思不得其解，通常漫长而艰巨，可能持续数日、数年甚或十多年。思维主体置身"山重水复疑无路"的困境却又欲罢不能，常会出现类似"安培把车厢当黑板""牛顿把手表当成鸡蛋煮""陈景润对着电线杆说对不起"等狂热或如痴如醉的现象。所谓"为伊消得人憔悴"，唯有坚持才可能成功，因而，思维主体的个性特质尤为重要。

这一阶段最大的特点是潜意识的参与。由于问题是处于表面上暂时被搁置而实则继续思考的状态，因而这一阶段也常常被认为是探索解决问题的潜伏期。

三、明朗期

明朗期即顿悟或突破期，也即顿悟阶段，指突然找到了问题解决的办法。这一阶段，思维主体会突然间被特定情景下的某一个特定启发唤醒，久盼的创造性突破在瞬间实现。人们通常所说的"豁然开朗"即是描述这种状态的。

明朗期是酝酿期一次有价值的选择的延伸。明朗期的思维经过前两个阶段的准备和酝酿，已达到一个相当成熟的阶段，很容易被外界所触动，于是豁然开朗，激发出问题解决的途径。明朗期看似"得来全不费功夫"，比如凯库勒突然从蛇咬住自己尾巴的梦中惊醒，提出了苯分子的环状结构。但这个创新设想生发的前提在于思维主体对问题有浓厚的兴趣，对问题进行过专注的研究，有长久持续的自觉思考，对寻求解决问题的方法有强烈的渴望，即必须经历"踏破铁鞋无觅处"的酝酿期。

在明朗期，灵感思维往往起决定作用，因而也常被称为灵感期。耐克公司的创始人比尔·鲍尔曼在吃妻子做的威化饼时，感觉特别舒服，于是他突发奇想，如果把跑鞋制成威化饼的样式，会怎样呢？他拿着妻子做威化饼的特制铁锅到办公室研究，并制成了第一双鞋样，即耐克鞋。

明朗期的心理状态是高度兴奋甚至感到惊愕的，伴随着强烈的情绪并明显地发生变化。这变化是在一刹那出现的：突然、强烈，常会带给思维主体极大的愉悦。之所以会出现阿基米德裸身狂奔呼喊"我发现了！我发现了！"的场景，是因为他在入浴时水的浮力给予的刺激使他想到了解决方法。

明朗期也被认为是"真正的创新阶段"，因为只有这个阶段的产物才是对问题的解决最有价值的。但是没有上一阶段的长期、足量甚或过量的思考，灵感是绝不会产生的。所以，前两个阶段的创新性实践是此阶段的必然趋势，此阶段的灵感是前两个阶段创新努力的必然结果。从这个角度来说，有意识地延长准备期与酝酿期是对明朗期的质量保证。

四、验证期

验证期是解释与评价阶段，是完善和充分论证阶段，也称为实施阶段。此阶段主要是通过对前面三个阶段形成的方法、策略进行检验。否则，这些成果既无法判断正误，亦无法被物化为可供他人所能理解和接受的科学理论。这是一个"否定—肯定—否定"的循环过程。创新者通过不断的实践检验，从而得出最恰当的创造性思维成果。

验证期，首先是理论上验证。突然获得的灵感，只存留于思维之中，要将之加以阐述与呈现，首先需要解释，进行逻辑的加工和证明。这要求建立起理论上的支持，通过整理、完善和论证，进一步充实。从灵感而来的结果难免稚嫩、粗糙甚至存在若干缺陷，完全不做修改的新观点、新设想是比较少有的。其次，还要放到实践中检验。要把抽象的新观念落实到具体操作的层次上，要把得到的解决方法详细、具体地阐述出来并加以推演和验证。创新思维所取得的突破，假如不经过这个阶段，就不可能真正取得创新成果。苯的结构式灵感源于梦中，但确证为环形是经过凯库勒严格实践证明的。因此凯库勒曾说过，也许会做梦就可以创新，但在梦受到清醒的头脑证实之前，千万别公开它们。

此外，验证期还是又一次或进一步的创新探求或尝试。通过检验，既可能对假设方案进行部分修改或补充，也可能会因为可行性原因而全部被否定。这要求思维主体保有乐观、积极心态。虽然验证期的心理状态较平静，但需要耐心、缜密，不急于求成和不急功近利最为关键。这是由于前三个阶段的高强度思维付出，思维主体极易忽视影响方案的不利因素，而极力扩大或夸大方案的成效。

总之，创新思维通常难以一蹴而就，每个阶段都可以应用各种思维方法拓展知觉，以产生好的创意。

创新思维的"四阶段理论"是一种影响最大、传播最广而且具有较强实用性的过程理论。准备期重点是掌握知识、收集材料、扩展知识，初步探索。酝酿期是对问题进行思考和分析后寻求答案，重点是理解、吸收已有的资料信息，不断深化对资料的认识过程，或者对如何解决问题进行反复的思考，促使人们找到问题的关键。明朗期是经过酝酿期的思考分析后，创造性的新思想、新观念逐渐产生，并在灵感的触发下形成解决问题的新假设。验证期是对许多新思想、新观念、新设想加以实验、评估和实践。这四个阶段蕴含着思维从发散到收敛的过程。

创新思维过程的四阶段学说虽不能确切说明创造性思维产生的过程，但主体在不同阶段的心理情绪变化对潜意识与灵感产生的相关研究则具有较好的启迪作用，尤其从认知心理学视角探讨创新思维培养的习常性、实践性则更具价值，这在本书第四章将进行更详细的阐述。

关于创新思维过程的阶段性，贝弗里奇也认为创造有四个步骤：收集情报、深入思考、形成概念、评价新想法。此外，学界还存在三段、五段、六段、七段等观点。

一些心理学家根据信息加工的观点，以问题解决为蓝本来探讨和分析创造性思维解决问题的过程。其中，最具代表性的是美国心理学家阿玛贝尔，她认为创新思维过程也可以看作一个问题解决的过程，即一个发现问题、组织问题和解决问题的过程。创新思维活动由提出问题或任务、进行准备、产生反应、验证反应、得出结果五个阶段组成，而且这五个阶段相互联系，形成一个复杂的循环系统。近年来，随着现代认知心理学的迅速发展，有一种研究思路以信息论、系统论、控制论为基础，把人对问题的解决作为一种基本的信息加工过程来考察。该理论认为，个体的问题解决一般过程表现为：获取外界信息，经编码后转化为主体信息系统的一个部分贮存起来，然后激活和加工整个主体信息系统的有关部分来指导行为，从而解决问题。其中，主体的监控与调节贯穿于整个加工过程的始终。

其实，无论创新思维过程有多少种学说，一个有价值的创新思维成果的产生都必然脱离不开创新思维者的辛苦探索。诚如王国维在《人间词话》中所说，古今之成大事业、大学问者，必经过三种境界：

第一境界，"昨夜西风凋碧树，独上高楼，望尽天涯路"。思维主体要想成事，首先应该登高望远，鸟瞰路径，了解概貌，"望尽天涯路"。

第二境界，"衣带渐宽终不悔，为伊消得人憔悴"。创新结果不是轻而易举的，必须经过一个辛勤劳动的过程,"为伊消得人憔悴"。要像渴望恋人那样,废寝忘食,孜孜不倦,人瘦带宽也不后悔。

第三境界,"众里寻他千百度,蓦然回首,那人却在,灯火阑珊处"。思维主体经过反复追寻、研究,最终取得了成功。

这三种境界贴切地描述了创新思维的发生过程,也说明了思维主体只要功夫、精神用到,自然会豁然开朗、有所创新。

第四节　创新思维的价值

人与人的不同,根本在于思维方式。思维方式是人类思维能力的重要标志,是人类认识世界和改变世界的思想工具,是人类意识能动创造性的鲜明体现。创新思维是思维方式的品质保障。

创新的先锋团队——众多的诺贝尔奖获得者总结的成功途径有三:一是科学发现,二是科学仪器,三是科学方法。这三者中最重要的是科学方法,而科学方法的核心是创新方法,创新方法又来源于创新思维。创新思维是成功者不可或缺的要素。

创新可分为颠覆式创新和渐进式创新。颠覆式创新,如互联网和无人驾驶车,它们完全改变了一个行业;渐进式创新则是指基本的日常的创新。奥瑞克认为,企业80%的时间应该去关注一些日常的、看似基本的创新,企业的利润是从日常的、小的创新里获得的,80%成功的创新都是这些小的进步。虽然单个创新所带来的变化是小的,但它的重要性不可低估。因为,一是许多大创新需要与它相关的若干创新辅助才能发挥作用;二是小创新的渐进积累效果常常促使创新发生连锁反应,导致大的创新

小案例 1-4

创新的价值

我国被喻为"世界工厂",却由于缺乏核心技术,获利极低。比如我们需要卖 8 亿件衬衫才能从欧美换回一架飞机,而欧洲总人口还不到 8 亿;我国企业出口一台 DVD 售价 32 美元,扣除成本 13 美元、国外的专利费 18 美元,只能赚取 1 美元;同样,一台 MP3 售价 79 美元,扣除成本 32.5 美元、国外的专利费 45 美元,我国企业获得的纯利润只有 1.5 美元。空调、彩电等这些我们生活中的日常用品,虽然许多品牌是国内品牌,但核心器件却大多来自国外。掌握核心技术的外国人,只需签署一纸技术合同,就可以抽走中国企业一大半的血汗钱。

(资料来源:华仔《一台出口 DVD 仅赚 1 美元利润——中国造能走多远》,华强电子网,2016 年 8 月 10 日。有改动。)

> **小知识 1-3**
>
> **苹果手机（iPhone）的诞生**
>
> 看 iPod 的演化史，你会发现每一个 iPod 版本的进化：屏幕大了，机身更纤薄了，性能和容量变化了，还可以声控……这些渐进式的优化不断发生。有一天，当秘密研发 iPad 的工程师把多点触摸技术也准备好之后，乔布斯一拍大腿说："为什么不做个手机呢?!"
>
> （资料来源：《乔布斯访谈：关于 iPad 在苹果内部研发早于 iPhone 的信息》。有改动。）

出现。而要想获得渐进式创新，就需要个体在岗位上的主动微创新，这源于个体的创新思维习性的养成。

石破天惊的发明通常属于颠覆式创新，但发明却未必与创新关联。熊彼特认为，发明是新工具或新方法的发现，创新是新工具或新方法的应用。他还认为只要发明还没有得到实际的应用，在经济上就是不起作用的。在当今，人们申请的专利数不胜数，但能够产生社会生产力的则少之又少。发明除了需要创新思维，还必须通过创新思维实现创新。实践证明，很多发明也是创新实践累积的产物。

> **小知识 1-4**
>
> **二维码历史**
>
> 条形码诞生于 1949 年，直到 1974 年，才出现了合适使用的激光镭射技术。二维码是条形码的"升级版"，日本发明者腾弘原于 1994 年发明。因没有找到商机，腾弘原主动放弃了使用权，甚至在 2014 年获得"欧洲发明大奖"时他仍认为这个发明除了储存信息以外没什么用。法律意义上，"二维码扫一扫"全球专利发明人是江苏凌空网络创始人徐蔚博士。2011 年起，徐蔚先后在中国、美国、日本和欧盟等区域申请"采用条形码图像进行通信的方法、装置和移动终端"专利，并成功拿下专利授权。仅凭美国、中国台湾地区的扫一扫技术专利独家授权费用，徐蔚就轻松赚了 7 亿元人民币！
>
> （资料来源：郑直《你每天扫的二维码竟是日本人发明的，但赚大钱的却是中国人》，载《每日经济新闻》2018 年 2 月 1 日。有改动。）

一、创新思维的"三个定位"

第一个定位，创新思考者的基本思维品质。德博诺认为创新思维是一种思维的智力表现，看待同样的事情，创新者却能产生新颖、独特的想法。正如诺贝尔物理学奖获得者詹奥吉所说的，发明就是和别人看同样的东西却能想出不同的思路。山东王月山是一名炊事员，他观察到灶里的煤火不旺时，只要拿铁棍一拨，火苗就会从拨开的洞眼蹿出而火变旺。他用煤粉做煤球、煤饼时，试着在上面均匀地戳几个通孔，结果发现火不仅烧得旺，且节省燃煤。蜂窝煤就这样被发明了。

德博诺提出思维其实是一种"感知—反应"，番茄采收机发明无论是第一种还是第二种方式，思维都是基于环境中的要素刺激，联结大脑中的记忆而产生的想法。德博诺进而提出大脑的工作机理是一种模式组织系统，即大脑对接收到的信息会自动匹配记忆中的经验并将之纳入某种反应模式。蜂窝煤发明就是匹配了记忆中铁棍拨火经验带来的一种新的感知—反应。因而，所谓创新思维不过是一种不同于之前经验的"新感知—反应模式"。要想突破惯常的思维模式，就必须具备创新思维的品质。

小案例 1-5　　圆珠笔的发明

1938年，匈牙利人拜伦发明的圆珠笔，一时被誉为伟大发明，但写不久就会因笔珠磨损而漏油。人们想用各种坚硬的材料进行改良，但由于难以兼顾物美价廉，几乎都被抛弃。1950年，日本人中田滕三郎转而考虑控制油量，即在未漏油前便弃之，从而获得成功。

（资料来源：赵一飞《撩开发明创造的面纱——发明创造原理与方法漫谈（连载）》，载《发明与革新》2002年第8期，第8-9页。有改动。）

第二个定位，解决问题的基本思维方式。德博诺提出：创新思维应该是我们面对生活与工作中的任何问题的必经之路，即对任何问题人们都不应该遵从大脑中的定势凭经验或情绪直接解决，而应主动应用创新思维的技法寻求更多其他可能的解决方法。他明确提出，创新思维是思维的智力体现，应该是一种思维的习性，即创新思维是思维的常态与必由之路。诸如火车刚刚问世的时候，人们想当然地认为火车在铁轨上行驶会引起打滑，因此，最初火车的轮子上和铁轨上有齿。这个想法是怎么形成的，没人知道；是否有道理，也没有人探究。这样持续了许多年，既影响火车的前进速度，而且噪声还特别大。直到英国科学家斯蒂文森提出了不用齿轮，让铁轨变光滑的想法，结果不但大大减少了摩擦力、提高了速度，还减少了噪音，而且也大大节约了制造机车和轨道的成本。这种突破习惯性思维的创新思维过程，要求个体在碰到任何问题，哪怕是已经有约定俗成的解决方式的问题时都应采用创新思维。

第三个定位，其目标是要帮助思考者应对未来问题。创新思维是一种具有开创意义的思维活动，即开拓人类认识新领域，开创人类认识新成果的思维活动，它往往表现为发明新技术、形成新观念、提出新方案和决策，创建新理论。这是狭义上的理解。从广义上讲，创新思维不但表现为做出了完整的新发现和新发明的思维过程，而且还表现为在思考的方法和技巧上，在某些局部的结论和见解上具有新奇独到之处的思维活动。创新思维广泛存在于政治、军事决策中和生产、教育、艺术及科学研究活动中。创新思维者可以想别人所未想、见别人所未见、做别人所未做的事，敢于突破原有的框架，或是从多种原有规范的交叉处着手，或是反向思考问题，从而取得创造性、突破性的成就。

二、个体的创新思维

这是一个快速改变的时代，唯有创新思维，才能让我们从容应对未来。随着科学知识及科学技术的高速发展，互联网、物联网、大数据应用知识及信息技术产业频繁更新，新问题、新技术、新成果层出不穷。具有创新思维能力的个体在就业、进修、升职等发展机会面前将更具竞争性；创新思维也会促使个体不断完善、充实自我，向更高水平前进。

创业能力与创新思维。创业教育的实质是创业思维，创业思维要求创业者在资源约束、面对不确定未来的环境中小步快走，迅速迭代。这要求创业者具备创新思维能力，养成创新思维习性。认知理论认为创业者的创业能力体现在：能有效识别环境变化带来的创业机会和威胁，并做出反应，从而使企业具备持久的竞争优势。创业机会识别水平差异来源于个体认知能力的差异，个体的创新思维能力对创业机会识别有影响作用。创新思维是保障创新创业的内核与基础。

小案例 1-6

买土豆的故事

两个年轻人一起到一家公司实习，A很快就升职加薪，B很不服气。经理对B说，"你帮我去看看外面还有什么东西在卖"。B立刻跑出去，40分钟后，回来说外面只有卖土豆的。经理问多少钱一斤。B立刻又跑出去，40分钟后，回来说5元钱一斤。经理又问如果全买能便宜点吗？……如此往返，B已是满头大汗。经理打电话对A说，"你去看看现在外面有什么东西在卖"。40分钟过去了，A回来跟经理说，"外面只有一家卖土豆的，一斤5块钱，质量挺好的，如果买得多还可以便宜。他们家还有西红柿，质量也不错，咱们正好也没有西红柿了，还没有找到供应商，所以我把他们老板叫回来了，跟您谈一下"。思维能力高低决定了A与B的差距。创新思维正是思维的智力表现。海尔集团首席执行官张瑞敏说，"我们聘请的不仅是你的手脚，还有你的大脑"。对于大学生来说，只是盲目勤快，缺乏创新思维能力，既不利个人岗位职责的完成，也不能有效地助力企业实现价值。

（资料来源：《买土豆的故事》，载《黑龙江粮食》2007年第3期，第25页。有改动。）

就业能力与创新思维。美国SCANS①（1992）认为思维技能是每个进入劳动力队伍的人员都必须具备的三大基础技能之一。基于认知心理学的创新思维教育的实质是个体内在的思维方式与能力的培养，因而其对大学生就业能力的影响不会只是单一因素（如思维能力或创新能力）。

强调个体的创新思维，并不是说人人都去做重大发明创造，而是鼓励市场中的微观主体创新。微观主体创新效率最高、成本最低，创新点也最多样化；只要微观主体都具有创新活力，整个国家才能迸发出巨大活力。

三、社会的创新思维

创新思维源于人类需求的不止步。从低到高的马斯洛需求反映了人的需求的无限性和广泛性。这不但要求人类的实践活动永不停止，而且要求不能永远停在一种低层次、简单重复的活动中。这最终推动了人自身及整个人类社会的不断前进。从这个意义上说，人的需求是人的创造性思维活动展开的动力，人类越进步，对创新的渴望及创新在其中所起的作用就越巨大。

创新思维是将来人类的主要活动方式和内容。历史上曾经发生过的工业革命没有完全把人从体力劳动中解放出来，而目前世界范围内的新技术革命，带来了生产的变革。全面自动化把人从机械劳动和机器中解放出来，使人得以从事控制信息、编制程序的脑力劳动；而人工智能技术的推广和应用，使人可以将其所从事的一些简单的、具有一定逻辑规则的思维活动交给"人工智能"去完成，从而又部分地把人从简单脑力劳动中解放出来。人将有充分的精力把自己的知识、智力用于创造性的思维活动，把人类的文明推向一个新的高度。

任正非说过，华为公司没有任何的资源可以依靠，能够依靠的只有大脑，从大脑中去开发金矿、开发森林、开发矿产，强调的就是创新思维产生的价值。

首先，创新思维可以不断增加人类知识的总量。创新思维是科学知识（理论）的先导和动因。科学理论成果一般都要经历"问题的提出—科学问题的确立—科学问题的解决—科学理论成果的形成"的过程，在这个过程中创新思维居于核心地位，起着先导作用。

其次，创新思维可以不断提高人类的认识能力。人的认识成果就是一个以"创新思维为先导—理论创新为指导—实践创新为目的"的循环往复的上升过程。只有注重创新思维，丰富理论创新，才能向实践创新飞跃；理论知识只有付诸实践，指导创新活动，才能获取实践创新成果。

最后，创新思维可以为实践活动开辟新的局面。用科学知识（理论）指导实践创新，推进科学技术的进步，已成为社会发展的核心力量。在"创新思维—科学知识的增长、科学技术的进步—社会发展"的有机链中，创新思维是原动因、原动力

---

① Secretary's Commission on Achieving Necessary Skills，美国劳工部职业技能委员会。

及核心力量。这个时代，知识、信息、技术内容正加速迭代，作为创新实践活动主体的我们应该顺应时代潮流，把握创新思维理论的内涵与方法，指导实践活动的创新，从而推动社会的全面创新发展。

此外，创新思维的成功，又可以反过来激励人们进一步创新思维。正如数学家华罗庚所说，"人之可贵在于能创造性地思维"。实现人的全面、可持续的发展，要形成人人是创新思维之人，时时是创新活动之时，处处是实践创新之地的观念；用创新思维统领实践创新，改变传统思维方式指导下的社会发展状态。创新思维作为社会发展软实力的第一要素，它能够为社会发展提供科学指引的先导作用，成为人类社会可持续发展的原动力。

四、国家竞争的需要

未来的社会竞争是综合国力的竞争，是生产力的竞争，是现代高科技和高技术人才的竞争，说到底，是思维水平与创造力的竞争。在1991年10月召开的国际创造学大会上，世界各国代表所取得的一致共识就是：创造力开发是民族生死存亡的关键。创造力是一个民族进步的灵魂，国际竞争的根本是创新优势的竞争。无论哪一个民族、国家和地区，一旦具有了高技术优势，它也将会在世界上的新技术革命中占据主动地位。这种高技术一方面要靠科学的理论思维和敏锐的创造力去发现、创造和掌握；另一方面，还要靠科学的理论思维和智慧去转换、推广和应用。因此，提高一个民族的科学的理论思维水平和创造力已经日益受到各个国家的政治家、思想家和战略家们的重视。创造力包括创造性思维和创造技能，核心是创造性思维，思维的根本目的即创造。创造性思维方式的培养与选择，人的能动性和创造精神的充分发挥，在很大程度上决定着人类社会的现在和未来。

许多国家把创新能力和创新精神培养作为国家生存发展战略的重要组成部分，在国家层面上推动创新进程。美国发布的《美国2000年教育战略》强调培养人的创新能力。美国波尔·伊斯顿博士曾说过，身为教育人士，感到最大的困扰便是如何培养发明的人才，尤其当美国人意识到本国的经济优势是依赖全体国民的独创力，而非丰富的自然资源时，将日益重要。20世纪60年代，腾飞后的日本仍然尤为重视创造力的培养，其提出的《21世纪日本教育发展方向》要求提高国民创造力，把素质中创新性品质的培养作为通向21世纪的途径。苏联甚至把培养人的创造力载入宪法。创造是时代的灵魂，是推动科学技术和社会发展的根本性需要。联合国教科文组织在《教育——财富蕴藏其中》中也强调开发人的创新潜能。在我国，创新与智能正成为全民的共识。

经济、科技等综合国力的竞争说到底是人才的竞争，是人才创造力的较量，谁要想在激烈的国力竞争中占据主导地位，谁就得加快培养创造型人才。一个国家的经济是否能够崛起、发展，一个民族是否能够腾飞，不仅要看其现在有多少物力资源，关键还要看其有多少富有创造力的人才资源，看其是否培养出较多具有创新思维能力的科技工作者和科学家队伍。拥有大量的创造性人才,国家的科技、经济才会崛起,才会在国际竞争中具有竞争力。这一点已被世界上许多国家的发展史所证实。日本从1952年的战败国成长为20世纪70年代末的世界强国,不仅修复了经济萧条、工厂倒闭、失业严重、物质奇缺(30%的粮食依靠进口)的战争伤痕,甚至电子产品、汽车工业开始超过美国,其农业亦走在世界前端。日本的振兴与其培养、开发创新思维资源有着密切的关系。1985年,在针对世界19个国家的10岁至14岁的儿童进行的思维能力测试中,名列前茅的几乎都是日本儿童。美国也非常重视创新思维。美国在经济、科技等领域领先于世界,一个很重要的原因就是他们对创新思维人才培养得好,对富有创造力的人才引进得多。美国在"二战"中吸收了大批欧洲最具有创造力的、出色的科学家。苏联解体后,仅高级专家就被美国挖走2000多人。1949—1972年,美国提出的原子能计划中,10个教授有5个是外国人;获得诺贝尔奖的8人中,有6个是欧洲移民。美国还规定,国家每年留出2.9万个移民指标专门用于引进外国的高级人才,凡是著名学者、高级人才,一经允许优先入境。

  我国创新思维教育尤为迫切。从"中国制造"到"中国智造"的转型升级中,我国对于创新的呼求愈发紧迫。2012年11月8日在北京召开的中国共产党第十八次全国代表大会明确提出要"实施创新驱动发展的战略,强调科技创新是提高社会生产力和综合国力的战略支撑"。2014夏季天津达沃斯论坛开幕式上,李克强总理倡导"大众创业、万众创新",为中国经济升级版发力;提出只要大力破除对个体和企业创新的种种束缚,形成"人人创新""万众创新"的新局面,中国发展就能再上新水平;认为创新不单是技术创新,更包括体制机制创新、管理创新、模式创新。2015年第十二届全国人民代表大会第三次会议又将"大众创业、万众创新"写进《政府工作报告》,创新已经上升到国家经济发展新引擎的战略高度。同时,我国对在全社会开展创新、创业活动也给予高度重视与支持。特别是在高校中开展相应的创新、创业活动,既为学生提供一个实践创新的机会,同时又为培养优秀的、具有创新能力的人才提供平台。在这样的时代背景下,作为创新内核与基础的创新思维培养变得尤为迫切,由于"万众创新"要求"人人"具备创新思维能力,这恰是我国既有教育受诟议之处。我国传统的教育非常重视知识的学习和积累,但在知识的应用方面,即借助思维更科学、更高效地运用所学知识则显不足。单纯地积累知识并不能增益人们的能力,只有善用知识者即掌握思维方法的人才可能创新、高效地分析和解决问题。特别是随着信息膨胀、技术创新,在知识加速折旧的21世纪,未来的劳动者碰到的问题越来越少有经验参照,这更需要提升大脑的思维能力。中国40多年来的改革开放本身就是规模宏大的创新行动,其内核就是对禁锢思维的放开。我国今后创新发展的巨大潜能仍然蕴藏在制度变革之中,亦需要更进一步的创新思维。总之,无论是过往的实践还是现实与未来的挑战,创新思维的培养在我国都必将成为一个迫切且长期的需求。

  缺乏有效管理的企业终将在竞争中被淘汰,同样,缺乏创新思维方法的大脑中,海量的知识也不过是一盘散沙,低效的大脑也终将在竞争中被淘汰。快速发展的时代，新技术加快了知识的折旧速度，这意味着人们要与时俱进学习掌握更多的知识才能跟得上社会快速发展的步伐，更意味着大脑需要更科学高效的创新思维，才能在瞬息万变、错综复杂的情境中发挥出新知识的效力。

本章小结

创新思维是指以新颖独创的方法解决问题的思维过程，通过这种思维能突破常规思维的界限，以超常规甚至反常规的方法、视角去思考问题，提出与众不同的解决方案，从而产生新颖的、独到的、有社会意义的思维成果。创新思维是思维的智力体现，是思维的方式与技能，可以通过训练的方式获得与提高。创新思维的特性有求实性、跨越性、灵活性、批判性、连贯性等。流传较广泛的创新思维的过程是四阶段说：准备、酝酿、明朗、验证。创新思维是国家、社会、个人竞争优势的来源，在信息与智能化时代将越来越具价值。

思考题

1. 何为创新思维？
2. 如何理解创新思维的特性？
3. 简述创新思维的过程，并尝试举例说明。
4. 如何理解创新思维的价值？

课前动脑答案

1. 3 只；2. 11^{11}；3. 以 BC 距为桥宽；4. 最后一人先猜，约定所说帽色为所见的多数。

第二章 创新思维基础

学习目标
1. 了解形象思维。
2. 理解创新思维因子。
3. 掌握想象力训练的方法。
4. 掌握记忆力训练的方法。

课前动脑
1. 生鸡蛋自由下落,在地上没有任何铺垫物的情况下,如何使鸡蛋下落1米而不破?
2. 学校开学,有两个小男孩前去报到。老师看到他们两个穿得一模一样,长得也一模一样,就问:"你们是双胞胎吗?"两个小男孩异口同声回答:"不是!"你知道这是为什么吗?
3. 有一个两臂不等长却处于平衡状态的天平,手边有2个500克的砝码,能否称出1千克的糖?
4. 有8个同样大小的杯子,其中有1杯盛的是白糖水,剩下7杯盛的是凉开水。能否只尝3次,就找到盛白糖水的杯子?

导入案例

威尔逊云室

由于微观粒子太小,19世纪末的科学家们在研究中常常苦于看不到原子的行踪。

青年物理学家威尔逊决定设法显示原子的轨迹。他想起以前在山顶的天文台研究大气物理时,早上能看到太阳从东方升起,阳光从迷雾中穿过,透出千万道美丽的光芒。他想,是否能创造一个人工的云雾室,让粒子在云雾中显示出自己的运动轨迹呢?

威尔逊知道水蒸气凝结成水珠的条件:其一是要有一定的湿度,只有相当潮湿的空气才能凝结出水滴;其二是要有一定的核心,如果没有灰尘或别的带电粒子,水蒸气再多也不会凝在云雾室中。因而,如果让一束带电的粒子流射进这个云雾室,粒子经过路上的水汽就会很快凝成水滴,产生一道人工的雾,粒子的行踪就可以被肉眼清楚地看到。

> 基于这个设想，威尔逊很快就造出了能显示带电微观粒子行动的云雾（后被称为威尔逊云室），从而捕捉到了来无影、去无踪的微观粒子的轨迹。其发现原子的方法就是运用了形象思维。
>
> （资料来源：牙述刚《威尔逊云室的发明》，载《广西民族学院学报（自然科学版）》2003年第4期，第49-52页。有改动。）

创新思维主要源于形象思维。形象思维的具体思维形式有联想、想象、灵感与直觉思维。这四种思维都离不开想象力与记忆力。创意的联想法则强调通过想象联结记忆而产生创新。如果大脑足够活跃，就能激发出大量的创新想法。活跃意味着大脑的记忆力与想象力好，这样才容易唤醒更多记忆（知识与经验），从而产生更多联结。如果记忆力不好，则犹如巧妇难为无米之炊，想象力亦不会好。反之，缺乏想象力，记忆不过是散落的珠子，无法串成项链。就像儿童记了很多诗词却不知其意，亦不懂得在生活中应用，这样的记忆亦是无用的。因此，对大脑进行想象力与记忆力的训练是创新思维的基础。

本章阐述了形象思维及其包含的四种思维形式，并介绍了创新思维核心因子想象力与记忆力的训练方式。

第一节　形象思维概述

创新思维过程中既包含逻辑思维的因素，又包含非逻辑思维的因素，如同邦格所说，"没有漫长而且有耐心的演绎推论，就没有丰富的直觉"。思维的创造性寓于逻辑思维与非逻辑思维的辩证运动之中。非逻辑思维指的就是形象思维，主要包括了想象、联想、直觉、灵感等思维形式。阿基米德发现浮力定律、凯库勒发现苯环结构、门捷列夫发现元素周期律、爱因斯坦发现相对论，这些极具创造性的发现，都离不开形象思维的作用。凯库勒曾说，"先生们，假如我们学会做梦，我们也许就会发现真理"。

钱学森院士在1995年致杨春鼎教授的信中指出，"思维学是研究思维过程和思维结果，不管在人脑中的过程。这样我从前提出的形象（直感）思维和灵感（顿悟）思维实是一个，即形象思维，灵感、顿悟都是不同大脑状态中的形象思维。另外，人的创造需要把形象思维的结果再加逻辑论证，是两种思维的辨证统一，是更高层次的思维"。即，创新思维过程是某种思维基本形式的有效展开或多种思维基本形式的有效综合，这个过程既离不开形象思维，也离不开逻辑思维，尤其科学的发现和创造更是如此。

一、形象思维

形象思维又称"直感思维",是指以具体的形象或图像为思维内容的思维形态,是人的一种本能思维,人一出生就会无师自通地以形象思维方式考虑问题。形象思维是运用形象进行思维的,是人们在认识过程中对事物表象进行取舍而形成的、以反映事物形象特征为主要内容的一种思维形式,它用形象揭示事物的本质。爱因斯坦对深奥的相对论的解释:比方说,你同最亲爱的人在一起聊天,1个小时过去了,你觉得只过了5分钟;可如果让你一个人在大热天孤单地坐在炽热的火炉旁,5分钟就好像1个小时,这就是相对论。这里爱因斯坦所运用的就是形象思维。

小案例 2-1　　　　　　　　　　**感受形象思维**

1. 一位男士到超级商场为他的妻子挑选一条裙子。售货员问他:"您夫人的腰围是多少?""不知道,"男士回答。"不过,"男士凝神了一会儿,又说,"我家里有一台32英寸的彩电,我太太站在它前面时,正好把整个屏幕全给遮住了。"

2. 一女士去相亲,回来后大家问男方长得怎么样。她摇摇头说别提了,脸上长得像在开会。众人不解。她说,脸上的五官都挤到一起去了,就像在开会。

3. 用形象思维描述人脑与地球的相似处。

两者都是圆球体;地球高山起伏丘陵蜿蜒,犹如大脑皮层的凸凹褶皱;地球由若干板块构成,脑壳也是分几块慢慢长成;脑分两个半球,地球也分半球。

(资料来源:笔者撰写。)

试一试:

请描述军队与人脑的相似之处。

请描述大学是什么?

(一) 形象思维的内涵

随着思维的成熟和后天的教育,人们的思维方式逐渐由先天的形象思维(具体)向抽象思维过渡,并最终由抽象思维取代形象思维的主体地位。抽象思维是以一般的属性表现个别的事物,而形象思维则要通过独具个性的特殊形象来表现事物的本质。如果说抽象思维是从一般到特殊,那么形象思维则是从特殊到一般。形象思维内在的逻辑机制是形象观念间的类属关系,比如红色苹果、红色鞋子、青色枣子的分类,如果类属依据是颜色，则红色苹果与红色鞋子归为一类；如果类属依据是形状，则红色苹果与青色枣子归为一类。形象观念作为形象思维的逻辑起点，其内涵就是蕴含在具体形象中的某类事物的本质。杨春鼎教授认为，形象思维的展开是需要建立在对形象信息传递、对客观形象体验进行感受与储存的基础之上的。

（二）形象思维的特点

形象思维的特点有形象性、非逻辑性、粗略性及想象性。

形象性是形象思维最基本的特点。形象思维的形象性使它具有生动性、直观性和整体性的优点。形象思维所反映的对象是事物的形象，思维形式是意象、直感、想象等形象性的观念，其表达的工具和手段是能为感官所感知的图形、图像、图式和形象性的符号。

小案例 2-2

100 万的形象表达

伊利诺伊大学专为工科学生开设一门特别课程，名叫"形象思维"，课程的座右铭是"使熟悉的变为生疏的"。扎高斯基在"形象思维"课上要求学生用具体而又形象的方式表示 100 万这个数字。有个学生用几天时间爆玉米花，然后装入 32 立方米的盒子中，送进课堂，将盒子悬吊起来，示意大家注意观看，他突然掀开底盖，"哗——"。哦，这就是答案！

（资料来源：彭健伯《论动作形象思维方法及其能力开发》，载《发明与革新》2000 年第 12 期，第 10-12 页。有改动。）

非逻辑性是指形象思维是或然性或似真性的思维，思维的结果有待逻辑的证明或实践的检验。形象思维不像抽象（逻辑）思维那样，对信息的加工一步一步、首尾相接、线性进行，而是可以调用许多形象性材料，合在一起形成新的形象，或由一个形象跳跃到另一个形象。它对信息的加工过程不是系列加工，而是平行加工，是全面性的或立体性的。它可以使思维主体迅速从整体上把握住问题。

粗略性是指形象思维对问题是粗线条的反映，对问题的把握是大体上的把握，对问题的分析是定性的或半定量的，因此，形象思维通常用于问题的定性分析，抽象思维则可以给出精确的数量关系。在实际的思维活动中，往往需要将抽象思维与形象思维巧妙结合，协同使用。

想象性是指思维主体通过想象运用已有的形象形成新形象的过程。形象思维并不满足于对已有形象的再现，它更致力于追求对已有形象的加工，而获得新形象产品的输出。因此，形象性使形象思维具有创造性的优点。这也说明：富有创造力的人通常都具有极强的想象力。美国前总统奥巴马说："乔布斯是美国最伟大的创新者之一，思考敢于不同，大胆得足以相信自己可以改变世界，而且聪明得可以做到这一点。"乔布斯的确如此，个人计算机不是他发明的，MP3播放器不是他发明的，平板电脑不是他发明的，智能手机也不是他发明的，而在这些领域被人们追捧的却都是苹果公司的系列产品。这揭示了乔布斯的创新思维源于其非凡的想象力，将科学、艺术完美结合，并创新地将互联网、手机、电影、音乐融为一"机"，从而使这样的机器与人须臾不离。

（三）形象思维的作用

形象思维是认识和反映世界的重要思维形式，是培养人、教育人的有力工具。杨春鼎教授在所著的《形象思维学》中阐述，"形象思维绝不是文艺理论或美学中的一个普通术语，而是一门科学，一门涉及人脑思维奥秘的科学，一门建构现代思维科学理论体系必须首先突破的科学，一门对21世纪科学革命、教育革命和社会革命具有深远影响的科学"。在科学研究中，科学家除了使用抽象思维以外，也经常使用形象思维。在企业经营中，高度发达的形象思维，是企业家在激烈而又复杂的市场竞争中取胜不可缺少的重要条件。高层管理者离开了形象信息，他所得到信息就可能只是间接的、过时的甚至不确切的，因此也就难以做出正确、妥当的决策。

（1）形象思维能简化思维，从而有效解决问题。虽然形象思维是以具体形象和图像为思维内容的，但这并不表示它不能用来从事复杂的思维活动。恰恰相反，诸多习常性思维无法解决的问题都是形象思维给予的另类思维视角使人获得创意，而且，用形象思维来考虑一些复杂问题往往会收到化难为易、化繁为简的奇效。形象思维的作用要远远超出人们的想象，它不但适用于不同的领域，而且适用于任何层次。

（2）形象思维能在更高层次上应用知识，进而创造知识。人工智能时代，人类之所以还能拥有比电脑更高的智慧，主要就是人类具有形象思维的能力，而基于逻辑思维的电脑显然不具备这种智能。我国当前教育常被诉议的地方就是只注重抽象思维的培养而忽视了形象思维的训练，导致我们学生形象思维很差，从而缺乏创新能力。应试教育背景下，学生对于标准答案的渴求与依赖更是严重束缚了形象思维的发展。人类历史上绝无仅有的全才、欧洲文艺复兴时期的达·芬奇，其手稿中约13000页的笔记与绘画全是混合艺术与科学所组成的纪录。这证明了天才们一旦具备了某种起码的文字能力，似乎就会在视觉和空间能力方面形成某种技能，使他们得以通过不同途径灵活地展现知识。

（3）形象思维在创新思维过程中扮演着不可或缺的角色。让思维更形象一直是创新者的直观利器。研究表明，抽象思维到一定程度，尤其是在极度抽象的高、精、尖领域，形象思维的作用更是不可替代。当爱因斯坦在需要解决科学上的难题时，总是会试图用各种稀奇古怪的方法来解出问题。他指出，文字和数字在其思维过程中发挥的作用并不重要，尽可能用图表等直观和空间的方式表述思考对象非常必要。文艺复兴时期，人类的创造性得到了迅速发展，这种发展与图画和图表对大量知识的记录和传播密切相关。比如，伽利略同时代的人还在使用传统的数学方法和文字方法时，他就用图表形象地体现出自己的思想，从而在科学上取得了革命性的突破。类似的例子还有达尔文的笔记中的内容。

形象思维具体分为想象思维、联想思维、直觉思维、灵感思维等思维形式。

二、想象思维

"想象思维"是人脑通过形象化的概括作用对脑内已有的记忆表象进行加工、改造或重组的思维活动。表象是人脑对外界事物通过形象储存下来的信息，如各种画面：或有声或无声，或静止或活动，或平面或立体等。作为心理过程结果，表象就是在大脑中保持的客观事物的形象，如看小说能想象出人物和场景的形象；听音乐能想象出画面；见到久别重逢的老同学总能想到从前在一起生活、学习的情景等，这些都是表象。想象思维是形象思维的具体化，是人脑借助表象进行加工操作的最主要形式。想象思维的基本元素是记忆表象。

（一）想象思维的内涵

想象是以组织起来的形象系统对客观现实的超前反映。想象以记忆表象为基础，但并不是记忆表象的简单再现，这个过程正如建筑工程师根据自己专业的知识经验，设计出有创意的建筑物形象。记忆表象的画面在想象时，就像放电影一样，在脑中涌现；再经过粘合、夸张、人格化、典型化等加工后而产生新的有价值的表象时，新想法、新技术、新产品就出现了。

小知识 2-1　　　　　狭义相对论

牛顿的理论和麦克斯韦方程组存在矛盾，基于这个矛盾，爱因斯坦脑海中存在一个悖论：想象一个警察正在追一辆超速行驶的汽车，当警察以和汽车同样的速度行驶时，他看超速行驶的汽车里的人犹如静止在路上。然而当我们把超速行驶的汽车换成一束光，在路边的观察者看到警察在和光束并驾齐驱，警察却说无论他开得多么快，光总是从他身边逃逸，就好像他自己静止了一样。为什么同一件事在不同的观察者眼中会有不同的结论呢？他一遍又一遍地思索这一悖论，而这一悖论正是狭义相对论的理论基础。

（资料来源：李莹莹《浅析爱因斯坦的科学方法》，载《黑龙江科技信息》2012年第5期，第251、308页。）

西方最早提到想象思维的是古希腊的亚里士多德。他在《心灵论》中说，"想象和判断是不同的思考方式"。中国最早给"想象"作本质说明的是战国末期的韩非

子,他解释了想象的本质:不是感觉,而是思维。他认为,想象中客体的形象并不直接呈现在主体的感官之前,而是显现为心灵的回顾与前瞻。

想象思维可分为无意想象和有意想象。无意想象也称消极想象,是在外界刺激的作用下,不由自主地产生的。它不受意识主体支配,思维主体也没有特定的目的性,处于自由状态。就如人们观察天上的白云,有时想象成棉花,有时想象成仙女,有时又想象为龙、马等。人们在睡眠时做的梦,精神病患者在头脑中产生的幻觉等,这些都是无意想象。无意想象可以导致灵感的产生,但需要借助有意想象。有意想象是事先有预定的目的,受主体意识支配的想象,即人们基于某种目的,为塑造某种事物形象而进行的有一定预见性、方向性的想象活动。有意想象又可分为再造性想象、创造性想象和憧憬性想象。再造性想象是根据他人的言语叙述、文字描述或图形示意,形成相应形象的过程,如小说人物形象的想象。再造想象是理解和掌握知识必不可少的条件。创造型想象是不依据现成的描述而独立创造出新的想象表象的过程。憧憬性想象即幻想型想象,是与生活愿望相结合并指向未来的想象,通常是创造性活动的准备阶段。

(二) 想象思维的特征

想象思维的特征有形象性、概括性、超越性。

(1) 形象性是指想象思维是个体对已有表象进行加工,产生新形象的过程,这是形象思维与逻辑思维最大差异之处。一方面,想象加工的表象是形象而不是语言或符号等抽象的对象;另一方面,形象思维的过程和结果呈现得直观亲切、生动活泼、丰富多彩。比如,我们看小说时就似乎能见到人物的音容笑貌;看图纸时脑中就浮现立体的形象;看设备说明时就能浮现设备的外形和结构。

(2) 概括性是指想象思维实质上是一种思维的并行操作。想象思维一方面反映已有的记忆表象;另一方面将表象变换、组合成新的图像,达到对外部事件的整体把握,因而概括性强。例如,鲁迅创作的阿Q形象,是反映辛亥革命的不彻底对落后农民的概括。科学家门捷列夫的元素周期表,是众多元素的重新排列组合。人们把地球想象成鸡蛋非常具有概括性:蛋黄是地核,蛋白是地幔,蛋壳是地壳。科学家把原子结构想象成太阳系也是一种概括:太阳是原子核,核外电子是行星,围绕原子核高速旋转。

(3) 超越性是指想象可以超越已有的记忆表象的范围而产生许多新表象;是以组织起来的形象系统对客观现实的超前反映,创造出新的事物、看法和技术。凡重大的发明创造,都离不开超越性想象。

(三) 想象思维的作用

(1) 想象在创新思维中起主干作用。创新思维的新颖成果并不是凭空产生的,要在已有记忆表象的基础上,加工、改组或改造。巴甫洛夫说,"鸟儿要飞翔,必须借助于空气与翅膀,科学家要有所创造则必须占有事实和开展想象"。想象的实质是沉积在大脑深处的信息被激活、被调动，重新进行编码组合，进而得到一种超越现实的意料外结果。列宁说，"有人认为，只有诗人才需要幻想，这是没有理由的。……甚至数学也是需要幻想的，……没有它就不可能发明微积分"。

创新活动中经常出现的灵感或顿悟，也离不开想象思维。想象能把现实中没有的事物和信号显示出来，帮助人类实现思维的极度跨越。爱因斯坦说，"想象比知识更重要，因为知识是有限的，而想象力概括着世界上的一切，推动着进步，并且是知识进化的源泉，严格地说想象力是科学研究中的实在因素"。想象力反映人们的一种向往渴求，这是借助创新思维达到内心渴望已久目标的一种快捷方法。物理学家普朗克说，"每一种假设都是想象力发挥作用的产物"。

（2）想象思维在人的精神文化生活中起灵魂作用。人的精神文化生活丰富多彩，主要靠的是想象思维。作家、艺术家创作出优美的、震人心魄的作品，需要发挥想象力。鲁迅笔下的祥林嫂、阿Q、孔乙己栩栩如生，其实是鲁迅对世道人心充分想象后的高度概括。

观众欣赏作品，也需要借助想象力。马致远的"枯藤老树昏鸦，小桥流水人家，古道西风瘦马。夕阳西下，断肠人在天涯"为读者勾勒了一幅凄凉动人的秋郊夕照图，并且准确地传达出旅人凄苦的心境。正是有了丰富的想象力，作品的美感才愈发强烈，愈能引起人们的共鸣。

（3）想象思维在发明创造中起主导作用。在无数发明创造中，我们都可以看到想象思维发挥着主导作用。一件发明，在其诞生之前，便已在发明者的脑中成型。大哲学家康德说过，"想象力是一个创造性的认识功能，它能从真实的自然界中创造一个相似的自然界"。任何新产品、设计，一般都要在头脑中想象出新的功能或外形，而这新的功能或外形都是人的头脑调动已有的记忆表象，加以扩展或改造而来的。工程师要依据图纸建楼，人们有目的地建造活动，就好像在头脑里画好一幅这样的图纸。

如何发挥自己的想象力呢？德国一名哲学家雅斯贝尔斯曾说过，"眺望风景，仰望天空，观察云彩，常常坐着或躺着，什么事也不做。只有静下来思考，让幻想力毫无拘束地奔驰，才会有冲动。否则任何工作都会失去目标，变得烦琐空洞。谁若每天不给自己一点做梦的机会，那颗引领他工作和生活的明星就会暗淡下来"。

三、联想思维

联想思维是指在人脑内记忆表象系统中由于某种诱因使不同表象发生联系的一种思维活动。通俗地说，就是根据当前感知到的事物，在大脑中想到与之相关的事物的思考活动。可口可乐的瓶型就是源于创意者看到女友美丽的紧身裙而联想出来的。联想与想象的差异，在于前者是指在一个事物的基础上想到另外一个真实存在、具有相同特点的事物；而后者是指在一个事物的基础上想到另外一个可能存在的、构想出来的事物。

> **小案例 2-3　猫与高级指挥所**
>
> 　　在"一战"期间，德、法两国在某战地对峙。因不了解对方军情，两国军队都躲在自己的战壕里。德国的侦察兵发现法军阵地上常出现一只有规律活动的品种名贵的猫。德军推测猫的主人应是较高阶的指挥官，因而该处应是掩蔽的高级指挥机关所在地。德军集中力量进行轰炸和攻击，从而摧毁了该地。事后探查，果然是法军的一个旅司令部的地下指挥所。
> 　　从猫到高级指挥所，首尾两端似乎没啥联系，却又紧密相关。
> 　　（资料来源：佟雨航《波斯猫泄露敌情》，载《内蒙古林业》2017 年第 1 期，第 41 页。有改动。）

（一）联想思维的内涵

心理学上把联想定义为人们在认识活动中的一种心理过程，也就是说是由当前感知到的事物经回忆想到另外一种事物的过程。这一过程被认为是构成人的心理活动的重要途径。联想与回忆密切相关：许多回忆片段常以联想的形式衔接和转换，而积极的联想是促进记忆效果的一种有效方法。人们运用联想思考可以很快地从记忆里追索出需要的信息，构成一条链。通过事物的接近、对比、同化等条件，把许多事物联系起来思考，深化对事物间的联系认识，并由此产生创新。有句俗语叫"如果大风吹起来，木桶店就会赚钱"，意即大风吹来，砂石会满天飞舞，导致盲人增加，从而琵琶师父也会增多，于是越来越多的人会以猫的毛代替琵琶弦，因而猫会减少，结果老鼠增加，咬坏木桶，因此木桶店就会大卖赚钱。在这个联想中，每一步都合理，但获得的结论却出乎意料，这就是联想思维的结果。

（二）联想思维的特性

联想思维的特性有连续性、形象性、概括性。

（1）连续性是指联想思维都是由此及彼、连绵不断地进行的，可以是直接的，也可以是迂回曲折的，而联想链的首尾两端往往是风马牛不相及的。

（2）形象性是指联想思维是形象思维的具体化，其基本的思考操作单元是表象，即一幅幅画面。联想思维与想象思维一样生动，具有鲜明的形象。

（3）概括性是指联想思维能很快地把思考结果呈现出来，而不用顾及其细节。这是一种整体把握的思考操作活动，体现了概括性。

（三）联想思维的作用

（1）在两个以上的思维对象之间建立联系。通过联想，可以在较短时间内在问题对象和某些思维对象间建立起联系来，这种联系就会帮助人们找到解决问题的答案。贝佛里奇在其《科学研究的艺术》一书中说到，独创性常常在于发现两个或两个以上对象或设想之间的联系或相似点，而原来以为这些对象或设想彼此没有联系。

（2）为其他思维方法提供一定的基础。联想是创新思维的基础。联想思维一般不能直接产生有创新价值的新的形象，但是它往往能为产生新形象的想象思维提供一定的基础。奥斯本说，"研究问题产生设想的全部过程，主要是要求我们有将各种想法进行联想和组合的能力"。联想在创意设计过程中起着催化剂和导火索的作用，许多奇妙的新的观念和主意，常常由联想的火花首先点燃。任何创意活动都离不开联想，联想又是孕育创意幼芽的温床。

（3）活化创新思维的活动空间。联想就像风一样，扰动了人脑的活动空间。联想思维有由此及彼、触类旁通的特性，常常把思维引向深处或更加广阔的天地，导致想象思维的形成，甚至灵感、直觉、顿悟的产生。

（4）有利于信息的储存和检索。思维操作系统的重要功能之一，就是把知识信息按一定的规则存储在信息存储系统，并在需要的时候再把其中有用的信息检索出来。联想思维就是思维操作系统的一种重要操作方式。

联想思维和想象思维可以说是一对孪生姐妹，在人的思维活动中都起着基础性的作用。当看到一件事物时，大脑就像搜索引擎一样，自动根据我们的经历和经验，在大脑的记忆库中搜索和看到的事物相关的信息，并形成与之相关的新信息的过程。搜寻结果是再现，但形成的新信息则需要进行创造。

四、灵感思维

灵感思维是指长期思考的问题，受到某些事物的启发，忽然得到解决的心理过程，是人们在科学研究、科学创造、产品开发或问题解决过程中突然涌现，使问题得到解决的思维过程。人们常说的"灵光一闪"即是灵感思维的描述。

小案例 2-4　　　　广义相对论的诞生

爱因斯坦认为广义相对论的建立得益于1907年某一天。当时，他坐在瑞士专利局的办公室里，突然脑中灵光一闪，"一个在半空中坠落的人，完全感觉不到自己的重量，应该觉得自己好像置身于惯性坐标系"。这成了广义相对论的敲门砖，爱因斯坦据此理念把相对论的理论发挥到一个更高的水平。

（资料来源：李敏霞《关于爱因斯坦〈自述〉的启示》，载《中国校外教育》2012年第31期。有改动。）

（一）灵感思维的内涵

灵感思维也称作顿悟。它是人们借助直觉启示所猝然迸发的一种领悟或理解的思维形式。诗人、文学家的"神来之笔"，军事指挥家的"出奇制胜"，思想战略家的"豁然贯通"，科学家、发明家的"茅塞顿开"等，都说明了灵感的这一特点。它是问题经过长时间思索没有得到解决，却因受到某一事物的启发而突然解决的思维方法。"十月怀胎，一朝分娩"，就是这种方法的形象化的描写。灵感来自信息的诱导、经验的积累、联想的升华、事业心的催化。

灵感是人脑的机能，是人对客观现实的反映。灵感是新东西，即过去从未有过的新思想、新主意、新方案。灵感思维是三维的，它产生于大脑对接收到的信息的再加工，实质是储存在大脑中沉睡的潜意识被激发，即凭直觉领悟事物的本质。

灵感思维活动本质上就是一种潜意识与显意识之间相互作用、相互贯通的理性思维认识的整体性创造过程。在人类历史上，许多重大的科学发现和杰出的文艺创作往往是灵感这种智慧之花闪现的结果。

灵感思维作为高级复杂的创造性思维理性活动形式，它不是一种简单逻辑或非逻辑的单向思维运动，而是逻辑性与非逻辑性相统一的理性思维整体过程。

（二）灵感思维的特征

灵感思维的特征有突发性、瞬间性、模糊性及情感性。

（1）突发性。灵感往往是在出其不意的刹那间出现，使长期苦思冥想的问题突然得到解决。在时间上，它不期而至，突如其来；在效果上，突然领悟，意想不到。这是灵感思维最突出的特征。

（2）瞬间性。灵感具有稍纵即逝的特点，如果不能及时抓住随机产生的灵感，它可能永不再来。生活中可能会有这样的经历——突然想到了一个好点子，却怎么也不记得是什么了。

（3）模糊性。灵感产生的新线索、新结果或新结论常使人感到模糊不清，要明晰则必须有形象思维和抽象思维辅佐。

（4）情感性。灵感是创新思维的结果，是新颖的、独特的。人产生灵感时往往具有情绪性，当灵感降临时，人的心情是紧张的、兴奋的，甚至可能陷入迷狂的境地。

灵感思维的这些特性，从根本上说是来自它的无意识性。形象思维、抽象思维都是有意识地进行的，而灵感思维则是在无意识中进行的，这是它们的根本区别所在。

（三）灵感思维的激发条件

灵感与创新可以说是休戚相关的。灵感不是神秘莫测的，也不是心血来潮，而是人在思维过程中长期积累、艰苦探索的结果，是一种必然性和偶然性的统一。

（1）积累一定的知识。笛卡尔建立解析几何学，就是基于他一直在思考如何将形象的几何与抽象的代数统一起来,因而当他看到苍蝇在天花板上爬行时才会触发灵感,找到解决办法。显然,这个灵感出现的前提是需要前期的积累。

(2) 对一个问题长时间集中思考。几乎所有重大的发明或发现背后都凝聚了创造者长久的思考与探索。比如,航天技术的发明历经数代人的积累。

(3) 外部信息的刺激。灵感需要外部信息的刺激,比如苹果落地激发牛顿悟出万有引力;莱特兄弟研制出飞机,源于"要像鸟一样在天空飞翔"的朴素灵感;《红楼梦》中有名的联句"寒塘渡鹤影"便源于池塘中飞鹤的激发。

(4) 久思后暂搁,转移注意力。很多灵感都是在似乎不经意中产生的,其实是大脑潜意识在新环境中持续工作的结果。

(5) 及时记录灵感。灵感稍纵即逝,要随时记录、时时翻阅,这也是一种很好的激发灵感的方法。

五、直觉思维

直觉思维是指不受某种固定的逻辑规则约束而直接领悟事物本质的一种思维形式。直觉作为一种心理现象贯穿于日常生活之中,也贯穿于科学研究之中。

对直觉的理解有广义和狭义之分。广义上的直觉是指包括直接的认知、情感和意志活动在内的一种心理现象,也就是说,它不仅是一种认知过程、认知方式,还是一种情感和意志的活动。而狭义上的直觉是指人类的一种基本的思维方式,当把直觉作为一种认知过程和思维方式时,便称之为直觉思维。狭义上的直觉或直觉思维,就是人脑对突然出现在面前的新事物、新现象、新问题及其关系的一种迅速识别、敏锐而深入的洞察及直接的本质理解和综合的整体判断。简言之,直觉就是直接的觉察。

(一) 直觉思维的内涵

直觉是人们在生活中经常应用的一种思维方式。小孩亲近或疏远一个人凭的是直觉;男女"一见钟情"凭的是各自的直觉;足球运动员临门一脚,更是毫无思考余地的直觉反应。

直觉从表象来看呈现为一种非逻辑思维形式。直觉所得出的结论,没有明确的思考步骤,主体对直觉的思维过程没有清晰的意识。张晓芒认为,"虽然有人认为,潜意识和意识的根本区别在于,心理过程受不受自我控制。受自我控制便会有一个明确的注意中心,一个明确的运作方向、运作方法以及运作目的,否则便无。但潜意识之所以形成,仍然是经验在起着触发作用。它的直接结果就是以敏锐观察的能力,触发对物理、事理的认知、顿悟,产生一种'直接的知觉',即直觉"。

(二) 直觉思维的特征

直觉思维具有本能意识、超越性、应变性等特征。

(1) 本能意识。直觉思维的结果源于对原有经验认知的本能创造,即思维主体在当前的情境下，将已经积累的经验认知模块与当前的情境迅速整合，产生了新的经验认知模块，以解决当前的问题，同时也会在意识中积淀下来。正如雅克·马利坦所说，直觉所把握的东西，"不是通过对所涉及的对象的自然外形的简单变换，而是通过运用完全独立的领域中的其他对象的全然不同的外形"。

（2）超越性。直觉思维是以一种全新方式激活了积淀于大脑中的潜意识思维模块，达到对当前问题的整体和本质的把握。直觉内容表现为思维主体一下子超越了原有的思维内容，深入到原来的不可知的领域或事物及现象。直觉结果表现为主体对问题解决方案的"恍然大悟"，即思维主体在特定情境的激发下，突然间领悟了当前问题的真谛或解决当前问题的关键。

（3）应变性。思维主体在特定情境激发下生成的对解决当前情境下问题的变通能力。一是指主体在一般的、非紧急情况下的应变能力，即通常情况下，主体在特定情境（即与解决某一问题相关的场景或观察到与此相关的某一现象）的激发下，突然悟出了解决问题的思路或从整体上把握了事物或现象的本质和规律，从而表现出主体不但对简单的、常规的问题有应变能力，而且对较为复杂的、非常规的问题亦有应变能力。二是指思维主体在紧急情况下的应变能力，即"急中生智"。这是指主体在突发性的危急情况下，迅速提取存贮在潜意识中的经验认知模块、知性认知模块与理性认知模块，并与当前紧急情况相整合，在较短的时间内做出处理当前问题的决断，或想出解决问题的方法，或做出相应的决策与解决问题的步骤。应变性是思维主体作为从事社会活动的人所特有的智慧和变通能力。正是由于主体的直觉有着这样的应变性，因而，直觉在科学活动中，常常表现为科学活动的思维主体对科学发现中机遇的把握、对科学发明中灵感的捕捉和对科学研究过程中顿悟的自觉。另外，直觉在文学艺术创作活动中，表现为主体对创作题材的选择、对创作对象的统摄和对灵感的捕捉；在道德活动中，表现为主体对道德义务、道德责任的自觉，对道德情感的自主，对道德意志的自律和在道德冲突中的果断抉择。

（三）直觉思维在创新中的作用

直觉思维能把埋藏在潜意识中的思维成果，同显意识中所要解决的问题相沟通，从而使问题得到突发式、顿悟式的解决。实践证明，直觉思维是人类的一种基本思维方式，它在人类的创新与发展中具有十分特殊的重要意义。诺贝尔奖获得者、著名物理学家玻恩说，"实验物理的全部伟大发现，都是来源于一些人的'直觉'"。美国化学家普拉特和贝克曾对许多化学家进行调查，在收回的232张调查表中，有33%的人说在解决重大问题时凭直觉；有50%的人说偶尔凭直觉；只有17%的人说没有这种现象。

（1）直觉思维有利于人们突破思维定势，对事物产生崭新的认识。爱因斯坦就是依靠直觉思维，突破运用力学说明一切的思维定势，从牛顿的"绝对时间"和"绝对空间"中解放出来，确立起"相对时间"和"相对空间"的观念，进而创立了狭义相对论，实现了物理学的伟大革命。

（2）直觉思维有利于人们模糊估量研究前景，大胆提出假说和猜想。德国地质学家魏格纳偶尔发现大西洋两岸的弯曲形状和两岸的古生物化石都很相似，直觉猜想非洲和南美洲原来是连在一起的，提出了著名的"大陆漂移假说"。魏格纳这种模糊的估量和猜想，揭示了大陆和海洋成因研究的战略方向，引发了一场地球科学的革命。

（3）直觉思维有利于人们从整体上把握事物的本质和规律。许多取得划时代成就的科学家，都是借助于整体把握问题的方法，才找到了解决问题的突破口。如阿基米德发现浴桶溢出的水在体积上与他的身体相等，于是直觉地悟出物体的体积、浮力与比重之间的关系，并最终发现了浮力定律。

直觉思维的产生和作用离不开逻辑思维。一方面，直觉思维以知识经验为基础，而知识经验又是人们逻辑思维活动的结果。另一方面，直觉思维与逻辑思维存在着互补关系，当逻辑思维方式难以奏效时，直觉思维的作用便会凸显。此外，直觉思维成果需要借助逻辑思维去验证。直觉思维和逻辑思维是科学进步的"两翼"。

第二节　创新思维因子

创新思维主要是由想象联结记忆产生，这种联结体现了想象的不自由。这种不自由是因为要以知识的掌握为基础，进而应用知识，即联结必须符合知识内在结构的逻辑关系。知识的掌握需要借助记忆，想象也需要挖掘记忆中的知识。

一、想象力与记忆力

推陈出新的创造活动过程可以看成一个渐变与突变相结合的过程，而创新思维正是推动突变与变革的主因。因此，以解决问题为出发点的创新思维过程是多种思维形式的集成。这些思维形式可分为两大类：一类是逻辑思维形式，是以渐变式为特点的，如分析与综合、抽象与概括、归纳与演绎、判断与推理等；另一种是具有跳跃突变功能的非逻辑思维形式，如联想与想象、直觉与灵感等。创新思维过程的思维形式如图 2-1 所示。

在准备阶段和酝酿阶段中，人们主要借助渐变思维进行思考，只有当渐变思维受阻而中断，突变思维参与才可能在酝酿和明朗之间建起桥梁，使酝酿阶段走向顿悟，从而找到创新突破点。一旦找到问题求解的关键，人们的思维又重新走上渐变的途径，直至验证求解。

周耀烈在《思维创新与创造力开发》中提出创新思维因子的理论：创新思维主要是在联想、想象基础上灵感与直觉思维产生了作用，即创新思维的因子包括了联想、想象、灵感与直觉四种思维。基于这四种思维作用，创新的成果即创意正是源于

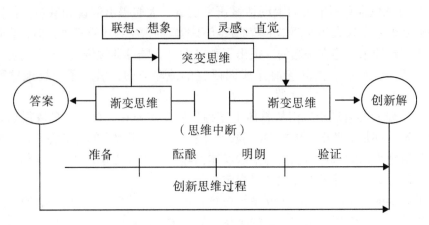

图 2-1　创新思维过程的思维形式

创意者的想象联结记忆中的知识、经验、技能等。灵感与直觉其实也是在经验与刺激之间建立的联想，即灵感与直觉生发的基础也是想象与记忆。据此，进一步抽取四个创新思维因子中的共同点，得到创新思维的能力基础为"想象能力与记忆能力"，即想象力与记忆力的培养是创新思维教育的前提。

爱因斯坦说，"想象力比知识更重要，因为知识是有限的，而想象力概括世界上的一切，推动着进步，并且是知识进化的源泉"。想象力是创造力的源泉，因而想象力的培养是创新思维能力的基础。

经验、知识是创新思维的燃料，必须提前储备在我们的大脑之中，因而好的记忆力也是创新思维能力的必备要素。记忆和思维贯穿于人的一生，学习和记忆是个体获得知识、提高能力、形成个性的重要途径。英国哲学家弗朗西斯·培根说过，"一切知识不过是记忆，而创造不过是运用知识"。知识是人脑对自然规律的认识，知识的价值判断标准在于实用性，以能否让人类创造新物质，得到力量和权力等为考量。《未来简史》中关于知识的悖论是：知识如果不能改变行为，就没有用处；但是知识一旦改变了行为，其本身就立刻失去意义。因而，知识的价值就在于应用，这个应用就是通过思维来实现的，具体来说，就是通过联结记忆中的知识形成思维来指导实践。

二、创意的联想法则

"创造学之父"亚历克斯·奥斯本提出创意的联想观念，"也就是让想象与记忆互相呼应，由某种想法而引发其他想法的心理现象"。联想是心理活动的基本形式之一，它是联系记忆和想象的纽带，是二者的过渡和中介。既有事物联结记忆、产生联想引发创意，这被称为创意的联想法则。这也符合实践：绝大部分的创意源于创意者对既有素材的联想取用，不论是那些伟大的科学发现，还是小的发明创造，都无一例外地运用了联想。创意的联想法则强调通过丰富的想象联结记忆,即将过去经验中已形成的一些暂时联系进行新的结合,它能让人们突破时间和空间的束缚,达到"思接千载""神通万里"的境域。

> **小案例 2-5**
>
> **大厦的裂纹**
>
> 华盛顿广场有名的杰弗逊纪念大厦建成之后不久,墙面出现了裂纹。最初大家认为损害建筑物的元凶是酸雨。但进一步研究,却发现对墙体侵蚀最直接的原因,是每天冲洗墙壁所用的清洁剂。为什么每天都要冲洗墙壁呢?是因为每天墙壁上都有大量的鸟粪。为什么会有那么多鸟粪呢?因为大厦周围聚集了很多燕子。为什么会有那么多燕子呢?因为墙上有很多燕子爱吃的蜘蛛。为什么会有那么多蜘蛛呢?因为大厦四周有蜘蛛喜欢吃的飞虫。为什么有这么多飞虫?因为飞虫在这里繁殖特别快,而飞虫在这里繁殖特别快的原因,是这里的尘埃最适宜飞虫繁殖。为什么这里最适宜飞虫繁殖?因为阳光充足,大量飞虫聚集在此,超常繁殖。因而避免裂纹的办法就是关上窗帘。
>
> (资料来源:《关上窗帘》,载《人力资源》2009年第16期,第77页。有改动。)

心理学研究发现,创新思维的本质就是二元联想,即在两个看上去风马牛不相及的事物之间建立联系的过程。那种把不同领域的事物联系在一起的能力被认为是创造性过程的关键。在新的观念和事物的"组合"中,联想起了非常重要的作用。观念的联想形成创新思维,也就是说把"平凡"的零星的观念组合起来形成"非平凡"的观念,这种新的观念和事物的"组合",就是创新思维的表现。这表明,联想构成创新思维的基础。

(一)思维在创新的整个过程表现为试错与选择的统一

迟维东教授认为人的思想由许多较小的思想组合而成,而较小的思想又由更小的思想组合而成。思想也有其基元,一般认为是由概念、命题、推理等思维形式组成的。人脑可以将无规则的东西加以整合重新编排,创新思维的机制就是利用人脑的这种机能将这些无规则的思维元素再组合。在创新思维过程中,人脑将各种外界信息从记忆中调出;依据对事物的直观洞察,通过比较和类推,在可靠性和或然性的基础上进行有效的推测、选择;灵活地将自己的知识和经验进行模式变换,实现再组合;通过不断地试探、排除而逼近目标。一方面,选择要求我们不必机械地进行试错,去考虑一切可能性,而是依据经验和洞察力进行选择。这样做似乎排斥了试错。而另一方面,选择又不可能一蹴而就,又必然要有试错的补充和试错过程中的学习。这种选择与试错的统一就表现为不断的构建和评价,这一过程就是想象联结记忆的过程。

> **小案例 2-6**　　　　　　　**爱迪生发明电灯**
>
> 　　爱迪生研制电灯时，光收集资料，就用了200本笔记本。他在选择灯丝时，为了找到合适的，先后用过1600多种材料，包括头发和各种不同的竹丝，直至找到一种经过燃烧炭化的日本竹丝，可连续点亮1200个小时。试验了近2000次才成功，爱迪生表示，"我一次都没有失败，这是发明电灯要经历的2000步的历程"。爱迪生说"我一次都没有失败"，是因为他知道试错与选择是整个创新实践过程中不可或缺的一部分。
>
> （资料来源：红烛《要经得起失败的考验——爱迪生发明电灯的启示》，载《人民教育》1979年第9期，第53-55页。有改动。）

（二）建立无关联事物间的联系是创造活动的本质

两个看似毫不相干的事物联系在一起，这是天才们常常做出的事情。塞缪尔·莫尔斯在探寻制造出强大的中心来越过大洲大洋的电报信号时一筹莫展，直到他看到在驿站被换下来的拉车的马匹。他由更换马匹的驿站联想到了电报信号的中继站——每隔一段距离就把电报信号放大。如果说天才身上突出体现了一种特殊的思想风格，那就是把不同的对象放在一起进行比较的能力。这种在没有关联的事物之间建立关联的能力使他们得以看到其他人看不到的东西。

> **小案例 2-7**　　　　　　　**放映机的发明**
>
> 　　电影放映机和缝纫机似乎是风马牛不相及的两种物品，但法国卢米埃尔兄弟硬是给它们"联姻"，在1895年发明了第一架电影放映机。1848年时的电影已万事俱备，只差一个关键性问题悬而未决，即放映电影时影片必须一动、一停地通过卡门，否则银幕上的影片就会模糊不清，也就是说必须解决影片的间歇运动问题。这在当时难倒了众多发明家，连发明大王爱迪生也一筹莫展。卢米埃尔兄弟设计了许多解决方案，但都不理想。有一天，路易·卢米埃尔看见缝纫机缝纫时压脚作一动一停的间歇运动，于是联想到影片的间歇运动也可以类似地实现，从而发明了放映机。
>
> （资料来源：黄建东《电影发明权的归属之争》，载《发明与创新》2004年第7期，第26-27页。有改动。）

联想提供了丰富的创意来源。世界处于普遍联系之中。苏联心理学家哥洛可斯和斯塔林茨曾用实验证明,任何两个概念词语都可以经过四五个阶段,建立起联想的关系。例如木头和皮球,就是两个"风马牛不相及"的概念,但可借助联想为媒介,使它们发生联系:木头→树林→田野→足球场→皮球。又如天空和茶:天空→土地→水→喝→茶。这种联想是很普遍的,因为每个词语均可以同近 10 个词直接发生联想关系,那么第一阶段就有 10 次联想的机会(即有 10 个左右的词语可供选择);第二阶段就有 10^2 次机会;第三阶段则有 10^3 次机会……第五阶段便有 10^5 次机会。由此可见,联想有极其广泛的基础,为创意思维的运行提供了无限辽阔的时空。在创新过程中运用概念的语义、属性的衍生、意义的相似性来激发创新思维,是打开沉睡在头脑深处记忆的最简便和最适宜的钥匙。

(三)联想是创意过程的必经阶段

对于创意而言,重要的是把表面不相干的事物联系起来,而非单纯地回忆、回想。因此,奥斯本称创意活动中的联想是"依靠记忆力进行想象,以便使一个设想导致另外一个设想"。美学家王朝闻曾指出,"联想和想象当然与印象或记忆有关,没有印象和记忆,联想或想象都是无源之水,无本之木。但很明显,联想和想象,都不是印象或记忆的如实复现"。联想是想象的最初步、最基本的形式。琴纳从牧场挤奶女工感染牛痘后不会染上天花进行联想,从而发明了牛痘疫苗。这也是所有现代接种法的来源。联想在创意过程中占有重要位置,善于联想,常常可以由已知达到未知,实现各种创意。因此,有人说"发明就是联想"。

> **小案例 2-8**
>
> **噪声与鸟儿**
>
> 德国生态研究部门发现,噪声会使鸣禽逐渐丧失音感和节奏,并使其鸣声逐步走调,甚至因此失去其独特的语言。这样,幼鸟无法学会"歌唱",长大了不会跟同类的鸟情歌互答,也就无法找到配偶,因而数量剧减。
>
> (资料来源:汤东康《鸟儿因噪声而走调》,载《环境》1995 年第 10 期,第 32 页。有改动。)

创造就是建立事物间的新联系。创造心理学有一个共识,那就是创造力与发散思维有密切的关系,即一个人若能由一个事物联想到尽可能多的事物,那么他就有可能表现出较强的创造力。爱因斯坦说过,即使是为了得到问题的部分解决,科学家也必须搜遍漫无秩序地出现的各种事件,并且用创造性的想象力去理解和连贯它们。发散思维的根本目的就是帮助人们打破思维定式,建立不同事物(尤其是距离较远的事物)之间的新联系,发现解决问题的新方法。

三、联想的方法

我们一定经历过这样的体验：有时我们见到一个人觉得面孔很熟悉，但就是想不起他的名字来；有时看到一个人名觉得有点熟悉，但就是想不起这个人的样子。这到底是怎么一回事呢？

认知心理学把联想分为两类：近距离联想和远距离联想。比如，我们看到向日葵想到太阳是比较直接的联想；看到一个人，会首先想他的名字；看到不认识的人或物，我们也会想"他是谁""这是什么东西"等。名称联想、接近联想、形象联想、特殊联想都是比较常见的联想类型，可归为近距离联想范畴。其他类型的联想则归为远距离联想范畴：如由向日葵想到圆盘或笑脸的相似联想；由太阳想到月亮、由光明想到黑暗的对比联想；由迎春花想到欣欣向荣、生机、朝气等的引申联想。

近距离联想有助于记忆的提取。当我们暂时忘记某一事物的名称或形象的时候，我们可以通过近距离联想帮助我们将它们找回来。远距离联想被认为与创新思维有关。远距离联想是指概念在一个语义网络中是按照不同的强度相互联系的，某个特定的概念激活另一个概念的水平反映了两个概念表征的距离，也就是说，那些越不容易从一个概念联想到另一个概念的，两者之间的距离越远。高创造性的人以一种独特的方式联系事物，他们能够轻松地产生较多的远距离联想，他们的"联想层级"范围很广，这也意味着他们并不倾向于选择那些与刺激词有关的典型的高预期的联想词。相反，他们倾向于选择那些低预期的联想词。

超链接式联想是创新思维的来源。人类对于事物的联想，会因个人的经历、经验和所处的情境不同，而可以有较大的差别。大多数情况下，人类思维是联想性的、跳跃式的，类似于网络的超链接。除非我们付出意志努力，否则我们的思维并不总是按照形式逻辑进行线性思考。这是人类不同于计算思维的地方。超链接的特点就是不是单纯由文本到文本，也可以由文字符号到图形图像，或者声音气味。超链接式的思维同于简单利用逻辑推导，因而容易产生直觉与顿悟。随着年龄与经验的增长，这种超链接联想也容易变为一种定式，形成相对固定的联想关系，从而妨碍我们的思维创新。这就好比虽然网络给了我们各种跳转的可能性，但每个人还是会遵从一定的习惯与程序进行浏览。

联想是心理学家较早研究的一种心理现象。联想的概念及其规律，始于古希腊的柏拉图和亚里士多德。人们总结的联想规律有四种。

（一）相似联想

相似联想是由于事物间的相似点而形成的联想，也称类似联想。如由叶齿联想发明锯子，由亭子联想发明伞等。相似联想是由某一事物或现象想到与它相似的其他事物或现象，进而产生的某种新设想。李白的名句"云想衣裳花想容"，即由天上的云联想到人的衣裳，由花的美丽想到人的容貌。这里联系在一起的纽带是云像衣、花像容的相似性。在日常生活当中，人造湖海、人造森林、打火机、缝纫机、洗衣机等，就是通过相似联想而创造出来的。最早的袜子定价是一码一款一价，非常烦琐。袜商从电车无论远近统一收费的方式联想到为大小不同的袜子制定一款一价，大大方便了袜子的销售。在科学发现中，科学家从质量守恒定律想到能量守恒定律，再想到质量能量守恒定律。这是因为质量与能量都是物质属性，既然存在质量守恒，也就存在能量守恒，所以也就必有质量能量守恒。

> **小案例 2-9**
>
> **屎壳郎与耕作机**
>
> 四川姚岩松意外发现屎壳郎能滚动一团比它自身重几十倍的泥土，却拉不动轻得多的泥土。他联想到：能不能学一学屎壳郎滚动土块的方法，将拖拉机的犁放在耕作机身动力的前面，而把拖拉机的动力犁放在后面呢？经过实验他设计出了犁耕工作部件前置、单履带行走的微型耕作机，以推动力代替牵引力，突破了传统的结构方式。
>
> （资料来源：《"屎壳郎"耕作机简介》，载《云南农业》1995年第3期，第26页。有改动。）

（二）接近联想

接近联想是由于事物空间和时间特征的接近而形成的联想。苏东坡在杭州时，西湖的很多地段都被泥沙淤积。苏东坡多次巡视，反复考虑如何加以疏浚。他想：能否把从湖里挖上来的淤泥堆成一条贯通南北的长堤？这样既便利来往的游客，也许还能增添西湖的景点和秀美。遂成就了西湖胜景！在科学的创意中，接近联想是从已知探索未知的锐利武器。科学家研究分子、原子、质子、中子……都是由此及彼的接近联想。卢瑟福在研究原子核的基础上，提出可能存在一种质量与质子相近的中子，就是一例；现在人们发现了更小的粒子夸克，靠的也是接近联想。门捷列夫运用接近联想法，提出了一些空位上的未知元素，并预测了这些元素的物理、化学性质，后来的事实证明了这些设想。

（三）对比联想

对比联想是对于性质或特点相反的事物的联想，即由具有相反特征的事物或相互对立的事物间形成的联想，也可称为逆向联想或相反联想。我国的"相反相成"一词，就是这个意思。在日常生活中，人们常从白想到黑，从水想到火，从冷想到热，从上想到下，由大想到小，由方想到圆，由对称想到非对称，由真善美想到假恶丑等，这些都是习以为常的对比联想。在科学创意中，法拉第由电生磁联想到磁也可生电，从而发现了电磁互生原理。这是运用对比联想的典型例子。古今中外文学艺术创作大师，谁也离不开对比联想。法国雕塑大师罗丹的《思想者》并不那么对称和谐，大作家梅里美笔下的卡门并不那么完美无缺，大文豪雨果在《巴黎圣母院》中塑造的敲钟人卡西莫多并不是什么美男子；但思想者却深沉感人，卡门美丽迷人，卡西莫多善良感人，因而人们无不认为他们都是具有无限魅力的完美艺术形象。中国歌颂岳飞、唾弃秦桧的名句"青山有幸埋忠骨，白铁无辜铸佞臣"，称得上是登峰造极的对比联想。

（四）因果联想

因果联想是对逻辑上有因果关系的事物产生的联想。因果联想的特点是由一种事物的经验联想到另一种与它有因果联系的事物。两种事物之间存在一定的因果关系，由一种原因会联想到另一种结果，或由事物的结果联想到它的原因等。如早上看到地面潮湿，会想到可能是夜间下过雨。因果联想从结果正确索因的推导或推导出可能的结果都可以成为创新的来源。如果仔细审视各种创新方案，里面都存在某种程度的因果联想，或者说事物之间存在因果联系。笔者在思考经销商招商策略时，发现经销商年年招新，数量却不见增多。查阅历史数据发现很多经销商只成交了一次，原因是经销商拿货后不好卖，不好卖的原因是产品组合不合适或销售的渠道不正确。据此，笔者提出了帮新经销商"卖一车半货"的招商策略，从而摆脱了年年大招商的困境。

四、不自由的想象

爱因斯坦说，"想象比知识更重要"。很多人据此推论：想象力和知识是天敌，知识约束了想象。他们认为人在获得知识的过程中，想象力会消失——因为知识符合逻辑，而想象力无章可循。换句话说，知识的本质是科学，想象力的特征是荒诞。因而，创新思维的教导都强调自由想象，似乎产生不了创新，都是不自由的想象所致；但凡有令人瞩目的创新，皆因创新者进行了自由想象。实践证明，所有的创新，事后看来都是符合逻辑的；这种逻辑符合某种环环相扣的联结。或者说，越是高级的创新，其实越不自由。

马克思指出，蜜蜂建筑蜂房的本领使许多建筑师感到惭愧，但是，建筑师从一开始就比最灵巧的蜜蜂高明的地方，是他在房子建好前就已经在自己的头脑中把它建成了。马克思认为，劳动过程结束时得到的结果，在这个过程开始时就已经在劳动者的头脑表象中存在，即已经作为观念存在着。

卡梅隆拍摄《阿凡达》时，先编制了一本《潘多拉星球百科全书》：为什么有些山可以在潘多拉星球悬浮？因为矿石含有常温超导物质。为什么潘多拉星球的磁场是紊乱的？因为附近有几颗别的行星。潘多拉星球应该长出什么样的动植物？动植物的形状必须符合这个星球的环境。潘多拉星球人的语言肯定跟地球人不一样，所以还得请语言学家为他们发明一种语言。也就是说，卡梅隆构建了一个完全自洽的新世界。卡梅隆的想象力厉害吗？他既厉害又不厉害，因为这些想象不过是环环相扣计算的结果——《阿凡达》中的各种神奇植物是受到海洋生物启发的结果，山的造型可能来自中国，故事情节也是人类历史上上演了无数次的殖民事件的翻版。

郭帆导演的《流浪地球》为什么被喻为中国科幻电影里程碑？因为在《流浪地球》的世界里也有一套人们能够理解且环环相扣的逻辑体系，说不通的东西人们不会赋予它科幻的眼光与兴趣。拍摄之前，郭帆聘请了许多科学家，目的是寻找"不自由的想象力"，其实就是打造一套逻辑体系。《流浪地球》中的想象绝不是天马行空、胡思乱想，而是步步为营、精心计算出来的。正是因为这种不自由，所以它才被称为里程碑。

（一）不自由的想象就是要追求"对"的想法

一个科学家可能每天都有无数个怪异的想法，真正的困难不是产生"怪异"的想法，而是产生"对"的想法。这种"对"的想法，并不自由，但却恰是创新思维所追求的。很多人崇尚"自由想象"，背后其实是"顿悟崇拜"，认为一般人终日被自己的知识所束缚，一旦跳出这种束缚，就能够取得重大的突破。这种思想其实是对科学发现的庸俗解释。这就好比我国大众把大学生创新思维能力的不足归咎于应试教育一样，仿佛就是教育限制了自由想象从而导致创新思维缺乏。实际上，很多创新依赖于丰富的知识储备与新技术。苹果公司前执行总裁乔布斯认为有创意的人是这样的：他们能够将他们的体验连接起来并综合成一些新东西，而他们拥有这种能力的原因可能是他们本身经历得更多一些，或他们比其他人更深入地去思考了这些经历。在行业中的很多人并没有非常丰富的行业之外的经历，故他们并没有太多可连接的东西。于是他们只能得到一些非常线性的结果，而不是对这个问题更宽领域的研究成果。费曼说，相对论流行以后，很多哲学家跳出来说："坐标系是相对的，这难道不是最自然的哲学要求吗？这个我们早就知道了！"可是如果你告诉他们光速在所有坐标系下不变，他们就会目瞪口呆。所以，真正的科学家其实比"想象家"更有想象力，是因为他们能找到"对"的想法。

（二）"对"的想象需要想象联结记忆的联想能力

"联想"代表了两种力的合成："想"代表记忆力，"联"代表想象力。通过"想"从记忆仓库中把两个记忆中的元素提取出来，再通过想象把它们"联"在一起，即形成"联想"。现实的联想中，"联"和"想"并不分开进行，而是"一气呵成"或转瞬完成的。比如，从嫦娥联想到登月飞船，就是由于想象力的作用把它们联系在一起。因此联想并不单纯是回忆，而是有想象力的微妙作用。关于创新思维培养教育的基础训练应该包括两方面内容。

其一，记忆力的训练。"经验是供给最佳创新的燃料"，只有提升头脑的记忆力，才能将经验以更好的形态存于脑中，并且在需要时准确取用。这体现了思维的灵活性、独特性。

其二，想象力的训练。想象活跃，才可能接受外界的些许刺激，才能点亮人脑的思维繁星，广博地拓展并延伸思维视角。这体现了思维的流畅性、连贯性。

第三节　想象力训练

根据斯佩里的左右脑分工理论，创新思维需要左右脑协同即显、潜意识交替。人脑中各种各样的信息，如果长期不使用，绝大部分就会与显意识脱钩而进入潜意识领域。显思维只能检索、调用显意识信息库中的信息，那些退出显意识领域的信息，在正常情况下往往难以"唤醒"，这就是遗忘。而在特定场合中，储存这些信息的地方受到刺激，信息便会释放出来，这便构成想象。这一过程符合创意的联想法则。想象是人在脑中凭借记忆所提供的材料进行加工，从而产生新的形象的心理过程。

想象力是人在已有形象的基础上，在头脑中创造出新形象的能力；想象一般是在掌握一定的知识的基础上完成的。成人怎样才能提高自己的想象力呢？

第一，要积累渊博的学识和丰富的经验。想象本质是对已有的知识、表象和经验进行改造、重新组合、创造新形象，因此头脑中储存的表象、经验和知识愈多，就愈容易产生想象。一个孤陋寡闻的人是很难经常产生奇思妙想的。

第二，要善于把不同种类的表象加以重新组合以形成新的形象。《西游记》中猪八戒的艺术形象就符合组合想象。

第三，要善于把同类的若干对象中的最具代表性的普遍特征分析出来，然后集中综合成新的对象。鲁迅先生述及阿Q的形象：没有专用过一个人，往往嘴在浙江，脸在北京，衣服在山西，是一个拼凑起来的角色。中国对龙的形象的创造也是基于多种动物的组合。

第四，要善于抓住不同事物之间的相似性进行想象。想象可以通过比喻的途径来完成。如人们常常把"爱心"比作滋润心田的雨露，从而让这个抽象的概念具体化。比喻的关键在于发现不同事物之间的相似性。

第五，要善于把适合于某一范围的性质扩展到整体。想象也可以通过夸张的途径来完成。夸张的关键在于通过用具体的局部去代表未知的整体从而使整体具体化。如当人们只看到月牙时，他们就认为自己看到了整个月亮，这就是通过夸张来想象。

想象是以感性材料为基础，把表象的东西重新加工而产生的新形象。因此，任何想象都会有其根源，这是训练想象力的理论基础。

一、跳跃联想

请以"电"作为第一个词汇，快速展开联想，在一分钟内联想到的词汇越多越佳。游戏的规则类似：大海—鱼—渔船—天空……

这里列举了5个人的答案。

(1) 电—电话—电视—电线—电灯—电冰箱—食品—鸡蛋……
(2) 电—闪电—雷鸣—暴雨—彩虹—太阳—宇宙—外星人……
(3) 电—能源—石油—战争—伊拉克—美国—科技—强大……
(4) 电—危险—机遇—成功—能力—艺术—自然—规律……
(5) 电—风筝—节日—情人—红豆—袁隆平—荣誉—军人……

这五个人的答案中第五位的思维跳跃度最大，第一位的思维跳跃度最小。

第一个人的联想词组中词与词之间的联想难度最小，基本上所有的人都能理解。而第五个人的联想词组中词与词之间的联想难度比较大，作为旁观者需要思考一下才能弄清楚它们之间是如何联系在一起的。比如电—风筝这两个词的联想，一般人很难想到。该联想者是由"电"想到了富兰克林从事电学研究时，其妻子不小心碰到实验室的电瓶触电，这让富兰克林联想到天空中的雷电，并预测雷电与实验室是一样的，最终借助风筝引雷电而获证实的神奇经历。可以看出，这个联想的完整思维过程是：电—富兰克林—实验—风筝，只是其思维快速跳跃省去了其中的两步，直接由电联想到风筝。这种大跨度跳跃式的思维方式不但思维速度快，而且更容易激发大脑中的灵感。跳跃联想是创新思维的翅膀，富兰克林由实验室中的电流联想到天空中的雷电，突破当时人们的传统观念，大胆预测两者是相同的，靠的就是天才的跳跃联想。

跳跃思维实质体现的是发散思维能力，这决定了创新思维能力的强弱。发散思维具有流畅性、变通性和独特性三大特点。例如，在回答"红砖头有什么用"，A 说可以造房子、造围墙、造猪圈、造羊圈、造狗窝、造鸡窝、造兔窝、造鸭窝、铺路、造台阶等。而 B 说可以造房子、铺路、练气功、练举重、做涂料、写字、做武器、下象棋、防台风和放在汽车轮下防滑等。比较而言，B 所涉及的类别较多，A 只局限于做建筑材料，故 B 的发散思维变通性比 A 强。若有人说"红砖头可以当作多米诺骨牌，作为比赛用具"而与众不同，可以认为该人发散思维独特性较强。

培养创新思维时，我们需要特别强化训练跳跃联想的能力，使大脑突破惯思维的窠臼，在远离常识、常规之外发现闪光的创意。联想的过程中记忆起了很大作用，近距离联想有助于提取记忆，远距离联想有助于提高记忆能力和创造性。因而，跳跃联想的训练方法可以远近结合：近距离的自由联想训练与远距离的强制联想训练。

二、自由联想训练

自由联想是指根据一个刺激（一般为词或图片，以听觉或视觉方式呈现）尽快地说出头脑中浮现的词或事实。自由联想训练有两种形式。第一种为不连续的自由联想，即根据呈现的刺激，以头脑中浮现的第一个词来反应。例如，刺激词为"狗"，头脑中浮现的第一个词为"猫"，就以"猫"来反应。第二种为连续的自由联想，即根据呈现的刺激，以头脑中出现的一系列词或事实作反应。前一个联想的反应词或事实，作为下一个联想的刺激，不断地联想下去，如"狗—猫—树—窗户—地毯—生气……"。自由联想一般以联想的反应时间、同一类联想反应重复数、反应词的质量作为训练效果的评判指标。

(一) 自由联想是一种近距离的联想，有助于提取记忆

有一个罪犯在夜间作案时，将一支蜡烛插在一个牛奶瓶内照明进行盗窃。在被拘捕后他拒不交待事实经过，于是命令他作联想测验。具体方法是检验者说出一个词，令他立即回答所想到的另一个词。开始时，先用一些无关的词，如"天"，答以"地"及"父亲→母亲""鲜花→草地""黑→白""巴黎→纽约"等。然后突然提到"蜡烛"时，这名盗窃犯即答以"牛奶瓶"。就这样，通过该测验最后侦破了这件盗窃案。这是利用联想测验来进行刑事侦查的一个典型例子。它依据的就是在被试者进行迅速联想时，往往会暴露出内心潜隐的思想。自由联想的价值就在于通过经常的快速的联想，逐渐提升思维的流畅性、增强想象力，为进一步创新思维奠定基础。

(二) 自由联想有助于思维敏捷

我们要充分认识自由联想的客观存在和它的积极意义，对自由联想采取认可与接纳的态度，并每天花10分钟的时间进行自由联想练习。比如，你可以坐在一个较安静的环境中，放弃任何对思维的控制，不提任何功利和实用的要求，进行完全的自由联想；此时，只需怀着好奇心跟随大脑去"散步"；这样经过一段时间的自由联想练习，大脑就会变得异常活跃，并富有创造力，思维也变得灵活。

自由联想训练方式可以是这样的：随便找一个词汇起头，在规定的时间内（如1分钟）快速联想，要求想到的词汇概念越多越好。如："杯子—（ ）—（ ）……"每次进行自由联想训练时，将想到的词记录下来，要求不得在记录中修改词组。你可以先用手机录音，然后看自己联想的词组数及跨跃性，尝试着每周进行一次对比总结，感受思维的进步。经过一段时间的自由联想训练之后，你就会发现，每分钟自由联想时说出的词数量已有了大幅提高。如果一个人的联想能力增强了，平时的工作、学习效率也会随之提高。

请每天进行一次这样的联想训练，并将之记录下来。

三、强制联想训练

强制联想是种远距离联想，指将乍看起来毫无关联的事物强制地糅合在一起而形成的联想。强制联想有时可能找到创意思维的转机，获得意想不到的成功。拉链的发明就是一例。1893年芝加哥博览会上首次展出了吉特逊发明、用在鞋上的拉链。接着，欧加制成了自动拉链生产机，但因产品无销路而破产。一个服装店店主看到这个新奇的小玩意儿价廉物美，就想寻找到其他可能的用途。他将之用于钱包上，既安全又方便，因此创意，拉链一时成了市场上的热门货。他又把拉链缝在海军制服上，因此发了大财。1921年，美国富善公司首先在夹克上用拉链，称为"Zipper"夹克，一时流行全美，该公司也由一个小企业一跃成为著名的大公司。1930年，法国一时装

设计师在妇女睡衣上采用拉链，也获得了巨额利润。

强制联想既是一种有效的创新方法，也是一种训练想象的有效工具。

强制联想训练是指随机找两个不相关的事物，要求尽可能多地想出它们之间的相关联系或相同点。比如：大海—羽毛球有什么联系，有哪些相同点，等等。这种训练可以帮助我们提高大脑思维的跨度。

试一试：
1. 请分析鸡蛋和宇宙有哪些联系？（要求3分钟内至少找到10个联系）
2. 请分析管理和绘画有哪些相同之处？（要求3分钟内至少想到10个相同点）
3. 借助外界事物进行强制联想训练。围绕一个主题，选取某个随机名词或某个图像进行联想。比如用肥皂联想家具的设计；用手机联想教育的方式等。（要求3分钟内至少想到10种创意）

自由联想与强制联想联合训练。具体方式可以是：围绕一个主题（比如高中），首先自由联想，限定时间比如1分钟，得到一定数量的词；接着，强制联想，将词进行两两配对，看能否产生出什么好的句子和构思，要尽可能将所有想到的词融入进来；最后，构思完整——围绕主题将句子加以组织，就成了围绕主题的故事、诗或散文等。这种训练方式比较有趣，对思维的训练也更高效。此外，自由联想阶段可以借助某些外在的工具，比如应用积木、四巧板、七巧板等。具体做法为：先拼出一个图形，围绕该图形自由联想，再与主题强制联想，最后得到比较新奇的构思。这种训练中，由于引入了立体图形，将更有利于大脑思维的活跃性。对于一般人来讲，如果能按照自由联想与强制联想两种方法坚持训练一个月，基本上就可以达到提高思维速度和跳跃性的目的，为创新思维打下坚实的基础。当然，如果想进一步提升还需要学习掌握一些专业的思维工具来辅助思考，因为专业的思维工具可以帮助我们的思维达到凭本能无法企及的高度。

四、"求同—求异—求合"综合训练法

创意的联想法则寓示着任何创新都蕴含着求同、求异或求合的思维。联想的出发点就是在寻求相同、相异或组合，创新技法或工具其实都是这些思维的具体实现，比如综摄法、组合法、类比法等。因而，在想象力训练中也可以应用"求同—求异—求合"的综合训练。

（一）求同

每天早上醒来时，在起床前先想象四种完全没有联系的事物：比如一本书、钻戒、一瓶饮料、电脑，进行求同训练。具体做法就是分类，将每两种事物归一类，且要与另外两种事物不同。比如：

(1) 钻戒和电脑属于贵重物品，书和饮料比较便宜。
(2) 书和电脑可以承载大量的信息，钻戒和饮料不能承载信息。
(3) 电脑、可乐产生的时代较近，书和钻戒很久以前就有。

开始训练的时候会感觉费力，因为我们的思维一直受着环境束缚。但万物之间都是有联系的，而且求同训练没有绝对的对和错，所以只要训练者自己能够解释清楚就可以，重在坚持。初睡醒时头脑很空旷，此时的训练面对的就像是新生儿大脑，能有效地锻炼思维。晨起训练强调的是抓住第一感觉，不用特意去想，生活中任何事物都可以训练。每天早上对想到的事物进行求同分类，我们的思维会在一天之内都非常开阔。久而久之，我们在看待事物的时候就很容易找到两个不同事物之间的联系，这将有助于我们创新。

（二）求异

求异与求同恰好相反，类似于人们玩"找不同"的游戏，要求在一天之中不断发现同一事物的不同点，即从不同的角度去审视同一个问题，所谓"一千个读者就有一千个哈姆雷特"。

在平时的工作、生活中，也可以有意识地进行求异思维训练。比如当别人发表完观点的时候，不要急于给予肯定回答，而是要想一想你自己会怎样想，是否存在其他可能的看法。人与人是不同的，你的观点不可能和某个人完全相同。求异是创新思维必不可少的，例如同为可乐，可口可乐依靠着自己悠久历史久居宝座、稳如泰山；而百事可乐另辟蹊径，找到和其不同的一面进军市场，打造出"年轻一代的选择"，引发了消费者的热烈追捧。

（三）求合

求合就是在求同和求异的基础上将我们发现的不同事物的相同点和不同点结合起来创造新事物的一种思维方式，这实际上是一种组合创新。生活中很多创新的事物都来自多种事物的结合。比如铅笔和橡皮，正是因为人们找到二者的共同点（在写字的时候用），因此有了铅笔上面的橡皮。二者结为一体使得我们在用起来非常方便，因而成为颇具价值的创新。

求合思维是创新的一个很高的境界，把不同事物的优点结合于一体从而发明创造出新的事物，这是时代和社会所需要的思维——很多创新不过是既有技术的一种新组合，在我们日常的生活中同样可运用这种方法将一些复杂的事情简单化。

思维训练的方式有多种，每人可以选择适合自己的。创新思维的培养常以游戏的方式进行训练，其优点是趣味性强，缺点是难以暴露训练中的思维过程，不利于思维学习与总结。自由联想训练、强制联想训练及求同—求异—求合训练等方式则有利于日常的、持续的锻炼。此外，在后面学到的诸多思维工具都具有训练思维的作用：一方面某些思维工具可以用于每日一练的思维锻炼；另一方面，最主要的是在实践中的应用，能自觉、自然地进入思维的练习。

无论做什么事，贵在坚持，想象的训练也是一样的。要想培养出良好的创新思维，就要每天坚持去做，坚持去想。只有这样我们的大脑才能不断地开发，思维不断地创新，我们才能培养出主动创新能力。

第四节　记忆力训练

记忆是人类心智活动的一种，是属于心理学或脑部科学的范畴。记忆代表一个人对过去活动、感受、经验的印象累积。记忆就是客观存在，是物质或物质系统变化的痕迹的即时状态。记忆作为一个基本的心理过程，是和其他心理活动密切联系的。在知觉中，人的过去经验有重要的作用，没有记忆的参与，人就不能分辨和确认周围的事物。在解决复杂问题时，记忆提供的知识经验起着重大作用。记忆是思考的基石，没有记忆就没有知识。近年来，认知心理学家把对记忆的研究提到了重要的位置，其原因也在这里。

一、记忆的联想法则

小案例 2-10　五岳记忆

你能记住我国的五岳及其方位吗？想象一幅画，雪地中间有棵松树（中岳嵩山），太阳从东方升起（东岳泰山），夕晒让树枝上的雪融化了（西岳华山）；向南的一面长得枝繁叶茂，整棵树难以平衡（南岳衡山），朝北阳光不到，积着永恒的白雪（北岳恒山）。这是一种有效的记忆方式：将要记的信息通过联想转化成一幅图。

（资料来源：笔者撰写。）

记忆，按方式可分为概念记忆和行为记忆。所谓的概念记忆，就是对某一事物的回忆，如科技是第一生产力、大象的体重很重等，这些只是概念上的回忆。所谓的行为记忆，就是对某一行为、动作、做法或技能等的回忆。这种记忆极少会忘记，因为这些都涉及具体行动，如骑自行车、游泳、写字或打球等。关于行为记忆，或许很久不用会生疏，但极少会遗忘。

记忆力是识记、保持、再认识和重现客观事物所反映的内容与经验的能力。科学家认为记忆力可分为短期记忆力、中期记忆力和长期记忆力。短期记忆力的实质是大脑的即时生理生化反应的重复，而中期和长期的记忆力则是大脑细胞内发生了结构改变，建立了固定联系。比如怎么骑自行车就是长期记忆，即使已多年不骑了，但仍会骑。中期记忆是不牢固的细胞结构改变，只有经过多次训练的反复加以巩固，才会变成长期记忆。短期记忆是数量最多又最不牢固的记忆，一个人每天只将约1%的记忆保留下来。

古希腊人非常崇拜记忆力，认为它是女神妮莫辛的化身。现在称呼记忆法的专用术语"记忆术"（mnemonic），就是由女神妮莫辛的名字演化而来的。在希腊故事中，妮莫辛与宙斯生了9个缪斯女神，分别主司爱情诗、史诗、赞美诗、舞蹈、喜剧、悲剧、音乐、史学和天文学。古希腊人认为将活力（宙斯）注入记忆（妮莫辛）就会产生创造力和智慧。

古希腊人认为提高记忆力方法的基本原理就是：一个人要想记住某件东西，就把它同自己已知的或固定的东西联系在一起，并且要依靠与应用想象力。这就是记忆的联想法则：把要记忆的新信息与已知的事物做联想。

(一) 记得快：把事物正确地联系起来

假如有两组信息，一组是13个数字：94、12、35、41、52、19、82、57、64、99、75、87、69；一组是13个词：水桶、篮球、唱歌、腊肠、鼻子、气球、天空、导弹、苹果、小狗、闪电、街道、柳树。一般人更容易记住的是第二组，主要原因是我们更容易在这些词组间建立起联系，或者更容易在大脑中建立起一幅关联所有词的图画。这有点类似前面的五岳记忆。对于没有经过训练的普通人来说，这些数字是不太能与我们日常生活建立起关联的。

为提高记忆效率，在联想的过程中要加入以下要素：

（1）色彩。色彩越生动、越丰富，记忆效率就越高。仅是利用色彩这一条，就会使你的记忆力有较大提升。

（2）漫想。想象力是记忆源泉，想象得越生动，记忆越容易。漫想指的是想象方式可以通过夸大、缩小或荒诞来增强记忆。夸大是指把要记的东西想象得越大、越多，就越好；缩小是指如果你能很清晰地把东西想象得极小，也能记得很牢；荒诞是指想象越离奇可笑，印象就越深，因此记得越牢。

（3）节奏。记忆图像中，若有节奏感的东西越多，节奏种类越丰富，那么图像进入记忆就越自然。如同伴随音乐而舞时，有些肢体动作随着音乐就会自然做出。

（4）图形。尽可能地将要记住的事物转化成图形，如前述的五岳化图。

（5）感受。其包括视觉、声音、气味、触感和味道等。在记东西时，参与的感官感受越多，就记得越清楚。如果你要记住买雪糕这件事，那你可以想象拿在手里的那种冰凉的感受，闻着有奶油香味，含在嘴里凉凉的、甜甜的感受，以及下咽到肚子里那种凉快感。用了这么多感官的感受去想就不容易忘记买雪糕这件事情了。

（6）性。性是人类最强烈的动机之一，把要记忆的东西往这方面联想也是会帮助记忆的。

（7）立体感。综合运用色彩、运动等立体的要素，赋予要记忆内容充分的立体感,这样比单纯的平面、二维的感受要容易记忆得多。

(8) 顺序和条理。当要记忆对象比较多时,只是想象是不够的,我们还应该要把记忆对象按照一定的顺序和条理分门别类地装起来,这样要提取时也很方便。比如,可以将上述的数字组按大小序进行分类然后再记忆,显然要比不分类好记得多。

以上这些促进记忆的原则和方法的目的是要尽可能地运用大脑特性,调动左、右脑一起参与。研究认为,左脑侧重逻辑思维、语言、计算、排序和分析等功能;右脑侧重想象、色彩、立体、空间、节奏等功能。促进记忆的基本原理就是充分调动左、右两脑的功能同时参与记忆,本质上是一种专注能力,形式是"静态图+方位+联想"的记忆。当前社会上流行的一些快速记忆方法,很多就是这些原理、方法的继续和延伸。从这个角度来说,记忆力越好的人,越能充分联动左右脑,从而促进创新思维。

(二) 记得牢:用已知记未知

记得快并不一定能记得久,如果想要记得牢,我们还需要在想记住的新事物与已经记住的旧事物之间建立起生动的联系。这要求先对旧事物进行编码,设计事先编好的数字或其他固定的顺序,然后再应用编码后的旧事物来记忆新事物。这样,既可以记住需要顺序记忆的对象,还可以增强记忆的效果。

比如关于这10个词的记忆:开心、爱心、哲学、哭泣、智商、表情、母亲、天空、执行、五角星,如果想要记得住且记得牢,我们可以先记住并编码这10个词:大雁、发光、灵药、安全、思考、婴儿、勤奋、绅士、龙卷风、气味,然后将需要记住的10个词与已记住的编码一对一进行联想。比如大雁与开心:

(1) 一群大雁非常开心地在蓝天白云的天空中自由飞翔。
(2) 船上的人们看到蓝色天空中有一群大雁在飞翔,齐声欢呼起来。
(3) 白发苍苍的老奶奶把大雁的脚伤治好了,大雁开心地跳起舞来。
(4) 红衣女子又给大雁带来了食物,大雁开心地迎过来。
(5) 空气与水源都被化工厂污染了,难见蓝天白云绿树,大雁还会开心吗?

可以尝试为每组词进行联想(2分钟内每组词尽量想出多种,比如至少5种联想方法)。这样,我们就能依据所熟悉的10个词很容易地记住新加的词了。这样的记忆将更牢固且不易遗忘。

试一试:
尝试应用以上记忆规则的方法介绍自己,让自己脱颖而出。

二、提升记忆的诀窍

记忆与遗忘是对立统一的,人的遗忘是有规律的,表现为最初遗忘得较快,以后逐渐慢慢地遗忘。因此，在遗忘到来之前及时地复习，将大大提高记忆的持久性。

提升记忆的有效途径有：

（1）注意集中。专注是根本。记忆时只要聚精会神、专心致志，排除杂念和外界干扰，大脑皮层就会留下深刻的记忆痕迹而不容易遗忘。如果精神涣散，一心二用，就会大大降低记忆效率。

（2）兴趣浓厚。如果记忆对象索然无味，即使花再多时间，也难以记住。

（3）理解记忆。理解是记忆的基础。只有理解的东西才能记得牢、记得久；仅靠死记硬背，则不容易记得住。对于重要的内容，如能做到理解和背诵相结合，记忆效果会更好。

（4）过度学习。即在记住的基础上，多记几遍，达到熟记、牢记的程度。

（5）及时复习。遗忘的速度是先快后慢。对刚接触的信息或知识，趁热打铁，及时温习巩固，是强化记忆痕迹、防止遗忘的有效手段。

（6）经常回忆。不断进行尝试回忆，可使记忆的错误得到纠正，遗漏得到弥补，使难点记得更牢。闲暇时经常回忆过去识记的对象，也能避免遗忘。

（7）视听结合。可以同时利用语言功能和视、听觉器官的功能来强化记忆，提高记忆效率，这比单一默读效果会好得多。比如，英语单词记忆软件《百词斩》就是应用了这种原理。

（8）多种手段。根据情况，灵活运用分类记忆、图表记忆、缩短记忆及编提纲、做笔记、制作卡片等记忆方法，均能增强记忆力。针对不同情形转换各种记忆方法也是一种很有效的方式。

（9）最佳时间。遵循大脑的生理机能。一般而言，人的大脑有四个记忆高潮：

1）清晨起床后是最佳机械记忆时期，可用于记忆难记而又必须记的东西。

2）上午8点至11点，具有严谨而周密的思考能力。

3）下午6点至8点，回顾、复习全天学习过的东西，加深记忆，分门别类，归纳整理。

4）睡前一小时，对难以记忆的东西加以复习，不易遗忘。

（10）科学用脑。在保证营养、积极休息、进行体育锻炼等保养大脑的基础上，科学用脑，防止过度疲劳。保持积极乐观的情绪，能大大提高大脑的工作效率。这是提高记忆力的关键。

三、记忆力训练法

人们在漫长的社会生活与学习中需要记忆来学习和工作，但人的记忆却因个体差异而不同。学术界对记忆的一般性结论有三：一是人的记忆力好坏有很大差距；二是人类的记忆力随着人的出生到衰老也经历着成长到衰退的过程；三是可以通过一些训练增强记忆力。

记忆力训练方法很多，可以因地制宜选用。

（一）观察回想训练法

许多记忆力的研究报告指出，习惯对身边事物留心观察的人，他们的记忆力通常会比一般人要强。这是因为当人们专心观察外界事物时，注意力的集中可以加深对事物的印象，进而有效地巩固记忆。从事侦探、情报工作的人，由于平常要大量运用观察力，细心留意外界的细微变化，他们的观察力被锻炼得极为敏锐，记忆力也连带地变得十分强大。这表明，记忆力与观察力相互关联，如果我们平日能持续地加以锻炼，观察力提升的同时，大脑记忆区也能因为持续活化，逐渐养成有效率的记忆习惯。在日常生活中，强化观察力、锻炼记忆力有许多方法，其中观察回想训练法可以不受时间、空间限制，随时随地进行练习。

观察回想训练法具体操作可以是：当你走进一个房间或置身某个空间时，尽可能观察周围摆设的物品，之后再凭记忆回想自己看到的一切，比如房间的大小、家具的排列、墙壁的颜色、物品的摆放等。通常开始练习的时候，你很难记住全部的细节，但随着持续的练习，你慢慢就能掌握快速集中注意力、运用观察力的诀窍。与此同时，记忆事物的能力也能日渐提升。此外，你也可以在每天临睡之前，尽量回想自己在白天见过哪些人、遇到什么事，而且回忆得越清晰越好。

要注意的是，观察回想训练法要求持续不断地练习，因此每天最好能抽空自主练习，直到养成良好的记忆习惯。

（二）阅读背诵训练法

无论是工作还是学习，我们都会遇到需要记忆数据的时候，如果平日能善用阅读背诵训练法自我练习，不仅能逐步增强记忆力，还能因为掌握背诵技巧而轻松记忆各种数据。这种训练法步骤如下。

第一步，首先可以从报纸杂志、书籍上挑选一篇简洁明了的短文，然后逐段详细地阅读，了解文句脉络、段落大意与整篇文章的要旨。只有对内容的理解程度越高，才越能有效记忆。这个阶段，切忌急着记忆。

第二步，了解每个段落的大意后，先从第一段文字开始深入思考每个字、每个词、每句话的意思，然后放松身心，发挥专注力，开始记忆意思上下相连的文句，这样直到能够完整地背诵出第一段落。接着其他段落也采用同样的方式记忆，并要尽可能反复记忆，加强印象。这个阶段一定要集中注意力，专心致志，还要避免死背、强记词语而忽略了文章要表达的思想。

第三步，当你充分理解并完全记住这篇短文后，还要经常重复记忆，加深印象。这个阶段刚开始时可以几天后复习一次，然后再在几星期后复习一次。这能帮助你牢牢地记住它，避免记忆模糊或逐渐忘却。

（三）抓取记忆要点训练法

繁杂的文件或数据总是让人们直面大量信息，如果囫囵吞枣地勉强死背，会让记忆支离破碎。我们可以训练自己掌握抓取信息重点的能力，进行有效记忆。这种训练方法的步骤如下。

第一步，挑选一本书，将书中某一章节的内容向前、向后扩展，摘取重点并且适当重复几次，以便让内容充满连续性，方便自己更容易记忆。当你记下章节要点后，每天抽空回想一下，然后再对照书中内容检验自己是否有遗漏和错误。坚持这样的练习，直到你完整掌握书中某一章节的重点内容。

第二步，在每次记忆新的章节之前，一定要先回顾之前读过的内容；与此同时，也应掌握不同章节与主题思想的关系。在记忆的过程中，不要过于在意细节，有的非核心句子完全可以忽略。

第三步，当你掌握了全书的章节要点后，总结一下整本书的主体结构与核心思想，然后试着用自己的话概括它们，从而有效锻炼抓取重点信息的记忆技巧。

抓取记忆要点训练法需要极大的耐心。刚开始练习时，如果你感觉利用书籍练习抓取重点的难度太大，不妨选择从短文开始练习，等到技巧熟练后，再逐渐增加训练难度。只要坚持不懈自我锻炼，你的理解能力和记忆能力都将会得到大幅度的提高。

（四）剧情联想训练法

当你观赏电影或电视剧时，是否经常因剧情生动而印象深刻？这是由于影像与声光效果的刺激往往会促使你综合运用听觉记忆与视觉记忆，从而提升了记忆效率。因此，我们也可以采取剧情联想的方式帮助自己锻炼记忆力。

运用剧情联想训练法时，你必须先有一位剧情主人公，以此主角作为开端，再将你要记忆的信息，一个接一个串联起来记忆。就好像编写剧本一样，每 10 组信息编织出一段小剧情，而记忆总长度尽量维持在 30 组文字以内。

剧情联想训练法的优点在于，只要有故事情节，就能记住你必须记忆的信息，而且随着剧情联想，你所记忆的信息可以获得巩固，甚至能够转化为长期性的记忆。

（五）记忆宫殿法

胡乱堆放的物品看起来不但杂乱无章，还会把整个房间弄得混乱不堪，但如果将它们放置在固定的地方就不一样了。假如用固定地点来存放不同物品，不但可以让房间更加整洁，而且找起东西来会比较容易。记忆信息也是如此，如果能有一些有序的"地点"来装我们要记的信息，不但可以让思路清晰，而且能让我们更快地找到想要的信息，同时记忆也可以保持得更长久。用一个熟悉的东西记住不熟悉的东西，其实就是记忆联想法则的应用。记忆宫殿法属于这种记忆方法。"记忆宫殿"是一个暗喻，象征任何我们熟悉的、能够轻易地想起来的地方。这种方法除了能让你把信息倒背如流外，还可以轻松地按顺序把想要的信息任意地提取出来。

> **小知识 2-2**
>
> ### 记忆宫殿法源起
>
> 古希腊诗人西蒙尼德斯在大宴会厅里朗读完诗后,刚走出大殿,宴会厅坍塌了,厅内无一宾客存活,尸体亦难以辨认。西蒙尼德斯根据记忆人们在厅内的座位而把尸体一一辨认了出来。
>
> (资料来源:利玛窦《国记法·明用篇》,约1624年。有改动。)

记忆宫殿法的步骤:

(1)选择宫殿位置。首先,选择一个熟悉的地方,要能在脑海中轻易地身临其境并漫步。比如第一个宫殿可以是你的家。其次,为宫殿确定一条参观线路,让场景图像化、动起来。

(2)设置标志物。想象为了不迷路,选择路线上明显的标志物进行标记,这便于储存未来想要记忆的特定信息。比如你的家,那大门应该是第一个引起注意的标志物;接着,进门之后,你会看到什么?你可以提前确定路线上标志物的顺序规则,比如从左到右、从上到下。一边走一边继续在头脑中登记标志物。

(3)牢记路线。对宫殿及其路线要刻印在脑中。比如按照路线走一遍,大声重复标志物,或者写下标志物,在脑中巡视并大声重复它们。只有牢牢记住路线才表明你已经拥有了这个宫殿。

(4)形象化联想。将一个"标志物"和你想记住的要素通过疯狂的、滑稽的、生动的、荒谬的甚至恶心的想象联系起来。在联想中要尽可能调动五感参与,强化二者的关联。比如用"家"这个记忆宫殿来记购物清单:第一项是"酸奶",第一个标志物是大门。现在,用一种滑稽的方法,把"酸奶"和你家大门的样子形象化地结合起来。比如想象白色的酸奶从门的四边慢慢涌出来,成千上万的乳酸菌伸出白色的卷曲的触角向你扑来,一股酸味包围了你。你吓得张大了嘴,伸出长长的舌头触到了一丝冰凉,瞬间乳酸菌全往回缩。这次都从门的钥匙孔往里钻,很快便全消失了。这样,你就将第一个要记忆的项目挂在第一个标志物处了。现在打开门,沿着你已经确定的那条路线继续走。看到的下一个标志物,把它和要记忆的下一项联系起来。继续前行,保持头脑中的画面联想,直到在标志物上挂完所有要记的项目。

(5)巡视宫殿。你要经常巡视自己的宫殿,每次从同样的地方开始并遵循同样的路线。每当你看到途中选定的标志物时,要记的东西就会浮现出来,可以重现联想场景以强化记忆。当行程终结,转过身从反方向走回你的出发点。一般经过1~2次就能完成所有项目的记忆。为避免遗忘,可以隔几天或几周重复一次。

记忆宫殿的原理就是应用我们熟悉的环境制造属于自己的宫殿(一般30个为宜,可以多建几个),然后再在熟悉的宫殿里挂上我们需要记忆的新信息(一个宫殿可以多挂几组信息)。记忆宫殿法有利于记忆知识,也有利于锻炼大脑记忆力、想象力,是个一举多得的训练工具。

吉尼斯世界纪录中记纸牌最多的是一名英国人,他只需看一眼就能记住54副洗过的扑克牌(2808张);关于圆周率小数点后数字记忆,亚历山大·艾特肯能记住1000位,一位印度记忆大师能记住31811位,一位日本记忆大师能记住42905位!训练可以有效改进和提升我们的记忆力,进而帮助我们最大限度地利用脑细胞。

本章小结

形象思维是以图像或形象进行思考的形式,是创新思维的主要来源。创新思维因子指的是形象思维所包含的想象、联想、灵感和直觉思维。这四种思维都离不开想象力与记忆力,想象联结记忆产生创意,是绝大多数创新的来源,这是创意的联想法则。因而想象力与记忆力训练是创新思维的基础。

思考题

1. 简述形象思维的内涵。
2. 创新思维因子包括什么?
3. 如何理解"越高级的想象越不自由"?
4. 请为自己建一个有30个位置的记忆宫殿,并尝试记忆信息。

课前动脑答案

1. 高于1米下落;2. 三胞胎或更多;3. 一边放2个砝码,另一边放糖,平衡后,将砝码用糖代替;4.(1)分两组各4杯,先取其中一组四杯各一小勺,混合品尝1次;(2)有甜味的那组再分成两组,两杯混合品尝1次;(3)有甜味的那组中品尝其中一杯即可确定。

第三章 思维障碍与突破

学习目标
1. 了解思维定势类型及产生的根源。
2. 理解逻辑思维在创新思维中的作用与价值。
3. 了解批判性思维及水平思维的内涵。
4. 掌握批判性思维的实用技能。
5. 理解各种思维间的关系。

课前动脑

1. 一个聋哑人到五金店去买钉子,他左手按在柜台上做持钉状,右手对着左手做捶打状,并指了指左手,售货员赶紧给他拿来钉子。接着,一个盲人进来想买剪刀,他应该怎么做?

2. 三人背后有字母贴纸(VVVXX 中的 3 个),要求根据另两人的贴纸,猜自己的。起初大家都猜不出来,过了一会儿后,大家都异口同声猜出是 V。请问为什么?

3. 有一对盲人兄弟,他们去商场各自买了一黑、一白各两双袜子,袜子材质、大小完全一样,每双袜子的商标纸也都完好地连在一起。两人不小心将 4 双袜子放在了一起。请问他们如何正确地取回两双袜子呢?

4. 两人想弄明白今天是星期几。一人说:"当后天变成昨天的时候,那么'今天'距离星期天的日子,将和当前天变成明天时的那个'今天'距离星期天的日子相同。"请问,今天星期几?

导入案例

买猫者的思维

一个工程师和一个逻辑学家到埃及游玩。有一天,工程师独自逛街,看到一位老妇人在卖一只黑色玩具猫,标价 500 元。老妇人说这是祖传的,因孙子病重不得以卖之。工程师用手掂量玩具猫,发现猫身比较重,像是黑铁铸的,但是猫眼却是珍珠做的,于是工程师以 300 美元买下了猫眼。他从街上回来,高兴地对逻辑学家说:"你看,我只花了 300 美元就买下了两颗硕大的珍珠!"逻辑学家看了一下,这两颗珍珠至少值上千美元,忙问怎么回事。工程学家讲完之后逻辑学家忙问:"老妇人还在原地吗?"工程师说:"她还在那,想卖掉那只没有眼睛的黑铁猫。"

　　逻辑学家听完后急忙跑到街上，用 300 美元买下了黑铁猫。工程师嘲笑说："你呀，花 300 美元买了个没眼的铁猫！"逻辑学家却不声不响地用小刀刮起了铁猫的脚，当黑漆脱落后，露出的是黄灿灿的一道金色的印迹，他高兴地大叫起来："正如我所想，这猫是纯金的！"原来，当年铸造这只金猫的人，怕金身暴露便将猫身用黑漆涂了一遍，俨然一只铁猫。

　　逻辑学家嘲笑工程师说："你虽然知识很渊博，可就是缺乏一种思维的艺术，分析和判断事情不全面、不深入。你应该好好想一想，猫的眼珠既然是珍珠做成的，那猫的全身会是不值钱的黑铁所铸吗？"

　　在这个故事中，工程师是以经验思维办事，而逻辑学家遵循逻辑思维，更是应用了创新思维来思考问题从而获得了更大的机会。

（资料来源：根据《读者》总第 198 期安生的文章。有改动。）

　　思维的基本目的是分析并解决问题，通常会依循自然思维，也称习常性思维，就是将自己固有的观念或信念来套所遇到的问题或现象，给出常规的或显而易见的一种解决方案。习常性思维通常被等同于定势思维，创新思维是与习常性思维相对的思维；定势思维会对创新思维形成障碍，同时又是创新思维的基础与来源。

　　逻辑思维是定势存在的基础，正是因为符合逻辑，所以才能在头脑中形成定势。逻辑思维是创新思维的归宿和工具：创新思维的前提是逻辑思维从感性材料中抽象、概括出的一般结论，人脑依靠逻辑思维得出正确的创新思维结果。创新思维为逻辑思维提供基础和前提：创新思维与人类的进步如影随形，生发的点点滴滴对思维形式和规律的总结提供了原材料。

　　批判性思维是创新思维生发的手段。思维创新不是无中生有，而是有中生有，是在对过去存在的基础即定势思维进行批判、改进之后的创新，体现了批判性思维与创新思维。没有批判就没有创新，批判性思维重在反思，创新思维重在求异。

　　水平思维是一种从不同视角来分别看待事物，从而得到多种可能可以解决问题的方法的思维。水平思维是突破定势思维，拓宽并创新思路的有效工具。水平思维要以对定势思维的批判为前提和先导，逻辑思维要以水平思维为基础并开拓新的方向。

　　一个完整的创新思维过程，需要通过批判性思维反思存在的定势，进入创新思维准备期；再通过水平思维的发散作用求异，酝酿创新思维并使之明朗；最后应用逻辑思维的收敛作用进行方案的可靠性和可行性验证。

　　本章旨在阐述各种思维形式，进而揭示其与创新思维的关系。

第一节 思维定势

科学奠基人贝尔纳说,"构成我们学习的最大障碍是已知的东西,而不是未知的东西"。已知的东西是我们头脑中形成的思维惯性。思维是一种复杂的心理现象,是人的大脑的一种能力。思维惯性表现为这次这样解决了一个问题,下次遇到类似的问题或表面看起来相同的问题,人们不由自主地还会沿着上次思考的方向或次序去解决,因而,个体的大脑中充满了既定的答案。这些答案构成了我们的定势思维,它足以帮我们解决生活、工作中90%以上的事情。

一、内涵

心理学家陆钦斯的量杯实验证明了思维定势的存在:主体先前反复应用同一思维模式解决问题(前五题),从而在面对相似问题(第六、七题)时会依然想遵从原有模式而忽视了更为简单直观的解决方式。从思维过程的大脑皮层活动情况看,定势的影响是一种习惯性的神经联系,即前次的思维活动对后次的思维活动有指引性的影响。因此,当两次思维活动属于同类性质时,前次思维活动会对后次思维活动起正确

小知识 3-1

量杯实验

心理学家陆钦斯于1942年做过一个很经典的量杯实验。

有三个量杯,容量分别为A、B和C,要求用这三个量杯以最简便的方法量出D容量的水。实验组遇到的题目是:

第一题:$A=21$,$B=127$,$C=3$,$D=100$
第二题:$A=14$,$B=163$,$C=25$,$D=99$
第三题:$A=18$,$B=43$,$C=10$,$D=5$
第四题:$A=9$,$B=42$,$C=6$,$D=21$
第五题:$A=20$,$B=59$,$C=4$,$D=31$
第六题:$A=23$,$B=49$,$C=3$,$D=20$
第七题:$A=15$,$B=39$,$C=3$,$D=18$

实验者给出的答案是$B-A-2C$;实际上第六题答案是$A-C$,第七题答案是$A+C$。

的引导作用；当两次思维活动属于异类性质时，前次思维活动会对后次思维活动起错误的引导作用。贝弗里奇认为，几乎在所有的问题上，人脑有根据自己的经验、知识和偏见，而不是根据面前的佐证去判断的强烈倾向。

（一）思维定势的概念

思维定势，也叫定势思维，是指思维主体受已有的经验、知识、观念、习惯和需要的影响，在考虑问题、解决问题时所具有的倾向性和心理准备。这也是一种思维惯性，就是在过去获得的经验和知识的基础上形成的感性认识，逐渐沉淀成为一种特定的认知模式，反映主体思考和解决问题的一种同化趋势，制约主体寻求解决问题的整个过程。

1. 思维定势是主体的思维基础和前提

思维定势是存在于思维过程中的一种先在的倾向或准备状态，这种状态对后继的思维产生两种效应：其一，提高习常性思维的效率，其二，成为创新性思维的障碍。这也就是说，定势思维对于解决经验范围以内的一般性、常规性的问题是有积极作用的。它可以使人们熟练地运用以往的经验，驾轻就熟，简洁、快速地处理问题，从而提高效率（如量杯实验的前五题）。但是它对于那些超出了经验范围的非常规性问题，对于那些需要运用新的思路和办法创造性地解决的问题，则往往成为一种障碍（如量杯实验后两题）。而且，当经验应用于新情境时，虽然有效但并不经济、简洁（如量杯实验的第六题）。

2. 主体无法摆脱思维定势

思维定势是由主体头脑当中一些起基础性作用的、影响深远的要素——知识、经验、观念、方法产生，因此它的作用时效比较长，范围广。思维定势会伴随着我们的学习和实践变化、发展，但是却不那么容易摆脱，因为它与主体的知识、经验、观念、方法同在。深刻认识思维定势的本质对我们正确认识思维定势与创新思维的关系非常关键。

（二）思维定势的类型

常见的引发思维障碍的思维定势类型主要有五种。

1. 自我中心定势

试一试：

请最前排的同学说一段话，依次向后传。这句话是："神经病医院里有个神经病院长，他帮神经病医院治疗好了很多很多的神经病患者。"

人们在解决问题的过程中，当问题涉及自身的时候，会习惯于将自己的优势作为思考问题的中心点，这就是自我中心定势。在群体中，当一句话经过多次传递，最后得到信息的人与起初的话语表达的信息可能大相径庭。这种现象的主要原因是每位传递者都不可避免地增添了自己的思维，即受到了自我中心定势的影响。

舍不得放弃自己的优势，选择将是困难的。生活中，如果我们能舍弃一些自己的固执和优势的话，我们可能会得到更多的东西。比如在以下的境况中，如果你是开车的小伙子，你会如何抉择呢？

一个是患重病的老人，急需到医院进行救治；一个是医生，曾经救过小伙子的命，小伙子做梦都想报答他；一个是小伙子心仪已久的姑娘，错过此次接触的机会，也许再无机会。但两座跑车上只能再搭载一个人。

2. 权威定势

> **小案例 3-1　　东坡作序的药方**
>
> 宋代医学名家陈言在《三因方》中指出圣散子方是治寒疫的，但"因东坡作序，天下通行。辛未年（1091）永嘉瘟疫被害者不可胜数"。
>
> （资料来源：笔者撰写。）

人们对权威人士言行的一种不自觉认同和盲从就是权威定势。苏轼作为官员及宋代大名儒，人们对其作序推荐的药方盲目信任而受到伤害，就是受权威定势的影响。亚里士多德凭着"自信的直觉"，提出了"重物体比轻物体下落速度要快些"的观点，这种观点统治了西方学术界将近2000年。直到26岁的伽利略在斜塔上让重一百磅和重一磅的两个铁球同时自由下落，却发现它们几乎同时落地，才打破了这一错误观点。之所以一个错误的观点能延续2000年，就是因为人们对亚里士多德的权威盲从。

权威定势表现在此类型的人在说话时喜欢引用权威的言语，在行动中遵照权威的指示。权威源于环境：一是知识分工产生了各个领域的权威；二是权力有限性——个体力量局限，不能控制各个专业领域。当人们涉足一个未知领域时，需要了解某些方面的事实，为将来的行动做准备；个体就会求助于某些权威人士，征求他们的意见，从而指导个人行为。如各级质量监督局、国内外各种标准、名牌、奖项、名设计师、时尚传播媒体、名人等。

3. 从众定势

从众定势是指在行为、感情、态度、思想、价值观等方面跟随或服从大多数人的思维模式。有名的阿希实验证明个人会屈从于集体的压力，即便他明白集体的行为是错误的。

从众源于人的群居性，为了确保群体稳定性，个人行为在许多方面都必须进行改变以适应群体要求，否则会被排挤或攻击。一方面，个体会根据别人的目光来调整自己的言行，使自己与大众的行为模式保持一致，也就是"同化"；另一方面，人具有天生的模仿能力，当个体缺乏自信，无法做出决策时，他会采取保守原则，即采取与别人相似或相同的反应，这样比较安全，也能保护自己，从而表现出从众行为。

> **小知识 3-2**
>
> 阿希从众实验
>
> 　　被试 7 人一组，其中 6 人是实验助手（即假被试），只有 1 人是真正的被试。要求：在每呈现一套卡片时（总共 20 套。每套两张，一张画有标准线段，另一张画有 3 条长短迥异的比较线段），判断 3 条线段中哪一条与标准线段等长。当所有假被试都做出同样错误选择的前提下，真被试平均做出的是总数的 1/3 的从众行为。
>
> 　　（资料来源：冷冶夫《"从众现象"小析》，载《中国广播电视学刊》1991 年第 4 期，第 94 页。有改动。）

　　从众行为对于文化的形成和文化认同感的建立是有益处的，但是在进行决策时，从众行为很可能会导致正确的意见在盲从中被掩盖。个人不假思索地盲从众人的认知与行为，可能会导致集体决议成为个人意见的结果。

4. 经验定势

　　有经验的人常常生搬硬套，复制所谓成功经验来应对新问题；常常过快否定各种可能性，这就是经验定势。这是由于生活中许多事情和现象具有相似性和重演性，当经历多次以后，会逐渐在人的大脑中同化为一种模式。有一部分人总是生活在一个经验的世界里，从前的视听感受、经历在头脑中形成了丰富的经验，当他们面临相似的事件时总是根据经验做出判断。

> **小案例 3-2**
>
> 一道难题
>
> 　　心算家伯特·卡米洛从来没有失算过。这一天他做表演时，有人上台给他出了道题：一辆载着 283 名旅客的火车驶进车站，有 87 人下车，65 人上车；下一站又下去 49 人，上来 112 人；再下一站又下去 37 人，上来 96 人；再再下一站又下去 74 人，上来 69 人；再再再下一站又下去 17 人，上来 23 人……
>
> 　　那人刚说完，心算大师便不屑地答道："小儿科！告诉你，火车上一共还有……"
>
> 　　"不，"那人打住他说，"我是请您算出火车一共停了多少站口。"
>
> 　　（资料来源：毕一信《一道难题》，载《青年文摘》（红版）1997 年第 11 期。有改动。）

经验是把双刃剑，优势是能利用经验解决相似的问题；劣势是极可能忽略了问题的新情境，经验并不能解决问题。这要求人们应用经验时，要特别注意经验适用的情境。

5. 书本定势

> **小案例 3-3**
>
> **不拉马的兵**
>
> 炮兵军官上任伊始发现：操练中总有一名士兵始终站在大炮的炮管下。军官询问原因，得到的答案是：操练条例就是这样要求的。军官反复查阅军事文献，发现炮兵的操练条例仍因循非机械化时代的规则：早期法国军队大炮用马作牵引，炮管下士兵是负责拉住马的缰绳。现在已经改用机械动力拉炮，但操练条例没有及时调整，因此出现了"不拉马的兵"。
>
> （资料来源：刘志敏《不拉马的兵与不应站的岗》，载《解放军报》2012年7月15日第7版。有改动。）

书本定势是指对书本上的知识及信息作为思维或行为的出发点与凭据。书也是人所编撰的，势必受到个人经验的影响，也可能存在错误；此外，随着环境变化、科技创新，书上所记载的知识可能已经不合时宜。因而，尽信书不如无书，人们在看书时也需要抱着一种质疑的态度去接受与理解所接受到的信息与知识，即书本上的未必都是对的。

（三）破除思维定势的方法

> **小案例 3-4**
>
> **没有永远的事**
>
> 企业家 Elon Musk 熟练地解释了 Space X 如何低成本创新。在 Space X 的早期，Musk 被告知"电池组真的很贵，而且永远都会这么贵"。他没有满足于这个答案，而是把问题分解成几个基本部分。首先，他确定出电池的材料成分；其次，他在伦敦金属交易所为这些材料定价，并计算了建造成本；最后，Musk 发现自行制造电池的成本仅为原价的 13.3%。
>
> （资料来源：笔者撰写。）

"思"就是思考，"维"就是方向或次序，思维可以理解为沿着一定方向、按照一定次序的思考。客观事物是复杂的，而人的大脑思维有一个特点，就是一旦沿着一定方向、按照一定次序思考，久而久之，就形成了一种惯性。这种惯性会产生"思维障碍",阻碍个体创造性地解决问题,对于创新是非常不利的。我们要进行创新思维,首先必须破除思维障碍。

不同的定势采用不同的破除方法。

从众型:克服从众心理,坚持自我,有意识地多唱反调。

权威型:先来一番彻底的审查,对权威选择尊重而不是迷信。探索权威者的思维模式及其思考的出发点,审视权威者思维的依赖基础。

经验型:打破对经验的依赖与崇拜,将经验转变为新创新。注重新技术、新知识的应用,尝试改变工作环境。

书本型:以批判性思维看待书本,尝试找出观点的矛盾面,注重实践出真知。哈佛大学告诉它的学生:"书本传播了知识,传播了真理,但书本也传播了谬误。"

自我中心型:跳出自我的框架,多换位考虑;尊重他人,了解不同人思维的出发点,多些理解与包容。

破除思维定势的根本就是要软化思维,寻求更广泛、更深刻地看待问题的视角,从而寻找有效地解决问题的策略。

1. 转换思维视角、突破思维障碍

思维障碍阻碍了创新,创新思维首先就必须突破思维障碍。我们的思维活动有方向,也有起点,这个起点就是切入的角度,即思维视角。寻找到新的思维视角,就是创新思维的开始。

2. 培养发散思维

发散思维能力的强弱决定了创新思维能力的强弱。我们大多数人常常会固执于想到的第一个办法,并很快进入下一步的验证中,缺乏寻求更多创新的机会。选择的多样性是创新的根本和保障,这需要发散思维。蒂姆·哈德逊在其《不换思想就换人》一书中提出,解决问题有三种境界:第一种境界是轻易满足于已找到的解决办法,而就此停步;第二种境界是继续探索,直到找到更好、仍欠创意的方法;第三种境界是不懈努力,直到发现新颖、高效的解决方案,这是最高也最难达到的境界。

3. 开发逆向思维

很多令人赞叹的创新都来源于逆向思维。"反其道而行之"的创新通常既在情理之中,又在情理之外,比如司马光砸缸救人就是从"人离开水"到"让水离开人"的逆向思维应用。很多科学发明都是"反过来"思维指引的成功。1800年,意大利物理学家伏特第一次将化学能转换成电能,英国化学家戴维想:电能是否也可以"反过来"转化为化学能呢?他做了电解化学的实验而获得成功,并通过电解发现了7种元素。

4. 培养水平思维

水平思维强调接收和利用其他事物的功能、特征和性质的启发而产生新思维的思维方式,是一种提高创造力的系统性手段。水平思维强调可能性,不强求可行性,因而能最大程度解除思维束缚,从而突破思维定势,打开一片新的思维空间。

5. 唤醒形象思维

形象思维是以具体的形象或图像为思维内容的思维形态。由于图形具有直观性，因而亦更容易唤醒大脑的潜意识，从而产生出乎意料的思维成果。尤其是在极度抽象的高、精、尖领域的创新，形象思维的作用更是不可替代。

6. 培养批判性思维

批判性思维意味着利用恰当的评估标准确定某物的真实价值，以明确形成有充分根据的判断，是一种理性的反省式的思维，这有利于客观看待事物，从而更接近于问题本质的发掘。

7. 注重创新思维过程

面对任何问题都遵从创新思维过程的四阶段逐一停留思考，这将有利于拓宽思维的广度，从而脱离习常性思维的束缚。

总之，破除定势的根本就是寻找看待问题的不同视角，这可以借助思维工具来实现。

小知识 3-3

在日常生活中打破定势的小动作

1. 倒退走路。
2. 闭眼吃桌上的菜。
3. 改换习常的座位。
4. 喜欢整洁者尝试几天不收拾。
5. 偶尔淋淋雨。
6. 不走熟悉路线去往常规地点。
7. 用不同方式和别人打招呼。
8. 尝试另外的运动项目。
9. 把海绵式阅读改为批判式阅读。
10. 以欣赏的心态看待自己曾不感兴趣的节目或课程。

（资料来源：笔者撰写。）

二、与创新思维的关系

思维定势作为习常性思维，是与创新思维相对的。

创新思维是创新活动中的思维，通过标新立异，发明或创造出所在情境中的新思想、新观念和新理论等，是一种必须出新的思维。这就决定了创新思维的本质在于超越。这意味着对原有的理论、学说的突破，或对现存的工艺、设备、技术、产品的超越，即所有的创新都是人们在一定需要引导下对知识、经验、观念和方法的超越——

思维突变后的实践成果。这种突变必然会受到思维定势的阻碍。

一方面，思维定势是创新思维的基础。从现象层面来说，思维定势与创新性思维是存在对立性的，思维定势所产生的具体倾向性或者准备状态确实是创新的障碍，因为创新需要突破当前倾向或状态。

另一方面，思维定势与创新思维可以相互转化。从思维的规律层面来说，思维定势与创新思维存在统一性。其主体已有的需要、知识、观念、方法等对之后思维过程中的倾向性影响总是存在的；其主体总是根据已满足的需要和已掌握的知识、观念、方法、经验等在实践中认识世界；同样地，在一定需要的引导下，其主体根据已有的知识、观念、方法和经验等来改造世界。

三、思维定势的创新应用

思维定势是存在于思维过程中的一种先在的倾向或准备状态，这种状态对后继的思维产生有正反两方面的作用。我们在生活、工作中要积极利用思维定势，从而创新性解决问题。

思维定势对于解决经验范围以内的一般性、常规性的问题是有积极作用的。在问题解决中，思维定势的作用体现在三方面：第一，思维定势为问题解决提供方向。解决问题总要有一个明确的方向和清晰的目标，否则，解题将会陷入盲目性。因此定向是成功解题的前提。第二，思维定势是集中思维活动的重要形式。定向方法是实现目标的手段，广义的方法泛指一切用来解决问题的工具，也包括解题所用的知识。不同类型的问题总有相应的常规的或特殊的解决方法，定向方法能使我们对症下药，它是解题思维的核心。第三，思维定势是逻辑思维活动的前提。定势解决问题是一个有目的、有计划的活动，必须有步骤地进行，并遵守规范化的要求。

思维定势是一种按常规处理问题的思维方式，因循之，恰可以实现创新应用。

（一）拓宽思维广度：从更宽广范围内，把握事物之间的联系

创新意味着另辟蹊径和思维突破，突破思维定势是一种思维能力，也是创新活动中不可缺少的要素。云南白药治疗跌打损伤有很好的功效，但是一个人一生中使用云南白药的频率是很低的。为了突破这个小众市场的局面，云南白药利用技术创新与牙膏进行联合，牙膏的使用频率要比云南白药高出很多倍，云南白药就从小众化市场转向了大众消费品市场。其成功正是突破了药厂只能生产药品的思维定势，这也为这个老字号品牌的延伸提供了其他可能。

（二）扩大观察范围：时刻为思维注意力的转移、分配做好准备

没有注意就没有创新，扩大观察范围，有利于转移注意力，从而拓展思维。在广告传媒领域，流行的观点是媒体的受众群体越大它的广告效果越高。江南春却思考如何把广告植入到人们日常生活的轨迹中去，比如消费者的生活、工作、购物、娱乐的轨迹点等。他在住宅电梯里放了电梯海报，在写字楼电梯口装了楼宇电视，在卖场装电视，在电影院片前安置广告。这就是分众传媒公司，曾一度形成了中国最大的生活圈媒体。

（三）破除思维障碍：想得更多点、更宽点，尽量寻找其他的可能

拓宽思维的视角，寻求更广泛的可能性。快速消费品企业经常会因淡旺季及跨年货的影响产生即期品，同时推广新产品时也需要大量的赠品，两者都需要额外的费用进行处理。销售经理看着仓库的即期品，突然想到如果将之作为赠品，不就正好解决问题了吗？而且即期品多是畅销品，也比较容易为市场接受。事实证明，这确实是一举两得。

（四）培养群体协作精神：集思广益

群体是最容易产生多视角思维的，尤其是跨专业、跨岗位、跨企业文化等组成的群体。某公司的渠道策划部由不同企业的销售经理组成，由于各自的背景不一样，在讨论专案时经常存在较大的分歧。为了解决此问题，主管针对6人给予了不同的专案主题，同时又要求每个专案必须两人一组，而在推广时则6人分别负责不同的销售区域的专案推广。有了这样的工作分配方式，专案负责人就不得不在定案前充分搜集各人的意见进行综合，并针对异议进行沟通，达到了很好的协作效果。专案也因此更富有创新性与实效性。

（五）避免一味求同，主动制造冲突

团队中不和谐的声音似乎总令人不舒服，但正是异议才是突破定势、创新的起点。团队管理者要有意识地汰换或调整以引入新人打破旧团队。恒大冰矿泉水的失败被认为是外行（房地产业管理者）指导内行（快速消费品行业基层）的典型，但汇源却很好地引入了国美电器的经理人团队。这是因为国美经理人团队只参与了公司上层的决策，而对于区域的具体销售管理则交由有行业经验的销售团队实施。这种搭配有利于上层决策讨论时不同思维视角的介入，从而提供更全面的决策思维，有利于打破行业的惯性思维，避免了一味求同。

很多全球500强企业都会找外行的人来做CEO、市场总监、营销顾问、产品创新顾问等，原因就是要避免惯性思维，破除学识面、专业壁垒、惰性、习惯以及经验主义引致的因循守旧，突破思维束缚。实践证明，有时外行的人往往可带来革命性的改进。

所有的定势都有其成功的情境，当情境变了，就必须转换思维视角。注意适时适用，每过一段时间，就要重新检讨，看有哪些东西已不合时宜，不能总以不变应万变。

第二节　逻辑思维

在知识经济时代，创新教育正越发受到教育界的关注。但在创新教育中，有一种忽略逻辑思维作用的倾向。人的思维素质作为一个整体，在认识世界、发现世界、创新世界的过程中是多种思维能力的综合效应，它也必定以人类最基本的思维方式——逻辑思维为基础。因此，在思维素质、能力的教育培养中，唯有更加重视逻辑思维的基础教育，我们才能在创新活动中，真正把握人的全面本质。

逻辑思维是思维主体在感性认识的基础上对事物认识的信息材料进行有意识的抽象、推理、加工制作的思维过程。任何一个创新问题的圆满解决既需要非逻辑思维的启发，它是解决问题的起点和催化剂；同时也离不开逻辑思维的严密推展和科学论证，这是解决问题的基础和保证。为了使偶然的、不自觉的创新活动转向自觉的、主动的、有意识的创新活动，我们必须认识到在创新思维活动中，逻辑思维发挥着重要的确定性、基础性作用。要最大限度地发挥逻辑学这门学科在创新思维中的作用，需要把它内化为在创新思维中起关键作用的潜意识的一部分，成为智慧生命组织的内部结构特征之一。

一、逻辑思维的内涵

试一试：请判断以下观点。
他如果爱我，就会给我买钻戒；他给我买了钻戒，因此他爱我。
青年是祖国的希望；我是青年，因此我是祖国的希望。
未婚者都不戴结婚钻戒；小李未戴，因此小李未婚。
所有的偶蹄目动物都是脊椎动物；牛是偶蹄目动物，因此牛是脊椎动物。

逻辑是对思想的剖析。逻辑指的是思维的规律和规则，是对思维过程的抽象。广义上的逻辑泛指规律，包括思维规律和客观规律。亚里士多德认为逻辑学是关于从一个真的前提"必然性"推出一些结论的科学，即关于"必然推理规则"或"必然证明或论证规则"的科学。学者们用之来表示一门与论证、辩论等许多问题相关的学问，而亚里士多德的三段论（由两个直言判断作为前提和一个直言判断作为结论而构成的推理，即大前提—小前提—结论）被看作这一学问的核心内容。逻辑是研究推理的有效性或有效推理的，用亚里士多德的话说就是"必然的得出"，这就是逻辑的观念。传统上，逻辑被作为哲学的一个分支来研究。逻辑具有三种不同层次和角度的含义：其一，规律，事物的完成序列；其二，事物流动的顺序规则；其三，表示事物传递信息，并得到解释的过程。

（一）逻辑思维的概念

逻辑思维是人们在认识过程中借助于概念、判断、推理等思维形式能动地反映客观现实的理性认识过程，又称理论思维。它作为对认识的思维及其结构以及起作用的规律的分析而产生和发展起来。只有经过逻辑思维，人们才能达到对具体对象本质规定的把握，进而认识客观世界。它是人的认识的高级阶段，即理性认识阶段。

逻辑思维是思维的一种高级形式，是指符合世间事物之间关系（合乎自然规律）的思维方式。我们所说的逻辑思维主要指遵循传统形式逻辑规则的思维方式，常称它为"抽象思维"或"闭上眼睛的思维"。

逻辑思维的基本形式是概念、判断与推理。概念是反映事物本质属性的思维形式，即通过对认识对象特有属性的反映来指认对象，其表现形式相当于语言中的词语和词组。判断是对认识对象的情况有所断定的思维形式，它是由概念连接而成的，其表现形式相当于语言中的句子。推理是根据一些判断，得出另一个判断的思维形式，它是判断与判断的连接过渡。推理是使用理论从某些前提产生结论的行动，是由一个或几个已知的判断（前提），推导出一个未知的结论的思维过程，相当于语言中的因果关系。这三者的关系可以用下面这段话示例。

我看见一只猫。它正从你房间的窗台跳到外面的树干上。那应该就是你的猫。

其中，猫是概念。三句话均是判断。根据前两句推导出第三句的整个过程是推理。

逻辑思维必须遵守逻辑规律。逻辑规律是客观事物在人的主观意识中的反应，指的是同一律、排中律、矛盾律、充足理由律等四种规律。逻辑规律在具体思维中表现为概念的明确性、判断的准确性、推理的逻辑性以及思维的同一性。

1. 概念的明确性

概念不是事物的现象，或某个片面，或它们的外部联系，而是抓住了事物的本质、全体及事物的内部联系。概念不同于感觉，不只是数量上有差别，而且是性质上的差别。任何一个概念都有明确的内涵和外延，是概念的基本属性，明确概念就是明确它的内涵和外延。列宁曾说过，如果"要进行论争，就要确切阐明各个概念"。中国古代墨家的"正名"思想也是指概念的明确性。

2. 判断的准确性

判断要对认识对象有所肯定或否定，即肯定或否定某种事物的存在，或指明它是否具有某种属性的思维过程。人类对自然界所有事物有所分类认识之后，要进行一系列的生命活动，就必须对其周围的生活环境有所判断。判断是人类思维活动的第一步。判断包括两方面：一是必须对事物有所断定；二是判断总有真假。

3. 推理的逻辑性

推理的逻辑性即推理的有效性，一个推理如果符合逻辑，就是有效的。推理的逻辑性即推理符合推理规则，只在于推理形式上的要求。推理是形式逻辑，是研究人们思维形式及其规律的一些简单的逻辑方法的科学；其作用是从已知的知识得到未知的知识，特别是可以得到通过感觉经验得不到的未知知识。推理是在合理判断的基础上，人类在思维活动中更深层次的思维活动中体现的思维形式，是人类进一步认识世界、进而改造世界的核心思维形式。

推理主要有演绎推理和归纳推理。演绎推理是从一般规律出发，运用逻辑证明或数学运算，得出特殊事实应遵循的规律，即从一般到特殊。最典型的推理结构为三段论，由大前提、小前提和结论三部分组成。三段论的原则是大、小前提正确，那么结论就是正确的。如大前提"凡金属都可以导电"、小前提"铁是金属"，结论所以"铁能导电"。归纳推理是从许多个别的事物中概括出一般性概念、原则或结论，即从特殊到一般。

4. 思维的同一性

逻辑思维的对象是处于量变过程、相对静止中的事物，在同一时间、同一关系下对它们的反应必须保持同一性，不允许出现"偷换概念""自相矛盾""两不可"的逻辑错误。保持思维的同一性是认识对象的基础和前提。

练习 3-1　　　　　　　　　　猜物游戏

至少有两人，其中一人从"人物、动物、植物、物体"中挑一样告诉对方所猜的对象类型，对方通过提问所得到的"是/否"答案来不断调整问题，直至猜出具体的物体。这种训练简单有趣，既能进行逻辑推理训练，又能训练大脑的灵活性。（示例：猜哪吒。先告诉对方是人物。对方可以这样问：是女的吗？——否；是卡通人物吗？——是；是哪吒吗？——是。）

逻辑思维是分析性的，按部就班，进行逻辑思维时，每一步必须准确无误，不然得不到正确的结论。在逻辑思维中，要用到概念、判断、推理等思维形式和比较、分析、综合、抽象、概括等方法，而掌握和运用这些思维形式和方法的程度，也就是逻辑思维的能力。

（二）论证与推理

逻辑思维是思维的高级阶段。一个不能系统发挥概念、假设、推论、含义、观点在思维中作用的人，即不能分解思维的人，不可能是高级思考者。

人的认知由三部分组成：客观存在的事物、大脑中的反映（即形成的观念）、表达出来的语言等。语言构成的陈述即为命题或论断，这是逻辑的基石。命题有主观与客观两种，客观命题要么真，要么假，不存在争议，比如"他的身高居于小张、小何之间"；而主观命题则真假有争议，需要进行论证，如"他长得很帅"。

逻辑思维作为思维的工具，主要包含两方面：一是推理，二是论证。

（1）推理是由一个或几个已知的判断，推导出一个未知的结论的思维过程；而论证是能够用论据来证明论点的方法。

推理。福尔摩斯探案中推断华生的行为，"我的眼睛告诉我，在你左脚那只鞋的里侧，也就是炉火刚好烤过的地方，皮面上有六道几乎平行的裂痕。很明显，这些裂痕是由于有人为了去掉沾在脚跟上的泥疙瘩，粗心大意地顺着鞋跟刮泥时留下来的。因此，我就得出这双重结论：认为你曾在恶劣的雨天里走过，而且判断出你皮鞋上出现的特别难看的裂痕，是伦敦年轻而没有经验的女佣人干的。至于你开业行医嘛，那是因为如果一位先生走进我的屋子，身子带着碘酒的气味，他的右手食指上有硝酸银的黑色斑点，他的大礼帽右侧鼓起了一块，这就表明他曾经藏过听诊器……"。

论证。她是一个优秀的老师。她教学数十年，从没有因为个人原因缺勤，也从没迟到、早退过；她培养的学生考上知名大学的很多；学生们都反馈从她这儿学到做人的道理。

（2）论证与推理具有相似之处：论证过程就是一个或多个推理的过程。

（3）论证和推理亦有区别：推理的结果，在推理完成之前是未知的；论证的论点，在论证开始之前就已经形成，即使是对尚待证明的判断进行论证，这个判断也是先于论证过程存在的。推理过程里涉及的要素，有的是结果的原因，有的是结果的条件；论证过程中涉及的论据（即一个或多个推理的结果），全部都是论点的条件。

具体来说，首先，从思维活动的进程来看，推理是由前提到结论的过渡；论证则应由论题（相当于推理结论）的需要去找出论据（相当于前提），并由论据推论其成立。在论证中，推理是将两者联系起来的逻辑手段。其次，从要求来看，推理要求判定前提与结论之间的逻辑联系，即确定前提到结论的归结关系。当这些联系或关系在逻辑上被判定有效或无效时，它只限于形式上的意义（即形式上是否正确可靠）；论证不仅要求论据与论题之间的逻辑联系是合乎逻辑的、充分可靠的，而且要求能由论据的真实性而确立论题能成立，即论证讲究的是形式的正确和思想内容真实的统一。最后，论证一般比推理复杂。虽然有的论证只有一个推理式样，但大量的论证一般需要运用多种推理，论证可看成是推理的综合运用。

逻辑思维作为工具应用时对个体的作用表现在：能帮助我们更正确地认识客观事物；可以指导我们揭露逻辑错误，从而来发现和纠正谬误；有助于我们通过推理进行理解与记忆，从而更好地去学习知识；逻辑形式的结构化有助于我们准确地表达思想。

二、与创新思维关系

逻辑思维与创新思维是本质上不同的两种思维形式。逻辑思维是思维主体在认知过程中借助概念、判断、推理等思维形式反映现实的过程；创新思维是思维主体以形象思维为基础，综合应用想象、联想、灵感及直觉等传统思维而形成的一种综合性的思维方式。

（一）逻辑思维与创新思维具有对立统一的关系

创新思维是思维主体在想象、灵感和直觉等创新素质作用下的"思维的自由创造"（爱因斯坦语），在一定意义上是对逻辑思维的超越和否定，其本身的机制是非逻辑的。但逻辑思维是思维主体正确思考的必要条件，是创新思维的前提和基础，任何创新思维离开了逻辑思维将无从思维，其严密性与科学性将无法保证。创新思维是包括逻辑思维在内的众多思维形式共同作用的结果，逻辑思维是创新思维的必要条件，其本身也是人类重要的创新思维的成果。

逻辑思维严格按照逻辑规则进行，具有单一过程的严密性、不可逆性、确定性。非逻辑思维没有严格的规则，具有偶然性、可逆性、不确定性。后者更具有创造性。在创新思维过程中，逻辑思维时常借助非逻辑思维的形象思维如直觉、灵感思维等而取得突破，并得以具体化。同时，逻辑思维又为形象思维明确方向和目标，以加快创新思维的进程。非逻辑的直觉、灵感等思维活动，不能脱离概念、判断、推理等逻辑的思维活动，它们必须以一定的逻辑活动为基础。不存在脱离逻辑性的纯粹的非逻辑思维，也不存在非逻辑的纯粹的逻辑思维；非逻辑并非"不逻辑"，其中渗透着逻辑。创造过程是由逻辑和非逻辑两种思维形式协作互补完成的，逻辑与非逻辑思维是互相渗透、互相联系、不可分割的辩证统一。

（二）逻辑思维与创新思维同时具有相通、相容和相交的内在一致性

创新思维要求思维具有发散性和新颖性，只是为问题的解决提供了多种可能。这些可能性能否解决问题，就要看所提出的概念是否有确定的内涵和外延，对事物是否做出了恰当的肯定和否定。而这些恰恰是逻辑思维对概念和判断的明确性和准确性的要求。

创新思维的批判性和价值性必须以逻辑思维推理的逻辑性和同一性为论证手段。创新思维的追求目标是实现问题的最佳解决方案。批判不是目的而是手段，批判只是为认识客观对象提供了新的观点和方法。这些观点和方法是不是合理、能不能成立，最终还必须由具有线性特征的逻辑思维进行验证，用逻辑的推理工具来证明。价值性是指创新思维的价值追求，创新思维的本质是提供多个视角下的解决路径，选择"最佳路径"体现了思维主体在理性思维特别是逻辑思维上的素质和修养。

（三）创新思维的发生及运行过程是以逻辑学为基础的

约瑟夫·华莱士提出的创新思维四阶段理论：准备阶段和验证阶段主要涉及逻辑思维（显意识）过程，酝酿阶段属于直觉思维，明朗阶段属于灵感（顿悟）思维（潜意识）。在准备阶段，思维主体围绕所要解决的问题及其特点，搜集并分析有关资料，逐步明确解决问题的思路。此阶段必须运用比较与分类、归纳与演绎、分析与综合等逻辑思维方法。创新思维要解决的是新问题，传统思维和方法必定难以从根本上奏效，导致思维准备期遭遇阻滞。在酝酿阶段中，思维主体表面上好像已经不再关注

待思考对象，实际上心理学的研究表明，此时人的大脑仍然在时刻对待解决问题进行潜意识的思考，即问题的酝酿加工阶段，此阶段属于直觉思维。在直觉思维过程中，不受任何逻辑思维的"格"的约束，表现出逻辑的中断和跳跃，从总体上进行识别和猜想。直觉思维虽然本身是非逻辑的，但并不是非理性的。这是因为，直觉思维并不仅仅是生动的形象思维，还有抽象的理性思维成分在内，即包含了逻辑推理。明朗阶段是创新思维中最具决定作用的，该阶段属于顿悟（灵感）思维，不同于逻辑思维，但思维结果及过程却必须符合逻辑。而且，灵感的产生亦同样离不开逻辑思维。因为灵感只是在遇到思维难点时起到辅助性的推动、突破作用，而要达到系统思维只能通过逻辑思维。灵感思维的这种突破性的作用是大脑基于长期逻辑思维和实践经验的一种机能，即思维主体头脑中的逻辑思维方法与技巧经过反复实践，会形成逻辑思维的潜意识。在遇到问题情景时，这种潜意识就能够与问题场景在思维主体无意识控制下不断自行进行活动。人们就可能在没有意识到这种交流的过程中，突然在某个关节点上达到了质的飞跃，找到了问题的解决方案，即灵感产生，形成顿悟。验证阶段即是运用逻辑思维的推理分析和论证工具对灵感（顿悟）思维成果进行科学性和价值性鉴别、评估，确定其在当前知识背景下的创新性和可行性。可见，创新思维的每一环节都离不开逻辑思维。

总之，所有的创新事后看来都是符合逻辑的，一切创造活动都是以逻辑思维为基础的。逻辑思维不但自身有创新功能，而且还是直觉、灵感、想象、联想等创新思维形式的前提和基础。逻辑思维的过程、形式与创新、创造过程密切相关。逻辑思维有助于创造成果条理化、系统化、理论化。

三、逻辑思维的技巧

逻辑思维的好坏，运用是否得当往往会影响一个人的工作表现。比如下列这几种情形。

（1）下属很怕和领导沟通，因为其话还没说完，领导就不耐烦了；自己辛辛苦苦写方案，但领导根本不回应；自己埋头苦干，最后做完老板却表示不是他想要的样子。

（2）领导也怕和下属沟通，往往听了很长时间领导都不知道下属想表达什么意思，他们想说什么；有时布置任务时领导说了半天，下属还是听不懂，回答问题总是风马牛不相及。

（3）领导评价一个人的时候说得最多的是这个人逻辑思维能力强，思路清晰；企业在进行中层经理人候选人评估时，考察最多的就是逻辑思维能力；公务员考试亦有逻辑思维的测试。

这些都是我们在工作中经常碰到的。这些问题并不是单纯靠学习沟通技巧就能解决的，最需要的是厘清自己的思维，分清主从关系，即掌握逻辑思维的技巧。

逻辑思维能力最主要的表现就是言行之中对思维路径的清晰度上。由于大脑一次最多仅能记忆7条信息，我们在与人面对面口头沟通时最好不要超过3条。因而当需要呈现的信息比较繁杂时，首先我们需要将思想分类或分组，每类或每组只有一个中心思维；其次在组间建立逻辑关系：分别为向上、向下或横向关系。分组可以让我们逻辑清晰，组间关系有利于重点突出（见图3-1）。

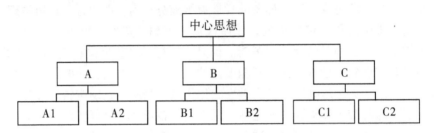

图3-1 思维的逻辑结构

逻辑思维应用中的四个实用原则。

第一，结论先行。每段话中应该只有一个中心思想，宜开门见山，放在最前面。

第二，以上统下。上对下总结概括，比如中心思想包含了A、B、C三方面的内容；下对上解释支持，比如A、B、C对中心思想的解释，A1、A2对A的解释等，犹如父子关系，这是一种纵向的关系。纵向结构的优点：①可以很好地吸引到对方的注意力，令其明了表达者的思维发展；②有利于顺着思维做出符合逻辑的反应或判断，达到较好的沟通效果；③无需考虑所表达内容的横向逻辑关系，利于列举各种可能情形，起到很好的说服作用。

纵向关系可以通过演绎推理或归纳推理方式来呈现。演绎推理指的是从一般性的原理、原则中推演出有关个别性知识，即由一般到个别。例如，人都会死（规则），你是人（情况），你会死（结果）。归纳推理指的是由个别或特殊的知识概括出一般性的结论，即由个别到一般。例如：A是人（情况），他死了（结果）；B是人（情况），他死了（结果）；C是人（情况），他也死了（结果）。人都会死（规则）。

第三，归类分组。把具有共同点的思想归类为一组，同组的观点犹如兄弟关系。

第四，逻辑递进。组内思想按照逻辑顺序组织素材。归纳性的思想组顺序一般有三种：时间顺序（先因后果的过程顺序）、结构顺序（将整体分割为部分。对于实物按照先整体后局部、先上后下、先左后右；对于非实物，按活动发生的先后顺序的过程；针对非过程的则依照惯例排序如人、财、物）、重要性顺序（最重要、次重要等）。演绎性的思想组则依照演绎顺序：大前提、小前提、结论。

逻辑思维能力可以通过训练的方式提升，一方面可以运用专门的逻辑思维训练题；另一方面是要在平时的工作生活中有意识地结构化自己的思维，注重逻辑思维的培养。有效的逻辑思维训练方式包括：①将自己置身于问题之中。发现问题—分析问题—大胆质疑与提问。②坚持独立思考、学习思维科学。了解思维基本形式、规律和方法等；有意识地研究具体的思维过程。③丰富知识，提高知识的质量。④提高语言的表达能力。

第三节 批判性思维

小案例 3–5

幸存者偏差

"二战"期间，为了加强对战机的防护，英美军方调查了作战后幸存飞机上弹痕的分布，决定哪里弹痕多就加强哪里。统计学家沃德力排众议，指出更应该注意弹痕少的部位，因为这些部位受到重创的战机，很难有机会返航，而这部分数据被忽略了。事实证明，沃德是正确的。沃德是哥伦比亚大学统计学教授，之前也是经济学教授，这是他在"二战"期间帮助美军分析的一个例子，它说明了统计分析中的"幸存者偏差"问题。那就是我们只看到了那些能够飞回来的飞机，而看不到那些被击落而没能飞回来的飞机。所以，只是根据"幸存者"的数据做出的判断是不正确的。这是基于统计推断的思维，也是一种批判性思维能力。

（资料来源：祝国强《趣谈统计工作中易忽视的错误——幸存者偏差》，载《中国统计》2014年第9期，第53–54页。有改动。）

2010年5月在南京举办的第四届中外大学校长论坛上，一些国外著名大学的校长指出，中国大学人才存在的不足在于缺乏批判性思维能力的培养。时任斯坦福大学校长汉尼斯认为，中国大学课程设置以讲座式为主，小组讨论的方式很少，学生不敢提问、不敢质疑。时任耶鲁大学校长莱文认为，目前中国大学的本科教育缺乏两个非常重要的因素：第一，跨学科的广度；第二，对于批判性思维的培养。近几年来，随着人们对我国教育现状的反思，批判性思维渐渐被更多的人所熟悉。作为一门课程，批判性思维在20世纪60年代到70年代兴起于美国和加拿大，现在成为很多大学通识教育的一门重要课程。20世纪80年代以来，许多国家都把"批判性思维"作为高等教育的目标之一。

一、批判性思维的内涵

小案例 3-6　孔融让梨与约翰争苹果

父亲叫小孔融分梨，孔融挑了个最小的梨子，再按照长幼顺序分给兄弟。孔融说："我年纪小，应该吃小的梨，大梨该给哥哥们；而弟弟比我小，所以我也应该让着他。"在我国，"孔融让梨"成了很多父母教育子女的好榜样。

美国有一位心理学家在全美选出了 50 位成功人士和 50 个罪犯，分别给他们写信，邀请他们谈一谈自己的母亲。有一封回信是一位叫约翰的成功人士写来的，信中说：小时候，有一天妈妈拿来几个大小不同的苹果，她把那个最红最大的苹果举在手中说，你们都有权利得到它，但大苹果只有一个。所以我把门前的草坪分成 3 块，你们 3 人一人一块，谁修剪得最快最好，谁就有权得到它。结果我干得最好，就赢得了最大的苹果。

（资料来源：罗先德《从"分苹果"与"让梨"的故事说起》，载《中小学德育》2013 年第 2 期，第 92-93 页。有改动。）

（一）批判性思维的概念

美国批判性思维运动的开拓者恩尼斯认为，批判性思维是为决定相信什么或做什么而进行的合理的、反省的思维。具体来说，批判性思维就是通过一定的标准评价思维，进而改善思维，是合理的、反思性的思维；既是思维技能，也是思维倾向。它是指作为主体的人在其认识、实践活动中对认识、实践客体的分析、判断、论证、质疑、改造的思维素质或能力。批判性思维被描述为抓住问题要领，遵循逻辑规则，不断质疑和反省，清晰的思维方式。批判性思维也可以作为一门课程或学科，来源于非形式逻辑，其目的是培养人的批判性思维的能力。批判性思维和逻辑学一样具有工具性和全人类性。

批判性思维必然是一种逻辑思维，但是批判性思维没有限于逻辑思维视野，它以现实生活为导向，更加强调逻辑思维之外的真实性、情景性及对象的意义和价值性。批判性思维是人们综合运用形式逻辑和非形式逻辑及其它相关技能对观点、判断、命题、论证及方案等一阶思维进行再思维的工具，是关于思维的思维。它始于质疑，但并非找思维的茬，更非一味否定，而是运用逻辑和相关技能，追求论证的逻辑明晰性和证据材料的可靠性，使人的观念和行为建立在理性慎思而非自然心理倾向或情感偏好上，避免思维谬误，帮助人们做出可靠的决策。

批判性思维包括逻辑知识但又与之有所不同，体现为一种思维能力和问题意识。

批判性思维研究内容包括：如何提出问题和理解问题？如何澄清意义和给出恰当定义？如何评价判断的真？如何评价推理和论证的可靠性？如何反驳和说服别人？

本斯利认为批判性思维有以下特点。

（1）具有推理知识。
（2）具有推理中的认知技能。
（3）具有所思考问题的所有相关知识。
（4）有进行批判思维的倾向。

这也就是说，批判性思维不仅要求具有一定的推理知识和技能，还要能结合所掌握的知识信息，积极主动地去思考。

（二）批判性思维作用

批判性思维的作用首先体现在能力层次。批判性思维除了要求在逻辑上、统计上不犯错误之外，更重要的是要想别人没有想过的问题，问别人没有问过的问题，并且要刨根问底，探究深层次、根本性的原因。

批判性思维以推理为基本支撑，实现潜显意识转换。推理通常包含能够进行一套相互联系的思维过程的能力。这需要将思维中潜意识部分变成意识部分，从而有助于我们理解表面想法之下的事实。我们首先需要了解思维的组成部分，然后才能看它们如何互相作用、互相影响，从而形成整体。思维的要素包括：目的、观点、假设前提、含义、后果、论据、推断、概念、理论、问题等；这些也构成了推理中的基本要素。如果我们能够找出推理中的基本要素，就可能通过确定不同要素中的问题来发现思维中的缺陷。这些要素的作用关系可以这样表述：我们进行推理，就是在某种情境中，基于某个目的，运用一定观点和概念，依据一些原因、信息和假设来做出具有含义和价值的推论，从而解决问题。推理是通过赋予某事物意义来理解它，所有的思维都是理解活动的一部分。大多数推理活动都是隐性的，比如看到太阳雨，会想到"很快会停"。通过要素间作用关系的理解可以将潜意识中的推理明确出来，从而更透明化我们的思维。当我们面对一个决策时，常常需要进行反省式推理，厘清推理要素的关系有助于我们对决策的深入理解，从而能够更好地评价别人推理的价值，即对决策形成更全面的理解。

批判性思维是一种处理信息的正确方式。大部分人接收信息，都是海绵式的，接收的信息大多不经过思考，囫囵吞枣，转头即忘，对人的益处少之又少，以致大多人读书而无用。批判性思维的方式是沙中淘金，是经过分析推理、提问思考的方式去筛选和消化信息，能增长更结构化、更纯粹、更可靠的知识。批判性思维要求认识事物的本质，全面了解和掌握合理而正确的思维及其基本原则、规则、要求、技巧、方法和训练，从而更新认知，改变我们处理问题的视角和价值观，最终以创新去推动社会向前发展。

批判性思维除了能力层次外，还有一个更重要的层次，它是一种思维心态或思维习惯，即心智模式。这个层次超越能力，是一个价值观或价值取向的层次。在批判性思维教育上，从能力层次入手是自然的，也是有需要的，但更重要的还是要塑造价值观和人生态度。比如关于社会医保政策，是应该侧重于普及性以减免更多人的医疗费用，还是应该侧重于少数重病者的生命保障，这实际上就是一种价值观取向问题。现实生活中价值观的冲突可能是引致批判性思维分歧的最大来源，这提示我们要从对方思维出发点并结合现实情境进行思考与沟通才可能更有效。这要求我们具备一种更深层次、刨根问底式的思维。

作为能力的批判性思维更多的是关于"如何思考"（how）；作为思维心态或思维习惯的批判性思维更多的是关于"思考什么"（what）和"问为什么"（why）。心理学家德韦克描述了两种心智模式："不变型心智模式"和"成长型心智模式"。所谓不变型心智模式就是用固定的、守旧的思维习惯去思考问题；而成长型心智模式就是一种开放式的思维习惯，不断拓宽思维范围，想以前没有想过的问题，问之前没有怀疑过的命题。后者就不再是"how"（如何）的范畴，而是进入"what"（什么）和"why"（为什么）的范畴。

（三）训练步骤

批判性思维的训练可以通过以下几步进行。

1. 准确阐述问题

重点是找出论题和结论。结论要能直接回答论题。比如论题是养花能提高生活质量吗？结论如果是"养花能增加劳动"，显然不如结论是"能让我们心情愉悦"直接。

2. 搜索可能的信息

针对结论找出理由，有因果关系的理由是什么。

3. 充分应用信息

推理中是否存在不恰当的地方。如是否存在关键词歧义，是否存在推理谬误等。

4. 考虑推理中的潜在影响因素

证据可靠吗？推理中有干扰因素吗？数据有欺骗性吗？等等。

5. 探索更合适的可能

结论要避免用简单的"是"与"否"这种二元思维。尽可能寻找多个结论，然后挑选合适的。

二、与创新思维的关系

创新思维与批判性思维既相区别又相互关联。批判性思维主要针对认识对象的真实性、准确性及价值，在分析的基础上对其进行判定，是一种逻辑推理分析能力；而创新思维是一种思维活动，它能够在固有知识和经验的基础上，提出个体新的观点与发现，是一种想象力的呈现。无论是批判性思维，还是创新思维，它们都是多种思维形式协调统一组成的，是高效综合运用和反复辩证发展的思维过程。两者的定义中都包含打破思维定式的固有之意,无论是批判还是创新,都离不开思维的破旧立新。但二者之间又各有侧重,批判性思维更注重反省式的理性思维,在反思的过程中提出质疑,寻求更为切合的思维产品,整个思维过程中反思占主导地位。而创新思维则更倾向于顿悟式的灵感,它更多的是以新颖性、适切性的思维方式来寻求全新的思维产品,整个思维过程中求异思维占主导。

> **小案例 3-7**　　　　　　　　**牛仔裤的诞生**
>
> 　　一百多年前,美国加州因发现金矿而吸引了大批淘金者,犹太人莱维·施特劳斯也是这批淘金者之一,但他每天以失望告终。后来,施特劳斯发现庞大的淘金队伍需要许多日用品,他便开了一个小商店,还兼卖修补帐篷的帆布。施特劳斯偶尔听到矿工抱怨裤子易破,就想到用修补帐篷的帆布做裤子,这就是牛仔裤的前身——工装裤。莱维·施特劳斯因此一跃成为世界"牛仔大王"。
> 　　我们可以分析一下牛仔裤产生过程。此事件中的核心问题是矿工的裤子易破,怎么办呢?
> 　　解决裤子易破的途径有多种。基本途径有从问题的结果切入——经常缝补,这是治标不治本的方法。施特劳斯可以开一家缝纫铺,天天从事缝补工作。另一途径则从问题的深层——裤子的质料问题上做文章,通过改变裤子的材料,使裤子变得结实些。这样,就从该问题的源头上找到了解决问题方案。
> 　　接着,问题变成了寻找什么样的布料。
> 　　在众多材料中,如麻布、塑料、金属等,施特劳斯为何就选择了帆布呢?这与施特劳斯大脑中的知识结构有关,当然这种知识结构是其从生活的经验中获得的。施特劳斯平时频繁接触构成帐篷的帆布,加上帆布本身的耐磨特性正好符合解决裤子易破问题的特性,从而促使其想到将帆布作为裤子布料的替代品。
>
> (资料来源:晓眠《牛仔裤的诞生》,载《农家之友》2003年第14期,第30页。有改动。)

批判性思维是创新思维的前提和基础,是一条思维线上的前段。批判性思考者更多的是关注过去、对过去进行否定性思考,正是在对过去的否定基础上提出针对现在、未来的新思想、新观点,从而实现创新。爱因斯坦曾经说过,提出问题往往比解决问题更重要。批判性思维的核心要素是质疑、反思,质疑的基本表现是问题意识。问题是思维的起点,问题的产生来源于怀疑、疑惑。所谓"疑问",便是指有疑而问,有疑才有问。历史上一些有重大价值的问题,往往就是在质疑多数人看来不容置疑的思维框架中产生的,因而常有真理掌握在少数人手中之说。但怀疑不是随意的猜想,它的基础是正确、合理、审慎的思考,这些都是批判性思维理性反思的必要条件，只有善于思考才能善于怀疑。因而，批判性思维是怀疑精神的必要前提，它经由问题产生，又会因问题而得到持续的深入发展。从批判性思维角度看，提出真正的问题是一个复杂的过程。一方面，提出问题的最终目的是解决问题，批判就是为了在此问题上重新建构，以确保提出问题不只是为了提问题而提问题；另一方面，要提出有价值的问题，必须对这一问题所有相关内容进行反思批判，找到问题的根据，用新的事实作为问题的支撑。因而，批判性思维是创新思维解决问题的基础，没有批判就没有创新。

批判性思维是创新思维的必备素养。一个满足现状或者即使不满足现状却很懒惰的人是不会运用批判性思维的，即使有也不容易发挥出这种批判性思维的作用。批判不是完全的批判，批判不是只强调不好的方面，批判是在对事物好的方面有选择地继承的基础上的一种提升和完善，只有这样的批判才是有意义、积极的批判。批判性思维是一种需要不断地挖掘、培养、提高的能力。只有在进行批判性思考的时候，才会对已有的知识、智力和自我能力进行运用；才能在深思熟虑的基础上有质疑和判断，激发自我的想象，提出新问题，并探索和发现真理，从而充分激发创新思维。

创新思维是批判的最终目标。批判性思维的最终目的是问题的解决，并做出有所创新的发展。批判性思维是为了发现问题、解决问题。一旦发现问题，就会产生解决问题的需要和内驱力，产生一种心理上的不平衡，从而激起强烈的求知欲和好奇心，唤起内心的思考和创造的需求和兴趣，并在创造动机的驱使下，积极且自主地进行创新思考。同时，批判性思维的大胆质疑也打开了反驳的翅膀，反驳又打开了革新的道路。在此意义上，质疑、批判、反驳就是解放，就是创新。

总之，批判性思维是实现创新的前提和基础，创新思维是批判性思维的目的和归宿。有了批判性思维尤其是批判性精神，人们才能主动并独立思考、发现问题，进而才能有所发现、有所发明，实现创新。批判性思维不但促进创新思维，而且内在地需要创新思维：一方面，理性开放的批判性思维为创新思维扫除了思维理念上的束缚；另一方面，它自身也要通过创新思维来实现新思维的升华。

三、批判性思维技能

批判性思维的本质目的是通过沟通表达，从而令人信服我们的观点或结论。这就要求我们无论是说话、写作，还是工作汇报、主题演讲，首要的就是使主题和结论更明显且更有信服力，能够让对方容易辨识并接受主题和结论。因而，论题和结论置于开头、结束时再强调，多使用提示语（如因此、所以等），令对方与自己处于相同情境等都是很有效的手法。秉持科学地想、清楚地说、高效沟通等的思维框架有利于我们正确地提出问题从而有效反省，进而创新思维。

（一）科学高效的思考（领袖的思维模式）：黄金圈法则

小案例 3-8　辣木创业

某学生团队的创业项目其一为辣木饮料，其二为辣木面膜，原因就是团队成员有药学系同学，知道辣木具有很多保健的功效，而且有辣木基地的资源。但是辣木作为保健品难以申请蓝标，如果只是作为饮料，其又存在副作用较大、口感不佳等问题。辣木面膜虽然有美白专利技术，但是市场上已存在广泛的辣木面膜，且面膜市场竞争激烈，市场占有率第一的品牌仅有5%的份额。一般美容院都有自己的差异化面膜产品，显然一时难以进入市场。这两个项目创业难成的原因在于创业团队的思维模式是由清晰到模糊，即从眼见的事开始做，并且也知道怎么做，却没有充分思考做这件事情的价值。

（资料来源：笔者撰写。）

人们思考和认识问题的思维过程可以画成三个圈，最外面的圈层是 WHAT 层，也就是做什么，指的是事情的表象；中间的圈层是 HOW 层面，也就是怎么做，是实现目标的途径；最里边的圈层是 WHY 层面，就是为什么做某事。

WHAT：事物的表象，我们眼前所见、具体做的每一件事——结果。

HOW：我们如何实现想要做的事情——过程。

WHY：我们为什么做这样的事情——价值。

人们的思维模式一般有两种，一种是我们大多数人的普遍的思维模式，即大众模式，可表述为：WHAT—HOW—WHY 模式。一般来说 WHAT 是属于比较具体清晰的事物，因而也容易吸引人们的注意力；WHY 相对来说属于比较模糊的设想，思维主体不愿意首先面对不确定，因而我们大多数人会是这种思维模式。大众模式从清晰的 WHAT 层开始，最后再进入到 WHY 层，即从清晰—模糊。这种模式下的思维主体由于面对的是一个不清晰的未来，行为过程中势必缺乏方向感、目的感，结果自然难以如愿。这也是当前大学生创业项目中，经常会产生的问题：受制于眼前的资源或技术，而忽略市场的需求。比如有辣木资源、懂药效、有实验资源，因此做饮料、面膜，这是属于事物的表象，即做什么事（WHAT）。其次，进行研发，确定饮料配比、面膜专利等技术，这是如何实现要做的事（HOW）。最后，要回答的是为什么要做这样的事（WHY）。很显然他们无法回答：虽然消费者有面膜与饮料的需要，但具体到辣木项目，创业团队是否有能力/人脉把握到机会，或者市场是否真的需要这种产品。

绝大多数人的思考、行动和交流的方式，都是在最外面的 WHAT 圈层，也就是从做什么的圈层开始。这是一种操纵的思维模式。比如通过应用从众心理、恐惧心理、权威效应等进行诱导，甚至还运用到统计学、大数据的资料来操纵。但这种操纵可能可以交易，却产生不了忠诚和信任。

另一种科学有效的思维应该遵循黄金圈法则。黄金圈法则的思考顺序是"从内向外"，按WHY—HOW—WHAT的顺序思考，即做事之前先从"为什么"开始，这应该处于统筹支配地位，知道为什么（WHY），才知道如何做（HOW），从而做到要做的事（WHAT）。

黄金圈法则第一步，WHY圈层。思考为什么：你为什么要生产电脑？你为什么要制作飞机？你为什么怀着这样的信念？你的机构为什么存在？你每天早上为什么起床？

黄金圈法则第二步，HOW圈层。只有想明白了最内圈层的WHY，第二步才是思考中间圈层的HOW，也就是怎么做。HOW这个圈层就是要梳理如何实现WHY，用什么方式落实你的理念、价值观。

黄金圈法则第三步，WHAT圈层。如果WHY和HOW梳理得清晰，那WHAT圈层的做什么就是水到渠成的结果了。

这种模式属于非凡模式，即思维是从模糊到清晰。了解自己的目标，做事才会有底气，有方向，结果自然不会差。黄金圈法则是用感召的方式吸引和自己有相同内在动机的人，带来的是信任，是长久的经营。犹如马云、雷军等创业之初凝聚加入者对理想的描摹之言。

用黄金圈法则来影响和激励别人，首先要让大家相信你的为什么，要让别人对你追求的信念和价值建立信任。这要做到黄金圈的均衡，即WHY、HOW、WHAT均衡一致。换句话说，你的价值观、采取的策略，和最后做的事情必须是相互映衬的、互相支持的。这与操纵模式（大众模式）是完全不同的。比如，有两种思维模式下制造电脑的厂家。

操纵模式：我们做最棒的电脑，设计精美，界面简单，你想买一台吗？——大众模式：从清晰到模糊。

黄金圈模式：我们做的每件事都是为了创新和突破，我们坚信应该用不同的方式思考；（WHY）我们挑战现状的方式是通过将产品设计得十分精美，使用简单，界面友好（HOW）；我们只是在这个过程中做出了最棒的电脑，你想要买一台吗（WHAT）？——非凡模式：从模糊到清晰。

很显然，黄金圈模式所制造的电脑更能满足消费者的潜在需求并令其信服。这种从价值到实现的思维过程应该贯穿于我们的生活、工作之中，有利于把握重点，做好当下的事情。

扎尔伯克曾在清华大学进行的演讲就是遵循了黄金圈模式。关于改变世界的话题，他讲了三个故事。

第一个故事是WHY。自己为什么要做Facebook，为什么想改变世界。

第二个故事是HOW。如何改变世界，定立目标和使命之后，怎么才能做好。

第三个故事是WHAT。不要放弃，要一直向前看，你们可以成为领导者，可以提高人们的生活，可以用互联网影响全世界。

再比如关于鼓励大学生参与全国大学生广告艺术大赛的沟通演讲。

（1）大学教育就是增加就业的专业应用价值。（WHY）

（2）通过学习与实践的途径来增值。学习中试错课堂掌握知识（概念与理论）；实践中应用知识并掌握与时俱进的技能，这是企业的需求。（HOW）

（3）深度参与，注重过程。因此我们应该参与专业赛事（大广赛），提升专业技能。（WHAT）

此外，这样的思维模式也会因价值感（WHY）而对结果（WHAT）充满期待，从而对达到结果的过程（HOW）更加投入与执着，也有利于个体对自己的某个想法进行确定。

试一试：

应用黄金圈思维描述你的某个想法，比如你为什么要上大学、看某本书、考某个证书？

（二）清晰地表达（表达的万能框架）：电梯法则

> **小案例 3-9**
>
> **电梯法则**
>
> 麦肯锡公司在创立初期，曾经给一家非常重要的大客户提供咨询服务。咨询结束的时候，麦肯锡的项目负责人在电梯间里遇见了对方的董事长，该董事长问："你能不能说一下现在的结果呢？"该项目负责人毫无准备，而电梯门很快就打开了。最终，麦肯锡失去了这一重要客户。此后，麦肯锡公司要求所有员工，必须能在最短的时间内把事情的结果描述清楚，且要求凡事都必须直奔主题。这就是"30秒电梯法则"。
>
> （资料来源：［德］赫伯特·亨茨勒著《麦肯锡思维》，郭颖杰译，民主与建设出版社2015年版。有改动。）

电梯法则是指在与对方直面沟通时，要直奔主题和结果，表达传递重点信息、忽略次要信息，从而为双方节约时间和沟通的成本，即用极具吸引力的方式简明扼要地阐述自己的观点。这种沟通模式简单说来就是先从结论说起，先说中心思想，然后再向前推演。我们在与人沟通时，通常是为了表达某种观点，从而达成某个目的。为了让对方清楚理解表达的意思，我们在表述时懂得清晰简洁、有逻辑地表达自己的思想尤其重要。

电梯法则的主要用法有3点。

（1）高度总结法。就是要抓住重点，把内容进行高度浓缩。

（2）激发思考法。如果有些问题在极短的时间内不能被阐述清楚，就可以抓住其中的几个亮点，吸引对方产生兴趣，并为下一次的详细交谈打好基础。

（3）语出惊人法。我们常说，良好的开端等于成功的一半，因此，开头必须要特别吸引人。这样可引起对方的兴趣，激发好奇心，并发挥令人想继续探究下去的作用。

以上3点都是在强调开头要直奔主题。此外，直面沟通情境下，人们最多记得住3点，因此凡事要归纳在3条以内。这就形成了最简单的沟通技巧，并被誉为表达的万能框架，即"一个中心、三个基本点"的表达模式。具体为，我的观点（问题）是……；我这么说有三个理由：第一……；第二……；第三……。这三个理由应该全面不重复，即各自独立且无遗漏。比如下面这个例子。

我认为大学生学习不应以分数（考试）为目的。

第一，大学培养的是思维能力。掌握专业思维是关键。

第二，应用知识而不是记忆知识。不追求标准答案，而是寻求可能的应用视角。

第三，为就业做准备。基于兴趣，超越课堂的自学与实践更重要。

再比如：我认为学校食堂伙食应该更丰富。

第一，提升学生的认同与归属感。

第二，减少外卖，更安全与环保。

第三，促进食堂店家竞争，良性循环。

在沟通中，一个观点能否被重视，很可能取决于支持该观点的理由。理由选取得好，将会大大提升观点的重要感与价值感。开头要开门见山，支持观点的三个理由要有理有据。

为了达成沟通的目的，遵循这种表达框架时还需要反省：我为何要这样说？目的是什么？我用什么样的方式更容易让他人理解（文字、语言还是绘画；当面提问还是私下交流）？我的表达是否清晰准确，会有歧义么？有哪些概念或知识点别人并不理解，需要我解释？要确保沟通对象与自己处于同一话语情境之中，这就需要用到下文的结构化表达技巧。

试一试：

应用电梯法则阐明你的某个观点，比如关于是否上网课、是否只在传统节日放假……

（三）高效的沟通（结构化表达）：SCQA架构

麦肯锡提出了一个"结构化表达"工具：SCQA架构。该工具的价值在于激发对方兴趣，引入主题，从而实现高效沟通。

SCQA是四个英文单词的缩写：S即情境（situation）；C即复杂性，意译为冲突（complication）；Q即问题（question）；A即答案（answer）。所谓SCQA架构，就是

> **小案例 3-10**
>
> **汇报重点**
>
> 你要向老板汇报工作，非常紧张，于是连夜准备了几十张 PPT。可是你刚讲到第 2 页，就感觉到老板有点不耐烦了。你讲到第 5 页的时候，他打断你说："不要讲 PPT 了，直接说重点"。你当场就懵了，你可能会很委屈：我说的都是重点啊！为什么会这样？老板不满意，真是因为你的报告中"没有重点"吗？其实老板不满意，并不是一定因为你的报告"没有重点"，而是在你缺乏"结构化表达"的陈述中，他感受不到重点。
>
> （资料来源：[美] 芭芭拉·明托著《金字塔原理》，王德忠、张珣译，民主与建设出版社 2002 年版。有改动。）

在与对方沟通时的思维结构安排，即阐释中心思想以及观点的安排次序。SCQA 结构也可以通俗地理解为"故事套路"：通过冲突引发受众的注意，从而达到较好的沟通效果。比如，"昨天有个陌生人加了我的微信，转了 1000 元给我"，以这样的沟通方式开始，显然要比"昨天我妈托人转了 1000 元钱给我"更具吸引力。

所谓讲道理不如讲故事，而讲好故事的套路就应遵循 SCQA 结构。

S：情境，确保说话时你和受众能站在同一情境里面。否则就可能产生鸡同鸭讲的效果。

C：冲突，推动故事情节发展并引发对方脑子里产生一个疑问——引起对方的注意。

Q：疑问，顺势而为，将对方脑子里的疑问说出来。

A：回答，最后有效地传递出自己想表达的信息——目的达成。

一个成功的演讲应该有引言（S）、高潮（C），最后还应该有总结（A）。

比如脑白金广告语：今年过年不收礼，收礼还收脑白金。这句广告语能被广泛传播与接受关键是其很好地应用了 SCQA 沟通方式。

今年过年了（情境）。

过年不收礼（冲突）！

送什么（问题）？

脑白金（答案）。

很多广告都采用了此种形式。

（1）某款运动饮料（爱运动）的广告语：爱运动（含左旋肉碱）让运动更有效。

运动健身会口渴（S）。

喝饮料对身体不好，喝水又缺矿物质（C）！

喝什么（Q）？

爱运动（A）。

（2）王老吉凉茶的广告语：怕上火，就喝王老吉。

加班熬夜常常有（S）。

易上火（C）！

怎么办（Q）？

喝王老吉（A）。

或者又如以下广告语。

火锅"撸串"一时爽（S）。

上火了，牙疼、咽痛很不爽（C）！

怎么办（Q）？

喝王老吉（A）。

此外，除SCQA架构的标准式外，这四个字母还变形组合出另外三种，能在不同沟通场合，比如演讲、汇报、写作时，有效地表达观点，不至于被老板打断说"直接说重点"。

第一，开门见山式（ASC）：答案—背景—冲突。

回到最开始的案例，你可以这样开始："老板，今天我要向你报告的是：关于把公司的销售激励制度，从提成制改为奖金制的提议。"这样的沟通中，你的第一句就是重点。

"公司一直使用提成制来激励销售队伍。这是主流三大激励机制（提成、奖金、分红）中的一种，它们分别适用于不同的场景。"这是背景，把激励制度进行交代。

"但是，提成制在公司业务迅猛发展，覆盖地市越来越多的情况下，造成了很多激励上的不公平：富裕地区和贫穷地区的不公平；成熟市场和新进入市场的不公平；甚至出现员工拿到大笔提成，但公司却在亏损的状态。"这就是冲突。

第二，突出忧虑式（CSA）：冲突—背景—答案。

突出忧虑式，关键在于强调冲突，引导听众的忧虑，从而激发对背景的关注，和对答案的兴趣。比如医生说："哎哟，你这病早半年来就好了！"这就是冲突。你听了心里肯定一沉。

"还好，能治，也不会影响寿命。"这就是背景。你立刻放下心头大石了。

"就是……手术做下来得三四万元。"这就是答案。估计再贵你也觉得还好。

第三，突出信心式（QSCA）：问题—背景—冲突—答案。

"今天全人类面临的最大的威胁是什么？"这是一个问题。

"在过去的几十年，科技高速发展，人类拥有的先进武器，已经可以摧毁地球几十次。"这是一个背景。

"但是，我们拥有了摧毁地球的能力，却没有逃离地球的方法。"这是一个冲突。

"所以，我们今天面临的最大的威胁，是没有移民外星球的科技。我们公司将致力于私人航天技术，在可预见的将来，实现火星移民计划。"这是一个答案。

"结构化表达"工具为SCQA架构。以其为基础，因地制宜选用标准式（SCA）、开门见山式（ASC）、突出忧虑式（CSA）和突出信心式（QSCA）等四式之一，能提高表述的结构性，达到更好的沟通效果。

试一试：请尝试应用 SCQA 模式设计自我介绍。

第四节　水平思维

水平思维，或译作横向思维，也叫德博诺理论，由享誉全球的英国著名思维大师、国际创新思维之父德博诺教授于 1967 年提出，是一种新型思考方式，它旨在推动人们进行创新思维。德博诺在历史上第一次把创新思维的研究建立在科学（德博诺理论）的基础上。

1969 年 9 月下旬，世界各国的广告学家云集日本，参加世界广告大会。这次会议上引起最大反响的，便是英国剑桥大学的德博诺教授的有关水平思维法的发言。德博诺主张，当你为实现一个新的设想而进行考虑时，很有必要摆脱一直被认为是正确的固有观念的束缚。举例来说，按照人们的固有观念，水总是往低处流的，如果仅从这一观念出发，世界上就不会有能将水引向高处的虹吸管了。我们只有解决问题后才能知道某个方向是对的，因此在解决问题前最好尝试多个方向。这是水平思维的存在基础。解释如下：

（1）事物本身有不同侧面，从不同角度考察，能更全面接近事物本质。

（2）事物不是孤立存在的，从与之有联系的另一事物中寻找切入点。

（3）事物是发展变化的，发展变化的趋势又是有多种可能性的。以非常规视角注意和捕捉趋势不明显的可能性。

（4）常见事物创新需要寻找更多新视角。

一、水平思维内涵

小案例 3-11　黑白石子

德博诺阐述水平思维时讲了这么一个故事：甲从乙处借了一笔高利贷，因无法偿还，就得去坐牢。乙想娶甲的女儿，就对他女儿说："现在我从地上捡起一块白石子、一块黑石子，装进袋里由你来摸。如果你摸出白石子，你父亲的那笔债就一笔勾销；如你摸出的是黑石子，那你就得和我成亲。"说完，乙就从

> 地上捡起两块黑石子放进了口袋。这个动作被姑娘发现了。
> 　　答案往往会有这样几种：①姑娘拒绝摸石头；②姑娘揭穿乙捡起两块黑石子的诡计；③姑娘只好随便抓出一块黑石子，违心地和乙结婚。
> 　　显然，这些办法都不尽如人意。当姑娘的眼光从口袋移到地面（也就是说，她转移了思维方向），想到乙的两块石子是地上捡起来的。于是，她伸手到口袋里抓起一块石子，在她拿出袋口的一刹那，故意将其掉落在地上。这时，她对乙说："我把石头掉在地上了。看看你口袋里剩下的那一块吧。我抓的肯定与口袋中的那一块不一样……"口袋里无疑是一块黑石子。这就是水平思考法。以水平思考法考虑问题，就会打破原有的观念。将考虑的焦点移向水平方向：由口袋中的石子移到地上的石子。
> （资料来源：[英]爱德华·德博诺著《水平思考法》，冯杨译，山西人民出版社2008年版。有改动。）

（一）水平思维的概念

水平思考法通常又被称作德博诺理论。《牛津英文大辞典》关于水平思维的解释是：以非正统的方式或者显然非逻辑的方式来寻求解决问题的办法。对水平思维最简单且直观的描述是：你不能通过把同一个洞越挖越深，来实现在不同的地方挖出不同的洞。水平思维强调的是寻求看待事物的不同方法和不同路径。

德博诺曾举过一个有意思的例子。有一次，他给一批小朋友出了个题目：如何测量一幢高楼的高度？小朋友纷纷举手发言，有的说可以从最高一层放下一根绳子着地，再量一下绳子的长度就知道了；有的说只要量一层的高度，再乘以层数；还有的说可以用几何方法；等等。这时，一个小朋友忽然说，可以把房子推倒在地上量。大家一听都笑了起来，德博诺教授却肯定了这个想法，认为这才是别出心裁，而别的方法都没超出常规。当然，房子是用不着推倒的，只要稍加修改测定方法就行：在距房子10米处的地上画一个白点；然后把房子和白点拍在一张照片上；在照片上用尺一量，马上就可以算出房子的高度了。这不就产生了一种新的测高方法吗？因此，水平思考法就是要提倡从常规思路中走出来，寻找新的思路。

水平思维是一种既非逻辑性又非因果性，而属于超越性的思考方法。水平思考是在不同的思考方向上进行"水平"移动的思考方式，水平思考要求人们在思考同一个问题时，灵活地转换思考角度。因而，换位思考就是一种水平思考，逆向思考和侧向思考也属于水平思考。

受传统思维模式（逻辑思维）的限制，我们的思维总是缺乏创造性，水平思维是一种让我们更具备创造性的实用方法。在水平思维中，我们致力于提出不同的看法，所有的看法都是正确的和相容的；每个不同的看法不是相互推导出来的，而是各自独立产生的。可以类比设想，一个拿着照相机的人绕着一栋大楼行走一圈，从不同角度拍照，所拍摄的每个角度的照片都是真实的，都是大楼的真实形象。水平思维就是将我们的思维从不同侧面和角度进行分解，分别进行考虑，而不是同时考虑很多因素。它是一个管理我们思维本身的方法。水平思维是一种新的思维方式，作为传统的批判和分析性思维方式的补充，还不是人们的主流思维方式。

（二）水平思维与垂直思维

德博诺将人的思维方法分为两种类型：一种是"垂直思考"，以逻辑与数学为代表的传统思维模式，根据前提一步步地推导，既不能逾越，也不允许出现步骤上的错误，它当然有合理之处。但如果一个人只会运用垂直思考一种方法，他就不可能具有创造性。另一种是"水平思考"，区别于垂直思考，水平思考不过多地考虑事物的确定性，而是考虑它多种选择的可能性；关心的不是完善旧观点，而是如何提出新观点；不是一味地追求正确性，而是追求丰富性。

德博诺把水平思考称为"在对错之外的思考"。水平思考是一种"发散式思考"，从少数意念或问题出发，往各种可能的方向自由联想，因而各种想法一直往外扩散，没有止尽、没有界限。

垂直思考事实上是一种收敛式思考，从许多想法中不断加以节制、缩减、浓缩，一直收敛到一个焦点意念。因为当我们在追求正确答案或标准答案时，事实上是在进行"收敛式思考"。而当我们在进行水平思考时，并不是在试图寻找一个正确答案。

> **小案例 3-12**
>
> **电梯拥堵问题**
>
> 某工厂新建了一个 12 层的办公大楼准备替代原来两层的旧楼，员工入驻不久，就抱怨大楼的电梯不够快，不够多。尤其是上下班高峰期，他们得花很长时间等电梯。顾问们想出了几个解决方案。
>
> （1）上下班高峰期，让电梯分为奇、偶数层停，可减少上下一层楼而搭电梯的人。
> （2）安装几部室外电梯。
> （3）把公司各部门上下班的时间错开，从而解决高峰期拥挤问题。
> （4）在所有电梯旁边的墙面上安装镜子。
> （5）搬回旧办公楼。
>
> 在这些选择中（1）、（2）、（3）、（5）均是垂直思维，只有（4）是水平思维。镜子让人们的注意力不再集中于等待电梯上，焦急的心情得到放松。大楼并不缺电梯，而是人们缺乏耐心。
>
> （资料来源：[英] 爱德华·德博诺著《水平思考法》，冯杨译，山西人民出版社 2008 年版。有改动。）

在黑白石子的案例中，垂直思考法集中考虑的是姑娘必须取出一块石子，而水平思考法却把注意力集中在口袋里剩下的那块石子。垂直思考法对事物进行"最合理"

的分析观察，然后利用逻辑推理予以解决；水平思考法则尽力用各种不同的方法去观察事物，而不是用一种最有希望的方法去观察并处理某种事物。

垂直思维，需要我们选择一个立场，在这个立场中深挖，每一步都源自当前的位置，也就是我们最初选择的立场。这有点像辩论赛，正反双方选择了一个立场之后，在这个立场里找寻能支撑这个立场的论点、寻找论据，在这个立场下越挖越深。水平思维，与垂直思维则完全不同。它需要我们水平移动，尝试不同的认知、概念、切入点，去探索多种可能性和方法，而不是追求单一的方式。

运用"垂直思维"时，我们首先选取一个位置，然后作为一次感知的基础；接着，我们就要看看自己此时此刻处于什么地方；再接着，我们就要从自己所在的地方和时刻进行逻辑分析。运用"水平思维"时，我们移动到侧面路径上尝试不同的感知、不同的概念、不同的进入点；我们可以使用各种各样的方法，包括一系列激发技巧，来摆脱常规的思维路径；我们致力于提出不同的看法：所有的看法都是正确的和相容的，每个不同的看法都不是相互推导出来的，而是各自独立产生的。

垂直思维基于常规逻辑，关注的是"真相"和"是什么"；水平思考就像感知一样，关注的是"可能性"和"可能会是什么"。水平思考与垂直思考乃是相辅相成的。

（1）水平思考是一种孳生型的思考，而不是一种选取的过程，选取的过程要依靠垂直思考（水平指方向，垂直验过程）。

（2）水平思考只是提供一条路线，让垂直思考去深入发展。比如解题时寻找思路的是水平思维，而循着思路解出答案的则是垂直思维。

（3）逻辑是创造性思考的重要道具，特别是在评价创意、实践创意的阶段。

（4）寻求创意时，过分使用逻辑性思考，可能会阻碍创意的产生。

（三）水平思维作用

在一些争论中，争论的双方常常都是对的，但他们看到的都只是事物的不同侧面，犹如盲人摸象。世界上许多文化，甚至是大多数的文化，都把争论看作侵略性的、个性的和非建设性的。因此，通过水平思维将能更客观地看待世界。水平思维能让我们摆脱现有思维模式和思维方法的限制，能学会怎样思考才更有创造性。

小案例 3-13　　　　　　　　　**一车双色**

德博诺讲过一个故事：有人把汽车的一半涂成了白色，另一半涂成了黑色。他的朋友问他为什么如此做。他回答道："因为不论什么时候我发生车祸，路两边的目击者在法庭上都会争论看到的车子是白色的还是黑色的，这十分有趣。"

（资料来源：[英] 爱德华·德博诺著《水平思考法》，冯杨译，山西人民出版社2008年版。有改动。）

1. 让思维软化，提高创造力的系统性手段

大多数人在遇到问题时首先关心问题本身，而不是选择适当的思维方法。比如，朋友问你，是在乡下建房还是在县城买房？通常人可能直接进入问题，最终得出某种结论；而水平思维让你思考买房的目的，谁可能住，最终的打算，朋友的经济条件，近期、中期、远期可能的变化，有没有别的替换方案，可能的困难。最后，朋友可能决定不考虑房子的事了。前者是种本能的刚性思维，属于思维定势的习惯性模式；后者则是一种智能的柔性思维。刚性思维犹如勇猛冲动的战将，打仗不讲策略，只以武力取胜。柔性思维则像运筹帷幄的统帅，少战甚或不战而屈人之兵。柔性思维先选择思维方法，再决定思考什么；刚性思维则直接进入思考。

爱因斯坦曾说过，"你能不能观察到眼前的现象，不仅仅取决于你的肉眼，还要取决于你用什么样的思维，思维决定你到底能观察到什么"。人们对问题的最终解决答案不但取决于思考本身，而且也要取决于以何种思维方法思考。柔性思维的你，遇到朋友问"去游乐园玩怎么样"时，你就会追问为什么要去，目的是什么，而这样问完后你才知道如何正确回答。

水平思维是让思维软化的工具。水平思维能通过有意识地使用一些特定的步骤和技巧以实现柔性思维。水平思维的主要目的就是引导思维主体克服思维定势，跳脱惯常思路，从别的甚至是相反的角度去思考问题，并找到问题的答案。创新解决问题需要产生大量的创意，如果要增加创意的数量，最重要的就是要增进思考的流畅性。水平思维可以引导我们自由联想，一个创意联想到另一个创意，毫无拘束地流露出来，从而产生出大量的创意。

2. 充分运用我们的知识与经验

每一个人都拥有相当丰富的知识与经验，但是多半时候那些知识与经验都只是尘封在脑海中的某些角落里，好像被遗忘的仓库一般。水平思维具有自由联想与任意联想的特性，可以让我们把脑海中各种层面、各个角落的知识与经验充分运用与激发出来。许多平常很少运用到的知识或经验，在水平思考的运作下也许可以不经意地激发出来。

面对复杂的世界，人们需要的是随机式的智慧，而不是教条式的智慧。水平思考就是这种随机的智慧，虽然有时不合乎常理与逻辑，但是却经常能帮助我们突破瓶颈。其实，现实的社会有很多不可预测的变因，我们常常无法知道下一刻会碰到怎样的困境，甚至无法知道这个困境是不是也有人遭遇过，学校也没有办法全面地教导我们该如何去应对和处理。每一种情况都有其不同的对应方式，因此我们应该学会的是去活用知识，而不只是死记知识点。

创造力强的人能在适当的时机灵活运用水平思考（工具），在他个人的知识大海里天马行空地联想，无数的创意源源不绝。提高水平思考的创意数量，平时要多多累积丰富的知识与经验，增强记忆力，否则即使有很好的水平思考能力，也不可能联想出很多的创意。

3. 找寻最有希望、最有价值地解决问题的手段

垂直思维是由分析、判断和辩论来决定的思维，关注的是"真相"和"是什么"。这也是一个优良实用的思维系统。水平思考关注的是"可能性"和"可能会是什么"。水平思维寻求可能性有利于对观点的包容理解。天才之所以能够提出各种不同的见解，主要是因为他们可以容纳相对立或两种互不相容的观点。早期除尘器的工作原理是把灰尘吹跑，但扬起的灰尘却让人饱尝灰尘之苦。赫柏布斯想到：吹尘不行，那么反过来吸尘行不行呢？于是发明了吸尘器。这就是对反向思维的相容所产生的创新。

这种相容创新源于当两种对立的思想结合到一起时，思想就会暂时处于一个不稳定的状态——"悬念"，进而创造出一种新的思维方式。爱迪生在灯泡中把并联线路与高电阻细金属丝相结合，从而发明了实用照明装置，就是他允许两种互不相容的事物同时存在，从而能看到一种他人看不到的关系而获得突破。

达·芬奇认为，为了获得有关某个问题的构成的知识，要学会从众多不同的角度重新构建这个问题，这就需要借助水平思维。只有引导思维主体不停地从一个角度转向另一个角度，对问题的理解也将随着视角的不断转换而逐渐加深，才能抓住问题的实质。爱因斯坦的相对论就是对不同视角之间的关系的一种解释。弗洛伊德的精神分析法旨在找到与传统方法不符的细节，以便发现一个全新的视角。在竞争的社会，创新与变革是通向持久的全面成功的唯一方法，这需要应用水平思维。

二、与创新思维的关系

水平思考是一种在考虑问题时跳出思维惯性，从而突破问题的结构范围，从其他领域的事物、事实中得到启示而产生新设想的思维方式。由于水平思维改变了解决问题的一般思路，试图从别的方面、方向入手，思维广度大大增加，因此水平思维在创新活动中起到巨大作用。

（一）水平思维为创新思维提供了理论的支持

创新思维是一种感知—反应。水平思维的本质是引导注意力、拓展思维的广度。创新思维可通过水平思维方式拓展感知的情境，寻求多视角看待问题，从而找出解决问题的最适宜途径。

水平思维是一种打破逻辑局限，将思维往更宽广领域拓展的前进式思考模式，它的特点是不限制任何范畴，以偶然性概念来逃离逻辑思维，从而可以创造出更多匪夷所思的新想法、新观点、新事物。所谓水平，是由于逻辑思维的思考形态是垂直走向，而水平思维可以多点切入，甚至可以是从终点返回起点式的思考。

水平思维其实就是一种解决困难的方法，目的就是寻找创新。

（二）水平思维为创新思维提供了实现的路径

水平思维的主要特性就是海阔天空、天马行空地自由联想、自由跳跃，不需讲求道理或逻辑地寻求新想法。水平思维对问题本身提出问题、重构问题，它倾向于探求观察事物的所有方法，而不是接受最有希望的方法。这对打破既有的思维模式是十分有用的。从这个角度来说，水平思维是创新思维的中间阶段，即酝酿阶段。水平思维其实是为创新思维的酝酿过程提供了无数的可能的创新联想路径。

水平思维在解决问题时可能需要绕个弯，甚至逆向而行，但最终要能有效地解决棘手的难题。

（三）创新思维强调价值性，水平思维注重可能性

水平思考方式讲究的是意念的数量与流畅度，它追求的是"不应该只有一种可能"，因而寻求更多的可能性是水平思维的基本出发点。

水平思考的关键在于"联想力"，而不是"判断力"，因而水平思维的缺点是深度不够，即意念的质量或价值高低的评估在水平思考时会尽量减少。水平思考过程中即使使用到判断也是非常迅速与简单的判断，不需要做非常慎重或严密的判断。这是水平思考的一个重要特性。

水平思维的可能性是否能创新有效地解决当前的问题不是思维主体首要考虑的。或者可以这样说，创新思维是在水平思维之中产生的一种有效思维。因而前者以后者为基础，后者则为前者提供了保障。

（四）创新思维教育通过培养水平思维能力来实施

水平思维能力的提升在实践中便是通过各种思维工具的应用而实现的，因而创新思维教育也可以借由各种思维工具来实现。

水平思考是一套创造力训练工具，使我们学会创造性地看待问题和解决问题的流程和方法，产生新价值、提高个人和团队的竞争力。对于企业而言，其具体价值表现在：提高组织和个人的沟通能力；应用规范性思维工具进行创造性思考；收获思考成果，进行深入开发；突破常规，改变原有处理问题的习惯等。

三、水平思维技能

我们的头脑中不缺乏想法，但常常离不开经验模式的约束。水平思维有四大技能，我们可以根据需要选择应用其中一个或两个，针对核心问题产生尽可能多的主意。在这阶段，主要任务是思考出不同的解决方案，而不要急于找到自己认为最好的方法。

(一) 概念提取

概念提取是从最先想到的主意开始，提取出一些概念，然后沿着这些概念进一步扩展，从而产生更多的主意。例如，针对需要解决的焦点问题"如何鼓励员工创新"，一开始有人提出了一个想法：用员工的名字冠名来鼓励创新。在这个想法的基础上，可以提取一个概念：让个人有成就感。再以"个人成就感"为固定点进行思考，又想出了多个主意：对公司创新有特殊贡献的员工，在特定用品上面印上其肖像，以示奖励；创立"公司名人堂"；奖励其作为"终身员工"；奖励其可以为基金命名；奖励其可以为产品命名；奖励与CEO共进晚餐等。我们还可以提取更多的概念，再以这些新的概念为固定点，想出更多的新想法。

想出一个主意并不是主要的，在这个主意上提取多种不同的新概念和替换方法，是概念提取思考工具的要点所在。

(二) 挑战

应用水平思考，我们总是假设，即使现在做事情的方法已经很好，但是仍然有可能存在一个更好的不同方法。

挑战，是任何一种改变过程的必要组成部分。昨天成功的经验可能是明天成功的绊脚石，许多公司被过去的经验捆住了手脚。善于挑战的思维，是能够把"如果它没坏，就用不着修理它"这句话，转变成"如果它没坏，那就打坏它"，挑战能带来新的思考。

比如某保险公司对"理赔流程改进"的问题解决。首先，大家列出了公司现有的理赔流程状况及现行客户需要提供的资料等。其次，大家对现有的流程一一进行分析、调整。最后，对流程改进探讨出了新方案：简化—外包—预付。这不仅简化了流程，同时也能吸引更多的客户。

挑战工具应用的步骤是先列出现有的状况是什么，然后试图一一改变和替换它们。

(三) 随机输入

我们的大脑非常善于建立联系，它可以把两个看起来不相干的事物想方设法联系起来。随机输入就是充分利用大脑的这个特点，从看似与需要解决的问题毫不相干的事物或物件着手，开拓出一条新思路。例如，思维训练师协助某饮料企业的设计团队思考"产品包装改进"。他拿出一副像扑克一样的牌，随意抽取一张，并要求大家围绕牌上印的"蜡烛"随意联想。团队成员用了3分钟很自然地罗列了一系列特征：浪漫、圆柱外形、发热、多种颜色等。思维训练师又引导大家把想到的这些"蜡烛"特征，与"产品包装改进"结合起来，让"蜡烛"来帮助大家产生创意。不到5分钟，大家产生了很多创意，如"浪漫"，让大家想到"开发一种情侣包装，双头、双管吸取饮料"，进而从"情侣包"想到了"家庭包"；由"圆柱外形"，想到"带托的咖啡杯、红酒杯的包装";等等。这就是随机输入法。

随机输入简单易用,而且能够非常有效地帮助人们打破既有模式的束缚,并可能产生刺激、令人兴奋的主意。这种工具也可以用于训练思维的灵活性与流畅性。

（四）激发（称之为"PO"）

创意的灵感,经常来自他人一句不经意的话、一个意外的视觉感受,甚至一个荒诞的想法。比如曹操与马超对峙于渭水的时候,西北地区风大且多沙土质,曹军无法修筑防御工程。偶尔听到有人说及天冷得滴水成冰,曹操就想到通过边筑沙土边浇水,利用水结冰,筑成了庞大坚固的冰垒。这就是一种激发。再比如上游工厂生产的污水严重影响了下游老百姓的生活。官员们常常听到有人恶狠狠地说,"真想让他们自己把这些恶臭的水喝了!"有一位官员就想：怎么才能够让他们自己喝了？他提出将工厂的进水口放在下游,出水口放在上游,这样工厂就必须进行治理,否则无法生产。政府因此制定了一条新法律,规定所有工厂必须把出水口建在自己的上游,从而很好地解决了类似问题。

激发的基本原理就是当找到一个新的概念或主意,即找到了一条新的路径时,可能就很容易找到相近的新路线或新方案。应用"PO"的关键是,先不要马上说"不",而是进行思维的探索,看看这样大胆的主意会把我们引领到哪个方向,从而在探索的过程中形成新的、更好的主意,进而增强主意的质量和可行性。"PO"让我们学会在对错之外进行更多思考,是除了"Yes"（肯定）和"No"（否定）外还可以采取第三种态度来看待问题的方法。

"激发"和"挑战"的使用一开始是一样的：先列出理所当然的现状和现有的做事方式,接着通过反向、夸张等手法进行刺激,然后把这些刺激出来的想法,甚至疯狂的主意作为"跳板"运用到新观点上去。

以上四种都是较为经典的水平思维的技巧或工具,当需要新的想法的时候,使用这些技巧就能立即得到。通常我们通过辩论和冲突等外部环境来改变旧观念、产生新思想,但这种方法并不能使我们从根本上发生转变。水平思考技巧可以使我们通过对所获得的信息进行洞察和重组,有方向、有步骤地在可控状况下产生新想法,改变自己的旧观念、原有的感知和做事方式,从自身内在发生改变,从而实现真正意义上的"由内而外的变化"。

本章小结

思维定势是阻碍创新思维产生的根本原因。主要有从众定势（唯集体）、权威定势（唯上）、书本定势（唯理论）、经验定势（唯经验）、自我中心定势（唯自我）等。思维定势也为创新思维提供方向与来源,促使打破思维定势、软化思维并激发创新需要修炼个体的逻辑思维、批判性思维及水平思维等能力。批判性思维的技能包括科学地想（黄金圈法则）、清楚地说（万能沟通框架：电梯法则）、高效沟通技能

（SCQA 结构）等。水平思维为创新思维的发散性提供支持，也是思维训练的工具。

思考题

1. 请问以下分别借助了什么定势或应用了什么思维软化方法？

（1）毕业生找工作：请与岗位相关的课程老师帮忙写推荐信。

（2）服装发布会（女经销商）：用俊男新装走秀，凡订货者模特立于其身后，形成竞争态势。

（3）"换休"以解决练琴与游戏时间冲突：妈妈将孩子游戏时间交换至后面的休息时间。

（4）幼儿行走过程中因撞到桌角而哭：父母向撞到的桌角道歉。

2. 请设计一个 SCQA 模式的自我介绍。

3. 请想出从宿舍来到教学楼三楼某个指定课室的 21 种方法。

4. 尝试描述思维定势、逻辑思维、批判性思维、水平思维与创新思维的关系。

课前动脑答案

1. 开口说。2. 刚开始无人猜出，说明不可能是两个 X；如果有一人是 X，则其他两人也可迅速猜出自己背后是 V；犹豫说明自己背后不是 X，只能是 V。3. 将同一商标的两只分开，各拿一只。4. 周日。"当后天变成昨天的时"的今天指的是大后天；"当前天变成明天时"的今天指的是大前天。"大后天"和"大前天"和星期天的距离相同，则那天是星期天。

第四章 大脑思维机理

学习目标
1. 了解大脑的构造。
2. 知道大脑的自我组织模式。
3. 了解两种创新思维教育模式。
4. 掌握创新思维习性的内涵。
5. 理解思维工具与思维模式的关系。

课前动脑
1. 有个装满水的杯子，请你在不倾倒也不打碎杯子的情况下，取出杯子中全部的水。你能找到多少种？
2. 烧一根不均匀的绳需用一个小时，如何用它来判断半个小时？
3. 有大米和小米各小半袋，要求无借力互换袋。

> **导入案例**
>
> **黄粱一梦**
>
> 唐开元七年（719），卢生郁郁不得志，骑着青驹、穿着短衣进京赶考，结果功名不就，垂头丧气。一天，旅途中经过邯郸，在客店里遇见了道士吕翁，卢生自叹贫困，道士吕翁便拿出一个瓷枕头让他枕上。卢生倚枕而卧，一入梦乡便娶了美丽温柔、出身清河的崔氏妻子，中了进士，升为陕州牧、京兆尹，最后荣升为户部尚书兼御史大夫、中书令，封为燕国公。他的5个孩子也高官厚禄，嫁娶高门。卢生儿孙满堂，享尽荣华富贵。80岁时，生病久治不愈，终于死亡。断气时，卢生一惊而醒，转身坐起，左右一看，一切如故，吕翁仍坐在旁边，店主人蒸的黄粱饭（黄粱饭蒸熟大约需要20分钟）还在锅里呢！
>
> 漫长的一生却在米饭一蒸未熟中度过，这短短的时间内，大脑的无数神经元参与活动。真是神奇的大脑！
>
> （资料来源：〔唐〕沈既济《枕中记》。有改动。）

大脑数量庞大的神经元细胞群为人类的创新提供了取之不竭的物质基础。人们对事物的认识和理解，既有可能发生在显意识中，也有可能发生在潜意识中，从而在"神骛八极，心游万仞"中"豁然开朗"，领悟或发现与常识有违的想法。人们通常认为，潜意识和显意识的根本区别在于，心理过程受不受自我控制。受自我控制便会有一个明确的注意中心，一个明确的运作方向、运作方法以及运作目的，否则便无。但潜意识之所以形成，仍然是经验在起着触发作用。它的直接结果就是以敏锐观察的能力，触发对物理、事理的认知、顿悟，产生一种"直接的知觉"，即直觉。无论潜、显意识都依循着头脑中既有的某种思维模式。思考的质量取决于我们所使用的思维模式，这种模式是大脑自我组织形成的。

既有创新思维教育是一种结果导向的印证式模式。该模式忽视了个体认知过程的差异性，不便于实践应用，不能实现思维技能的教育显性化。有效的创新思维教育必须暴露思维过程，这包括两方面：其一是以感知中具外显性的知觉三阶段暴露创新思维的形成过程；其二是通过在创新思维过程的不同阶段嵌入适合的感知思维工具暴露创新思维的实践过程。这种模式提供了经验、信息及专业知识作为思维的视角或思维工具的应用路径，实现了创新思维技能的教育显性化，将创新思维作为思维的必经阶段，有利于创新思维习常化。这将为"人人创新、万众创新"提供来源与保障，激发微观主体在生活及工作岗位上的"主动创新"。

本章通过揭示大脑的功能、探索其运作模式，探究思维的显性化教育，进而构建思维工具以剖析创新思维习常化与实践机理。

第一节 大脑的功能

人脑是思维的物质载体，创新思维本质上就是人脑的机能活动；因此人脑就是创新思维活动赖以存在和发展的生理基础。创新思维的生理基础研究主要涉及创造性活动的脑机制研究，随着研究技术和研究手段的进步，现代脑科学的发展为进一步揭示创新思维的生理机制提供了丰富的证据和资料。

关于大脑功能的研究，已经成为现代科学最深奥的课题。为了探索人脑奥秘，攻克各种疾病，开发人工智能技术，欧美等国家纷纷制定了脑科学研究的长远计划，并宣布21世纪是"脑科学时代"。美国政府命名20世纪90年代为"脑的10年"，支持发展神经科学，促进脑的研究。日本继1986年制定并实施将脑研究放在重要位置的《人类前沿科学计划》之后，又于1986年推出了"脑科学时代"的为期20年的脑科学计划纲要。在我国，脑功能研究被列入了重大基础科学研究计划——"攀登计划"。

> **小案例 4-1**
>
> **起死回生**
>
> 菲尼亚斯·盖奇（Phineas P. Gage），1823年生。25岁的他在美国佛蒙特州铁路工地工作时发生意外，被铁棍穿透头颅，从颧骨下面进入，从眉骨上方出去，但却依然存活。此事被誉为"十大起死回生事件"。菲尼亚斯·盖奇在事故前，是一个非常有能力、有效率的领班，思维机敏、灵活，对人和气、彬彬有礼；事故后，变得粗俗无礼，对事情缺乏耐心，既顽固、任性，又反复无常、优柔寡断。
>
> 个体行为看起来是由意愿决定的，但最根本的决定因素是生理机制。刘易斯·卡罗尔指出，你不是你，你不过是一堆放电的神经元罢了。这也正应了笛卡尔的那句：我思故我在。
>
> （资料来源：[美] 安东尼奥·R. 达马西奥著《笛卡尔的错误》，毛彩凤译，教育科学出版社2007年版。有改动。）

一、大脑的构成

人类的大脑位于脊髓上端，是人体中最复杂的部分，也是宇宙中已知的最为复杂的组织结构。大脑是人体的神经中枢，人体的一切生理活动，如感觉的产生、脏器的活动、肌体的协调、肢体的运动以及说话、识字、思维等，都是由大脑支配和指挥的。

（一）脑神经细胞

人类的大脑由约1000亿个神经细胞和发挥胶合作用的胶质细胞所组成，其中脑神经细胞约140亿个。每个神经细胞有3万个突起，突起之间交错连接，其中有2万个树枝状的树突，用来计算信息。人脑"计算机"的性能远超过世界最强大的计算机。人脑可储存50亿本书的信息，相当于世界上藏书最多的美国国会图书馆（2019年馆藏量为1.47亿册）近40座。婴儿出生前，脑神经细胞会不断增加，平均每分钟增加25万个；到出生时，可达近100亿个脑神经细胞。人类的平均脑重量有1400克，刚出生的婴儿脑重约为390克，等于成人的2/7；到3岁时增加到1010克，约为成人的5/7，而到7岁时，脑重可达1280克，相当于成人的90%。这说明了人脑的重量主要是在儿童时期增加的，因此儿童时期是智力发展最重要的时期。在此生长过程中，适当的听觉、触觉、视觉的刺激，将有助于脑部胶原神经细胞的发展，这也就是人们常说的零到3岁的学前教育。在这个阶段，脑部正在完成整个脑神经网络的建构工程（基础工程），基础若完备，后续的学习可能就会事半功倍。

（二）人脑功能

人类所有功能由大脑的三个组成部分即脑核、脑缘系统、大脑皮质负责完成。脑核部分主要掌管人类日常基本生活的处理，如呼吸、心跳、睡眠、觉醒、平衡、运动、早期感觉系统等。脑缘系统主要负责情绪、行动、记忆处理等功能，同时还负责体温、血压、血糖以及其他居家活动等。大脑皮质是大脑最外围及脑表面覆盖的一层灰质，即大脑皮层，主要负责人脑较高级的认知和情绪功能。大脑皮层是神经系统调节躯体运动的最高中枢，对内脏活动也有调节作用。大脑背侧以大脑纵裂分成左、右大脑半球，各半球均包含四个部分——额叶脑、顶叶脑、枕叶脑、颞叶脑，构成大脑皮层的四个脑叶的主要组成细胞是脑神经元。大脑皮层由于高度发展而形成许多沟和裂，表层凹陷的是脑沟，突起的是脑回。大脑皮层由这些深浅不同的沟和裂将每侧半球分成了大小不同、功能各异的区域，每个区域各司其职。如日常生活中的短期记忆都储存在海马体中。

左、右两半球的重量占人脑全部重量的60%，体积占1/3。人的大脑是高度统一的整体功能的有机体。大脑虽然分为两个半球，各有分工，但左右脑之间并不是互不往来、彼此孤立的。左、右两脑半球由大约两亿条神经纤维胼胝体联结，每秒几十亿次神经冲动从一边传到另一边，使二者息息相通，并相互交织、相互补充、相互配合、相互协调。人的每种活动都是两半球信息交换和综合的结果，是一个完整的统一体。人脑是世界上最精密的仪器，舍去任何部分都会对人体特定功能产生影响。英国科学家研究发现，大脑海马区受损的人除记忆力不好之外，想象能力也会变差。海马区受损者被要求想象未来的一次朋友见面或圣诞晚会，或者想象自己身处海滩、酒吧之中，但他们报告说，自己无法在大脑中形成具体形象，取而代之的是一堆分离的图像碎片。研究人员认为，这可能是因为海马区负责为大脑提供构建各类形象的环境。

断层扫描和磁共振显示，人类的大脑每个部分都高度活跃，并且都具有相当重要的作用。人脑数以百亿千亿的脑细胞，它们绝大部分都需要通过消耗能量来维持与神经元之间的联系，通过生物电的形式来激发大脑更高级的功能，例如脑部发育、语言学习还有思考等过程。哪怕是在睡觉的时候，思考和认知的额皮质依旧处于活跃状态。比如人们起床喝水这一简单的过程，一场脑神经的风暴就席卷了人们的大脑，具体牵涉顶叶、枕叶、额叶、运动感知和触觉感知皮层、基底核等诸多脑细胞的活动。

（三）思维与脑功能区

人的思维与感觉、知觉不同，没有专门的皮层区，如颞叶或枕叶专门承担和执行听觉或视觉的机能。海马区专责学习与记忆等。思维和大脑皮层的关系非常复杂，大脑的建构及思维的产生主要是与大脑皮层新区的新生和扩展相联系。脑解剖学显示：大脑皮质包含有形状和机能各异的六个细胞层，由于在皮层区分布不同，被分为三级皮层区；它们分别接受、处理着特定特征的信息，如联想、整合、引起欲望与冲动、感情和情绪等。第一级皮质区，也是感觉投射区，直接与外周器官相联系，能够接收并对具有特征的信息进行加工。第二级皮质区是在第一级皮质区上产生的增生区域，它主要由复杂的神经元组成，属于脑皮质的"联想"和"整合"器官。第三级皮质区是三级皮质区中最高级的脑区，由联络层细胞组成，能够执行复杂的整合功能。

美国当代脑科学家保罗·麦克林提出了"大脑三界"的观念，对人的大脑不同层次结构进行了专门研究，提出了大脑及其意识形成的辩证发展过程。他认为，大脑由里向外按照各自不同的结构性质和功能，可分为三个层次，即爬行动物脑、边缘系统和新皮层。最里层的是爬行动物脑，这是人的后脑，它隐藏在意识传递之下，引起我们欲罢不能的原始冲动，相当于人的潜意识部分；最外层的新皮层是高级动物特有部分，它是尼人到智人阶段进化的产物，主要负责计算力、抽象力和智力，等同于人的显意识部分；中间的边缘系统是由哺乳动物遗传下来的，掌控着人的感情、情绪，处于显意识与潜意识之间，因而有潜显交替作用。麦克林的理论能够解释人们的许多所作所为受爬行动物脑及边缘系统的指挥，即人们的行为和决策中除了显意识的新皮层指挥外，还有来自更深入、更习惯的基础——潜意识。德国约翰·迪伦·海恩斯在2008年发表的一项研究报告显示，研究人员使用大脑扫描器能够提前7秒钟预测实验者即将要做的事情。海恩斯的研究支持了大脑下意识（潜意识）活动性要早于有意识的行为决定的理论。脑科学家们的研究证实了潜意识存在的生理基础和部位，揭示了潜意识是客观存在的，是人意识的特殊反映方式，并认为潜意识来源于显意识活动的不断刺激、加工和沉淀。

二、左右脑功能

试一试：首先将目光锁定一个站立的对象，现在，请你闭上眼睛，听如下的话语。

你千万千万不要想象自己站在那儿
你千万千万不要想象自己被砍伤了左臂
你千万千万不要想象流出了绿色的液体
你千万千万不要想象自己右手拿着一个橙子
你千万千万不要想象自己咬了一口
你千万千万不要想象酸酸的感觉
你千万千万不要想象流口水
你千万千万不要想象流口水
你千万千万不要想象流口水
睁开眼睛，请问：你在做什么？你极其可能在流口水。
为什么会出现这种情形呢，这是因为左右脑的功能不同。

20世纪70年代，美国生理学教授罗杰·斯佩里（Roger Wolcott Sperry）和同事们做了裂脑手术——切断胼胝，来治疗一些用药不能控制癫痫发作的病人，结果发现大脑的两半球有各自独立的功能。斯佩里因此获得诺贝尔生理学或医学奖。

人脑两半球在形态结构上大致相同，中枢神经系统实际上也是两套机构，左右各异，分别管理和控制着对侧身体的感觉和运动等功能。左半球感受并控制右边的身体，右半球感受并控制左边的身体。

在功能上，两半球的差别非常明显，不仅各自负责某些专门的活动，还处理某些特定的刺激。左脑是处理语言信息，进行抽象逻辑思维、分析思维的中枢，主管语言、阅读、写作、计算、排列、分类和时间感觉，具有连续性、有序性和分析性的特点。因而，左脑发达的人更擅长进行数学计算、阅读理解、日程规划和组织协调。左脑又被称为"抽象脑""理性脑""语言脑"。右脑是处理表象信息，进行具体形象思维、发散思维、直觉思维的中枢，主管视觉、形象记忆、确定空间关系、识别几何图形、想象、做梦、理解隐喻、模仿、音乐、节奏、舞蹈及态度、情感等，具有不连续性、弥散性、整体性等特点。右脑发达的人能够更好地处理空间形象、音乐节奏及颜色图案。右脑在处理问题时是按照非序列的方式来处理的，处理问题的速度非常快，因此被称为"形象脑""感性脑""本能脑""潜意识脑""创造脑""音乐脑""艺术脑"等。左脑是人的"本生脑"，记载着人出生以来的知识，管理的是近期的和即时的信息；右脑则是人的"祖先脑"，储存从古至今人类进化过程中的遗传因子的全部信息，很多本人没有经历的事情，一接触就能熟练掌握就是这个道理，比如天赋。

左右脑有一定的互补能力。虽然在功能上左右脑存在其专门的分工，但这种分工并不是绝对的。二者需要互相配合，共同对信息进行加工处理。科学家们通过对中学生的实验研究测试发现，那些具有数学天赋的中学生，两个大脑半球在处理局部和整体视觉信号方面似乎没有明显差异。他们在只需大脑一个半球进行判断时，反应速度虽然有些不及数学能力一般的测试对象，但在需要大脑两个半球协作完成任务时，速度要比其他测试对象快得多。也就是说，具有数学天赋的人大脑的两个半球协作和互动能力更强，更擅长在大脑两个半球间传输和集成信息，这些能力对进行数学推理等非常有用。

左右脑的协同能力是功能性的。一些人在数学、音乐或其他艺术领域所具备的超常天赋，可能不应归因于他们大脑左右半球不像普通人那样是"非对称的"，而是存在着不同的组织方式，结果产生了独特功能。拉塞尔·布莱尔在1960年提出，有创造性的人与普通人在中枢神经上有一定的区别，有创造性的人的神经元数量不一定比普通人多，但能组合成丰富的功能模式。神经元是神经系统的结构功能单位，一个神经元通过自身的联系突触向下一个神经元传递神经冲动。神经元在活动时与其他神经元产生相互作用、相互结合，并产生很多单元体；大小不同的单元体因其功能及位置不同在大脑中形成各种功能区；各功能区能动地联系在一起协同活动，从而产生各种心理现象。神经系统是创新思维的生物学基础，神经元的优良构造和功能协调最终影响了创造力水平的高低。克拉克在1993年的研究也认为，与普通人相比，有创造性的人在神经活动中表现出如下特点：表现出快速的突触活动，从而引起更迅速的信息传递；具有丰富化学成分的神经元，由此而可能形成更复杂的思维模式；更多地运用前额皮层的功能，使计划、顿悟和直觉思维得到加强；等等。

> **小知识 4-1**
>
> **爱因斯坦的大脑**
>
> 提出"相对论"的科学家爱因斯坦于 1955 年去世，美国病理学家托马斯·哈维将爱因斯坦的大脑切成了 240 片。根据哈维的记录，爱因斯坦的脑子重 1230 克，低于男性平均值（数学王子高斯的脑子重 1492 克，比平均值稍高；俄国著名作家屠格涅夫脑重为 2012 克，远超出人类平均值）。
>
> 戴蒙教授发现，爱因斯坦的左顶叶中神经元与神经胶质细胞的比例小于常人，而神经元数量正常，这说明其神经胶质细胞较常人更发达。神经胶质细胞是神经元的支援细胞。神经元执行的功能越复杂，越需要神经胶质细胞的支持。
>
> 安德森发现，爱因斯坦的右前额叶皮质（运动区）比对照组薄，皮质中的神经元数量与对照组无异，这表明神经元密度较常人为高。安德森推论，爱因斯坦大脑皮质神经元的传讯效率更佳。
>
> 维特森研究发现爱因斯坦的大脑在两方面与常人显著不同。首先是爱因斯坦大脑左右半球的顶下叶区域异常发达，比普通人的平均厚度多出 1 厘米，这造成爱因斯坦大脑宽度超过普通人的 15%。位于大脑后上部的顶下叶区通常与空间意识、视觉意识以及数学能力有关。这在一定程度上可解释爱因斯坦善于把物理问题概念化的独特的思维方式。其次，爱因斯坦大脑缺少常人大脑中的一种皱沟。该皱沟通常位于大脑皮层相邻的脑回之间，一般横贯顶下叶区。研究人员推测说，缺少这一皱沟很可能会导致位于顶下叶区的神经元彼此间更容易建立起联系，因而使思维更为活跃。
>
> 除此以外，人们发现爱因斯坦的大脑比同年龄的人更为健康，退化的迹象较少。
>
> （资料来源：刘妍《爱因斯坦大脑中的罕见结构》，载《今日科苑》2011 年第 24 期，第 71-72 页；《爱因斯坦大脑宽于常人》，载《广东金融电脑》1999 年第 8 期，第 63 页。有改动。）

三、创新思维与脑科学

人的理性认识以及人对事物的规律和本质的把握和理解，通常称为思维。对思维本质的研究，通常从其作为人脑的机能和其作为客观世界的反映两个方面入手。思维作为人脑的功能，从其外在形态和作用上看，是一个由分析、综合、抽象、概括、归纳、演绎、直觉、灵感、顿悟等诸多思维活动样态构成的有机统一体；其中分析、综合、抽象、归纳、演绎是属于逻辑思维活动的范围，直觉、灵感、顿悟属于直觉活动的范围。由此，思维作为人脑的功能之一，实质上是一个由逻辑活动和直觉活动构成的有机统一的功能系统；而创新思维的本质在于人类能借助逻辑的和非逻辑的多种思维形式的综合，创造或发现前所未有的事物或提出新的见解和观点。在创新思维过程中，既需要"抽象脑、理性脑"的分析、抽象和计算，又需要"形象脑、创造脑"的综合、想象和虚构，二者的充分调动、协同运行共同构成了创新思维的"脑生理基本因素"。它是创新思维得以发生、运行和发展的载体或承担者。

（一）创新思维活动与左右脑

单从左右脑功能来看，在创新思维活动中，右脑似乎发挥着更大作用。大量研究认为，右脑的多数脑中枢具有知觉功能，比如音乐、绘画创作也是在右脑进行的，右脑比左脑更多地承担了意识形象的产生。许多较高级的认识功能都出自右脑半球，由右脑进行的想象、直觉和灵感思维是创造性产生的关键。这些观点已获实证支持，如"单半脑唤起"实验：首先测试实验者的创造能力；然后激活右半脑后再测创造能力；比较激活前后测试得分的增加现象。凯兹（1978）总结发现右脑的激活能提高个体在创造力测验中的得分。哈兰德的眼球运动优势偏向实验（受对侧脑半球优势所影响，眼球左移型即为右脑功能优势）：发现眼球左移型创造力得分较高，思考更发散且更有创意。马丁代尔（1984）等人对创造性不同的科学家和艺术家进行纸笔测验评估，并测量他们脑电波活动。结果显示，高创造性的被试显示更多的右脑激活，中等创造性的被试显示更多的左脑激活，无创造性的被试在左右脑显示了相同的激活。

右脑之所以有更强的创新思维能力应该是基于它掌管的视觉记忆系统不像语言和逻辑系统那样受语言、语序的限制，对逻辑性要求较低，缺乏固有的框架和顺序，因而常常会在突然间、随意中产生灵感、直觉和顿悟，这正是创新思维的源泉。另外，创新思维离不开的灵感、直觉、顿悟等思维活动都与潜意识密切相关。潜意识主要是右脑的功能，潜意识中储藏的巨大信息是产生灵感、直觉的丰富来源。人在有意识地积极思考时，左脑的逻辑思维起主导作用，思维按特定方向、规律进行；而在意识放松或潜意识状态下，右脑主导，思维活跃，想象丰富，此时，很容易产生灵感、直觉和顿悟等非逻辑思维。比如我们在日常工作和生活中，对某件困惑已久的事情突然有所感悟，或者突然豁然开朗，这都是右脑发挥作用的结果。因而斯佩里提出右脑是创新能力的源泉。

虽然，创新思维活动中右脑功能起主导作用，但也要依靠左脑功能才能完成。斯佩里认为，显思维功能集中于左脑，右脑是潜思维的发起者，创新思维使用整个大脑。被人们称为天才的爱因斯坦曾经说，他思考问题时，不是用语言进行思考，而是用活动的跳跃的形象进行思考，当思考完成后，他要花很大力气把他们转换成语言。也就是说，爱因斯坦认为在科学研究的过程中存在两个不同阶段。第一阶段是在观察的过程中由右脑先发挥作用，记录复杂表象，并能够利用视觉和动觉表达出来，这是创新思维的关键点。在右脑进行了充分调动，找到了解决问题的基本思路以后，就到了创新思维的第二个阶段，此时左脑对解决问题的基本思路实施进一步的参与和整理，以合理地运用语言把结果用概念的形式表达出来。

(二) 创新思维过程与左右脑

从创新思维四阶段来看，准备期和验证期左脑处于积极活动状态并起主要作用。此二阶段人们应用分析、比较、抽象、概括、归纳、演绎等各种逻辑方法，寻找问题的症结，检验假设，并形成概念，主要发挥的是左脑的言语和逻辑思维功能。这两个阶段，虽然以左脑活动为主，但右脑同时也在积极参与。在酝酿期和明朗期，右脑则起主导作用，这两个阶段是创意的产生时期，也是创造过程的关键时期。右脑的想象、直觉和灵感等非逻辑功能在这一时期发挥着重要作用。新思想、新观念的产生常常是在长期酝酿之后突然发生的，这正是右脑的特长。在酝酿期和明朗期，虽以右脑活动为主，但也离不开左脑的活动。

从大脑生物结构来看，准备期神经活动主要涉及内侧额叶/ACC及颞叶；酝酿期左右脑共同参与，海马、腹内侧前额叶等脑区起重要作用；明朗期以前额叶、扣带回、颞上回、海马、楔叶、楔前叶、舌回、小脑等在内的脑区构成其神经基础。其中，颞上回是负责远距离联想的关键脑区，海马参与定势打破与新颖联系形成，外侧额叶是定势转移的关键脑区，楔前叶、左侧额下/额中回、舌回在原型激活中起关键作用。验证期则由左外侧前额叶参与对答案细节性的验证加工。

因而，创新思维是个整体，大脑左右半球借助胼胝体的瞬时信息传递来实现大脑左右半球的合作与协调活动，才是创造力的真正物质基础。在科学发展史上，那种只运用右脑的人，往往陷入空想、妄想的境地；那些只运用左脑的人也做不出高水平的创造。只有左右脑并用的人，才能获得更好的发明和创造。

此外，创造性除了与大脑左右半球和神经活动有关外，也与皮质激活的一般水平有关。激活是一个连续的过程，它使人从沉睡中觉醒。较高激活水平下能有效执行简单任务，而复杂任务的完成要求的是低水平激活。许多创造加强的天才人物在他们的自我报告中谈到，创造性的灵感在类似沉思的低激活状态下进行。霍尔对低等动物的研究也得出结论：激活程度的增加使行为僵化，激活程度的减少使行为更多样化。有证据表明，高创造性的人的身体活动少于低创造性的人，活动本身也被解释为处于低激活的一种信号。心理学研究也发现，高创造性的被试脑电图a波的振幅小于低创造性被试（a波的振幅是皮质激活的一种间接指标）。

综上所述，所有相关研究似乎表明：创新思维产生在左右脑思维共同作用下，右半球比左半球的激活程度相对要高且有较低水平的皮质激活。一般来说，有创造性的人只有在进行创造活动时才表现出这些特征，平时并不显示这些特征。

第二节　大脑的运作模式

> **小案例 4-2**
>
> **水是什么**
>
> 美国小说家大卫·福斯特·华莱士2005年在凯尼恩学院的毕业典礼上讲了一个小故事。两条年轻的鱼在一起游弋,遇到了一条年长的鱼。年长的鱼点点头说:"早上好,孩子们,水怎么样?"两条年轻的鱼微笑着点点头,继续往前游去。等到那条年长的鱼走远了以后,其中一条鱼问另一条鱼:"真见鬼,他刚才说的水到底是什么东西?"华莱士认为人很容易在日复一日的生活中,形成无意识的惯性思维而不自知。惯性的存在源于大脑的运作模式。
>
> (资料来源:百度文库《美国大学毕业典礼十佳演讲精选》。有改动。)

斯坦福大学医学院的研究人员在 *Nature* 上报道,休息或睡觉的时候,大脑以葡萄糖的形式消耗能源的速度与脑力劳动或体力劳动时的速度相同。神经病学科学家 Josef Parvizi 认为,有意识地思考和行动时,观察到人们的大脑活动量增加的仅仅是冰山一角。大脑大量的能量消耗,是因为人们无意识中参与了某项特殊任务时,大脑持续的自发行为引起的。他认为,大脑在睡着或休息时产生的噪声里隐藏着缓慢漂移的模式,这种模式广泛分布于大脑的各个区域,而且在休息时(无论是闭目养神或者是仰望天空)最活跃。有意识与无意识的大脑模式构成了个体的思维模式,以帮助人们感知和理解现实。理论上,人们使用的思维模式越多,思考的质量就会超高。因为人们获悉和使用的模式越多,就越有可能使用正确的模式来帮助看清现实。

一、大脑的工作方式

> **小案例 4-3**
>
> **信息与思维**
>
> 19世纪初,一个王子从小被囚禁在地牢里,没人和他说过话,也无法接触到任何知识。17岁时被救出,他既不会说话也不理解这个世界,智力极低。他死后,经解剖发现,其大脑皮层上皱折很少,基本接近平滑状态。
>
> (资料来源:欧阳振文《潜意识思维探幽》,载《社会心理科学》2002年第1期,第7—8页。有改动。)

（一）大脑模式系统

信息是思维的载体，任何思维都离不开信息。大脑模式的形成源于人们后天成长过程中的知识、际遇、经验等。新生儿的大脑皮层就像平坦的沙滩，上面没有任何痕迹，非常平整。这个时候，他可能已经具备了各种本能的反射和基本的功能，但是就他的大脑而言，还没有正式开始工作。能够激活人类大脑开始工作的东西就是信息——任何信息，当信息通过感官进入新生儿大脑的时候，那个情景就如同散乱的雨滴砸在了沙滩上。每一点信息都会在人类大脑上留下一个"印记"，这个印记就如同雨滴在沙滩上冲击出来的凹痕，这构成大脑的记忆（或许是短时记忆）；第二滴雨水落到了第一滴雨水砸出的小坑旁边时，它会流向第一滴雨水冲出的凹痕，这种流向也会强化第一滴雨水的痕迹（可能成为长久记忆）。大脑除了具备"记忆"这种重要功能以外，更重要的是把各种信息纳入那些雨水冲击出来的沟里，那些"沟"即我们处理信息的方式，或者可以称之为我们理解这个世界的方式。在大脑中，信息可能会"自动"汇集起来并改变我们的观念，我们的成见基本上就是这么形成的，就像黄土高原上沟壑的形成。有些"沟"是我们通过学习先前验证的知识构造出来的，比如定理、公式、常识等；但更多的"沟"是在生活实践中自发形成的，那些自发形成的"沟"会逐渐成为我们的"经验"。这些"沟"被德博诺称为"范式系统"或者"模式系统"。人脑就是这样的一个模式系统。

创新思维源于显意识与潜意识之间的交互作用。这些"沟"实质是人脑中的潜意识。当面对一项创造性任务，显意识和潜意识的探索和分析始终处于积极的思维活动状态，即显意识的自觉探索和潜意识的不自觉提取的持续性。虽然我们不能控制潜意识的提取，但是却可以施力于显意识，比如在创新思维的准备期搜索尽可能详尽的信息将有利于潜意识更为广博的探索。

显意识的主观努力能影响潜意识思维的方向与效果。德博诺认为，大脑是个自我组织系统，所有进入大脑的信息都会按照既定的模式（对事物形成理解，然后处理——即如何看待与如何行为）进行潜、显意识加工。无论你把水泼向哪里，它最终都要流向低洼处；无论你的头脑摄入了什么信息，最终它们都会向你先前的观念靠拢。那些大脑沟回总要收纳你获得的信息，这个过程几乎不受你自己的控制。德博诺称之为"自组织系统"——信息会按照你已经形成的认知方式自动组织起来，同时，他们又影响着你原有的认知方式。这似乎意味着，潜意识的加工并不与显意识的工作直接关联，但实践证明，几乎所有的创新成果都离不开显意识的探求。虽然我们并不能直接控制潜意识的加工，但显意识的工作事实上提升了潜意识的加工速度，并提高了潜意识思维的效率。直观来看，就是创新思维显意识阶段的准备期的信息让我们形成了更多元的认知结果。

（二）大脑的惰性

思维的目的是废止思维。神经科学家经过对脑电活动模式进行精确的检测后发现，大脑不管是处于记忆回顾等活跃状态，还是处于休息或睡眠状态，神经网络都以相同的方式协同工作。神经网络是由相距较远的不同大脑区域组成的，协同工作需要耗费大量能量。这表明，即使没有做任何思考任务，大脑的能量消耗也很大；成人的大脑一般是1.5公斤，大概占体重的2%，但却消耗了整个身体20%的能量。由于耗能极大，因此大脑会自动优化效能：尽可能把所有的能量都花在刀刃上，在执行任务的时候总是有意无意地偷懒，寻找省力的诀窍。大脑的省力方式就是：所有进入大脑的信息会被组织成一种模式，一旦模式形成，头脑不再对信息进行分析；或者说，大脑会将碰到的问题努力寻求与曾经大脑中类似的经验匹配，一旦找到经验模式，大脑就会停止对该信息的加工。大脑进行思考的主要目的是废止思维。

一个略有不同的信息进入我们的头脑之后，可能会加强了以前的某些观点，而有些观点一旦形成了就很难再做出改变。科学家在美国犹他州的实验研究也证实随着年龄增长，人们使用创造力比率逐渐下降。（见表4-1）

表4-1 科学家在美国犹他州的实验研究结果

年龄组	使用创造力的百分比
幼儿	95%～98%
初中生	50%～70%
高中生和大学生	30%～50%
成年人	≤20%

人们储存的知识越多，越会造成对创新的阻碍。根本的原因就在于，头脑当中的知识越多，模式就越多。那意味着沙滩上的沟越多，水只会往既有沟渠里汇聚，而很难再辟新沟；信息也会自动往大脑已有模式上靠拢，不会自动产生出新模式来。经验会阻止你去体验新的方法，知识也如此。经验和知识总是提醒你什么是对的，你会故意去做你认为不正确的事情吗？

因此，我们的创新困难源于头脑的"惰性"。

第一，人类的脑袋生来就不是用于创新的，它更愿意去发现、总结、归纳信息并形成模式，它不喜欢陌生感，因为这样更节能。

第二，如果人们希望得到创新的结果，那就要从"沟"（模式）里爬出来，或者把自己弄到"主路"（既有沟渠或套路）之外的地方，需要给自己制造陌生感。这不是大脑惯常工作的方式。

如何为自己制造陌生感，将自己从沟里拉出来，这需要借助方法。这些方法的本质目的就是将自己从人们"沟"（模式）里拉出来。

二、三种脑

法国哲学家笛卡尔曾说:"我思,故我在。"我们的大脑随着我们生命的存在一刻不停地思考。欧洲工商管理学院教授特奥·康普诺利(Theo Compernolle,代表作有《慢思考:大脑超载时代的思考学》)认为,人的大脑拥有三套负责认知、决策的脑系统,分别是反射脑、思考脑和存储脑。

(一) 三种脑的特性

反射脑快而原始,它自发而无意识地处理问题;思考脑慢而成熟,它会消耗大量能量,而且很容易疲劳;还有时刻等待空闲的存储脑,它负责存储信息和激发创意。

反射脑:总喜欢抄捷径。大脑中存在两种捷径:第一,先天捷径,即偏见;第二,后天捷径,即习惯。人们的直觉多是源于反射脑,直觉下的决策多是基于偏见或惯性,因而创新思维者需要警惕直觉。比如一个人决定改掉在开车时打电话的坏习惯,但开车时只要手机一响,他/她就会无法自控地接电话。这就是反射脑在作用。

思考脑:不能一心二用。经过漫长的演化过程,现代智人才拥有了发育完善的思考脑。但思考脑无法同时处理多个任务,即一次只能做一件事。换言之,大脑在一个时间只能感知一件事情。你以为你可以同时完成几份工作,一边看电视一边写作业,一边开车一边玩手机吗?康普诺利认为这是不可能的。我们认为可行的多任务并行实际上就是特定任务上和反射脑配合,由反射脑下意识地、习惯性地做某件事;而心不在焉时做的工作,并不会存在记忆,只会消耗时间和能量。设想聚餐时,你正一边打电话,一边听身边的人说话。你会发现,当你将注意力放在电话上的时候,你根本没听清邻座的说话,反之亦然。这种想两者兼顾的情形比"零和游戏"更糟糕,你还不如专心致志于一件事,完全忽略另一件。当你试图两者兼顾时,大脑就需要不停地切换,大脑每切换一次,需要消耗大量的能量,而切换间歇也会流失部分信息,而且我们心不在焉的时候得到的信息并不会存入记忆,很难引起思考。

存储脑:至关重要的放松(否则,反射脑会主宰)。存储脑的主要功能是收集整理二脑信息,助力思考脑提高效率,提供创意。康普诺利说,我们在疲累的时候更容易做出不道德的决策,因为这时候占据主导地位的是永不疲惫的反射脑。所以,我们在早晨做出的决策总是比晚上的更有道德。史蒂夫·乔布斯在评价 Mac 电脑时说,"等你真正理解了这个问题,你会想出很多复杂的解决方案,因为它确实错综复杂,大多数人止步于此。但有少数人会继续在午夜里冥思苦想,最终理解问题背后的深层规律,找出简洁优雅的方案"。存储脑提醒我们专注思考,适当放松,将会促进创新发生。

(二) 与创新的关系

三种脑的知识也印证了关于大脑创新的认知。

第一，思维定势是创新的障碍。当大脑接触到刺激时，首先是速度快的反射脑会进入经验形成的模式（定势），并因此限制其他二脑的工作，从而难以创新。

第二，创新创意常产生于潜意识的顿悟。创新思维的产生所经历的酝酿与顿悟阶段印证了三个脑的接力工作。首先，反应快的反射脑因无法解决问题而让位于思考脑工作；接着，思考脑收集信息并匹配模式，此一过程是为酝酿期；最后，当思考脑也进入休息状态时，储存脑开始工作。创新创意源于顿悟——储存脑整理二脑的信息引发创新，这也印证了创新创意出现的时间与环境（如半梦半醒、闲暇放松时等）。

第三，大脑趋向稳定而平衡，不喜欢面对不稳定的世界。大脑是一个自我组织的模式反应系统：大脑思考的目的是废止思维，即大脑习惯将接收到的信息纳入过往经验形成的（反射）模式中。思考的目的是寻找到熟悉的模式，这实质是反射脑的优先行为。

亚历斯·奥斯本认为，"从应用独创力后到应用判断力前，必须安排相当长的一段思考时间，若是性急地妄加判断，便会使创意所培植出来的幼芽夭折，因此凡事必须三思，尤其是在面对有待解决的问题时，更需赋予想象力的优先权，让它在目标的周围张开想象之网"。奥斯本所说的"应用判断力前"与反射脑的工作模式一致，"应用独创力"前的三思则对应思考脑的工作，即创新思维必须让思考脑优先反射脑的时间应用，这可以借助某些思维工具来实现。

（三）思考脑的专注技巧

思考脑需要的是专注，专注才能创新，这也是几乎所有成功人士的秘诀。爱因斯坦曾说："并不是说我有多聪明，我只是对问题思考得更久而已。"思考脑无法同时处理多个任务，因而对任何决策的创新考虑都应该给思考脑足够的时间。创新思维教育的实质也是尽可能引导大脑将时间优先分配给思考脑工作。

村上春树说："没有专注力的人生，就仿佛大睁着眼却什么也看不见。"成功者做的事情并不在于多，而在于把一件事做到极致；极致的背后就是将思考着力于核心决策与创新创意上，并在追求极致的过程中享受这种愉悦感。这要求我们哪怕遇事千万件，但心中却只有眼前的这一件。在日常的工作生活中，我们也可以借助一些技巧训练自己的专注度。

第一，彻底离线——抽出固定的不受打扰的时间，来完成专注的工作和对话。在这方面，史蒂芬·金为我们做了很好的榜样。他这样形容自己的工作："我的日程安排得很清晰——上午用来处理新事务，比如撰写文章；下午用来打盹和写信；晚上用来读书、和家人一起玩，做些紧急修改。基本上，上午是我最重要的写作时间。"每天关起门来不受打扰地写作4个小时，史蒂芬·金成为我们这个时代最成功、最高产的作家——专注的价值可见一斑。

第二，批量处理，尽量减少切换次数。现代社会信息泛滥，信息技术发达，人们似乎很难彻底避免多任务并行，而且有时候，任务切换甚至是我们工作中很重要的一部分。但是，如果仔细分析所有的干扰，我们会发现大部分干扰与真正的工作无关，很多情况下，批量处理的效率远高于整天的零敲碎打。平均而言，30分钟不受打扰地处理一个任务，效率比3个10分钟要高3倍；如果任务比较复杂，或者多个任务属于完全不同的领域，那么不受打扰的工作效率比多任务并行高4倍。与此同时，与不断切换任务的10个3分钟相比，连续不受打扰的30分钟能让你的效率提高10倍。

第三，恢复正常的睡眠模式。睡眠有益健康，充足的睡眠对智力生产力也会产生正面的影响。"时刻等待空闲的存储脑"，太多人在白天见缝插针，抓紧每一秒疯狂使用智能手机，致使存储脑完全没有时间处理海量信息。在睡眠期间，"存储脑"终于找到了机会，整理、储存、识别尚未消失的信息。研究证明，8个小时睡眠能够明显改善我们解决问题的能力、记忆力、学习并保存动作技能的能力，以及创造力；通过脑部扫描，我们甚至能直接看到部分区域变得更加活跃。因此，在睡醒的那一刻，人们常常会灵光一现，找到前一天苦思冥想而不可得的解决方案。

第四，科学应对负面压力。压力是一把双刃剑，短暂的压力能提升我们的表现；但压力过大或持续时间过长，又会摧毁我们的智力生产力，因此保持平衡很重要。要恢复压力平衡，最重要的手段是减轻负担、增加资源。我们拥有的最大资源是自己，因此，最重要的是好好照顾自己、增加自己的耐压能力。在个人的耐压能力中，有一部分是我们自己无法改变的，包括遗传学、生物学和体格方面的限制因素。但对于自己能够掌控的部分，我们当然负有责任。其实，我们处理压力的水平可以不断提高，我们评估环境的思维方式对此影响很大。对耐压能力有重大影响的基本态度包括：是否将挑战看作成长发展的机会、遇到重大事件的基本感觉、对工作和家庭角色的投入程度、是否拥有明确的优先级和清晰的现实目标等。

> **扩展阅读**
>
> **专注力协助工具**
>
> 1. ABC模式。ABC理论是由美国心理学家埃利斯创建的。该理论认为激发事件A只是引发情绪和行为后果C的间接原因，而引起C的直接原因则是个体对激发事件A的认知和评价而产生的信念B。A指事情的前因，C指事情的后果，从前因到结果之间，一定会透过一座桥梁B（即信念或对情境的评价与解释）。比如报考雅思的两人都没过（A），一个人无所谓（C），另一个人却伤心欲绝（C）。这是因为前者认为只是试一试，考不过也正常（B）；后者则当成是背水一战（B）。应用这个理论可以建构ABC模式，将坏习惯变成好习惯，从而提升专注力。ABC模式分别代表前因（Antecedent）、行为（Behavior）、后果（Consequence），也被称为诱因（Trigger）、行为/习惯（Behavior/Habit）、奖励（Reward）。要想改变习惯，我们必须仔细探究行为背后的原因及其带来的奖励；然后，通过改变、消除、避免诱因或奖励，或者二者同时改变；又或者保持诱因和奖励不变，只改变中间的行为方式。在应用ABC分析时，我们也可

以通过另一个更好的替代品来换掉原来的习惯，即把新的行为尽快变成习惯，这样就不必再消耗意志力了。比如我们常因刷微信影响工作，而刷微信的目的是放松，那么就可以看《百家讲坛》来代替，而这又恰好可满足自己补充历史知识的愿望。

（资料来源：《情绪 ABC 理论》，载《施工企业管理》2012 年第 12 期，第 100 页。有改动。）

2. 帕累托法则（20/80 法则） 由意大利经济学家帕累托提出。该法则认为，在因和果、努力和收获之间，普遍存在着不平衡关系，典型的情况是：80% 的收获来自 20% 的努力；其他 80% 的力气只带来 20% 的结果。在个体有限的时间资源内，想要提高效率，就得找出那些高价值的活动来，做到"有所为，有所不为"。这也提示，一个人如果感觉有太多的任务不堪重负，那么就需要进行过滤并判断该任务是否属于高价值的 20%。如果答案是肯定的，那么就集中注意力，腾出时间来优先处理；如果答案是否定的，就尽量不要理它。

（资料来源：魏晓《帕累托法则》，载《中国工会财会》2009 年第 10 期，第 51 页。有改动。）

试一试，请应用 20/80 法则找出不良兴趣点，再应用上面的 ABC 模式改变并消灭此种行为。

三、思维是种感知—反应

大脑是思维的器官。德博诺认为思维是种感知—反应。感知能力包括感觉能力和知觉能力，感觉是人脑对直接作用于感觉器官的客观事物个别属性的反映，知觉则是人脑直接作用于感觉器官的客观事物的整体属性的综合反映。这也就是说，思维的感知—反应包含了从"刺激而来的感觉—对刺激的知觉加工—引发的反应"，这其实就是人类行为的一般模型，即"刺激—个体生理、心理—反应"的 SOR（刺激—机体—响应）模型。

小案例 4-4　　　　　驴子驮盐

驮盐过河时，驴子不小心跌倒了，当它站起来时，发现驮物变轻了。之后，驴子驮着海绵过河，它就故意跌倒，希望能变得更轻点，结果却再也站不起来了。驴子感知的是同样的刺激，实施了同样的反应行为，它期望得到同样的结果；但它不知道的是情境要素发生了变化，对刺激的加工模式就应该要发生变化。

（资料来源：笔者撰写。）

> **小知识 4-2**
>
> **托尔曼学习理论：SOR 模型**
>
> SOR 是认知主义提出的一种学习理论。该理论认为，人们的行为是以"有机体内部状态"即意识为中介环节，受意识支配的；学习并不在于形成刺激与反应的联结（华生的 S-R 模型），而在于依靠主观的构造作用，形成"认知结构"。主体在学习中是主动地有选择地获取刺激并进行加工的，即遵循刺激—机体—反应（S-O-R）模型，O 为中介环节，代表着反应的内部心理过程。托尔曼把中介变量划分为三大种类：需求系统、行为空间和信念—价值体系。托尔曼的 SOR 模型中的中介变量深入到个体的内部心理过程，有助于说明行为的个别差异。
>
> （资料来源：韦鹬《托尔曼认知行为理论对成人学习的启示》，载《湖北大学成人教育学院学报》2009 年第 6 期，第 11-13 页。有改动。）

（一）刺激引发何种反应取决于个体具备的认知模式

如果个体没有形成某种刺激的认知模式，那么就不可能有反应，即无感知不反应。一个名叫托蒂的意大利小男孩有一只十分奇怪的眼睛。"十分奇怪"是因为眼科大夫多次会诊得出的结论都相同：从生理上看，这是一只完全正常的眼睛，但它却是失明的。一只完全正常的眼睛何以失明了呢？原来，当小托蒂呱呱坠地时，这只眼睛因轻度感染被绷带缠了两个星期。正是这种对常人来说几乎没有副作用的蒙眼行为，对刚刚出生、大脑正处于构建发育关键期的婴儿托蒂造成了极大的伤害。由于长时间无法通过这只眼睛接受任何外界信息，原先该为这只眼工作的大脑神经组织也随之"消退"了。小托蒂的遭遇并非偶然。后来研究人员在动物身上做了很多类似的试验，结果都一样——生命的器官严格执行着"用进废退"的原则。婴儿会切断他所不需要的神经连接，也就是说，在生命最初 2 年中切断那些不需要的神经连接，这证实了无感知便无反应。"感知—反应"实则是"刺激—认知模式—反应"。

同样的刺激，个体采用的认知模式不同，反应亦会不同。对于某特定个体而言，看到新鲜出炉的蛋挞，可能会出现如下的反应。

该个体刚刚吃饱了：我要是再吃感觉会吐。

该个体很饿：太好了，我要美美地大吃一顿。

该个体在节食：高热量，我千万不能吃。

该个体最近生病，对鸡蛋过敏：我看见就觉得不舒服。

同样刺激，同一个体在不同时间会引发不同反应，这说明个体对于该刺激引发的认知模式不同。这种不同的关键在于个体所处的"情境"，不同的情境会引发不同的模式。刺激唤醒何种认知模式，取决于刺激面临的"情境"。"驴子驮盐"的遭遇也显示"情境"其实已经发生了变化,却没有建立起或寻找到适合新情境的思维模式。"感知—反应"应该是"刺激—情境—认知模式—反应"。

改变感知的情境会改变反应结果。游泳教练为了打消孩子对游泳的恐惧,就开玩笑说是高级矿泉水,不准偷喝。学游泳的儿童就形成了游泳池的水很干净的认知,因此总是有意无意喝水,然后不停地爬上来去洗手间。孩子的妈妈怎么解释水不干净他都不听,妈妈想了想就说:"你看别的小朋友为什么不上洗手间啊?"孩子一下子捂住嘴,接着再也不喝水了——因为他认为其他小朋友都尿在泳池里了。在这个案例中,孩子的行为转变背后的思维,其实是感知变了,或者说是影响感知的思维情境改变了。

第一种情境,游泳池水—矿泉水—好水—多喝。

第二种情境,游泳池水—有尿—脏水—不喝。

面对游泳池水,孩子的喝与不喝的不同反应,源于从"矿泉水"到"有尿"的情境改变而引发的不同认知模式。

我们的大脑是模式系统,当我们逐渐成长,不仅身体结构会改变,思维方式也会改变,原因是大脑结构在不断地改变。年长的人言行更迟缓,这是由于与年轻人相比,长者的数据库更加庞大,长者需要花费更长时间检索到适合的认知模式,因而形成感知—反应时间会更久。

(二) 创新思维的情境

不同的感知形成不同反应,要想形成创新的思维结果,我们只需要施力于会影响感知的情境要素。通常认为,年长者思维更成熟,这指的是他应用了更适合的认知模式。对于一般人来说,也许并不是没有这种认知模式,而是需要有适当的情境引发该种认知模式。从大脑神经元联结角度,这些认知模式其实是可以边学习边生成并不断积累到"大脑数据库"中的"沟"。因此,所谓创新思维不过是感知—反应中的一种。这也提示,创新思维可以从影响感知的情境着手。正如新鲜的蛋挞,饥饿时大脑某区域的神经元细胞(食欲)会激发,蛋挞变得诱人;过敏时大脑其他区域神经元细胞(过敏)会被激发,蛋挞不具吸引力。大脑思维实质是"刺激—情境—认知模式—反应"过程,这契合创新思维过程。

大脑"情境"构成了思维的起点或角度。人的思维活动不仅有方向,有次序,还有起点;在起点上,就有切入的角度,不同的起点或角度唤醒不同的神经元,形成不同的认知模式。对于创新活动来说,思维的起点和切入的角度即思维视角非常重要。视角就是人们观察问题的角度,这形成思维的情境。任何对象(包含语句、词汇、人、物等)在特定的"情境"下都有特定的含义,即引发出特定的"思维视角",并能使大脑的相应区域产生反应,从而引发相应的模式(感知—反应)——一种思维结果。常规的思维视角就会引发定势的思维,产生思维障碍。我们要进行创新思维,首先必须突破思维障碍;而要想获得创新思维,就要转换思维视角、突破思维障碍。创新思维的感知—反应要求寻找尽可能多影响感知的因素,塑造更多的情境,形成更多的感知—反应，即有更多样的认知模式，最终从中找到最适宜的。尤其当我们面对复杂的问题时，拥有各种各样的思维模式是特别重要的，因为它让我们有能力从多个角度看世界。诺贝尔物理学奖得主格拉索（Sheldon Lee Glashow）认为，人们的思考过程应该遵循大脑的真实机制，而不是模仿那些老旧的、有害的模式；正是这些模式，导致了人类的战争、灾难，以及对地球的掠夺。比如大国之间的崛起竞争甚至引发战争就是所谓"修昔底德陷阱"思维模式的影响。

（三）塑造大脑"情境"的方式

"遵循大脑的真实机制"要求进行创新思维，即拓展思维情境，寻找到更多视角。那么，如何探求更多的情境呢？这有两方面的要求。

其一，寻求更广博的知识。这可以避免以一种单一视角来看待现实，或者说你可以有更广阔的视角或塑造更差异化的情境来形成感知，即所谓的见多识广。心理学研究显示学习好的学生较学习差的在思维的广度与宽度上更佳。广博思维要求个人不固守自己的专业。帕里什（Shane Parrish）认为，我们大多数人都在学习一些特定的东西，而不是同时接触其他学科从而形成一种更为宏观的理念。我们没有形成多学科的思维模式，因此只能从自有学科视角看待问题。因为我们没有正确的模型来理解这种情况，所以我们过度使用了现有的模型，即使它们不适用于当前的现实，我们也会使用它们。例如，营销专家通常会从品牌与广告角度来考虑问题；HR（人力资源管理人员）会考虑组织结构与人力资源；环境专家会考虑生态与环保。每个人都会自然地从各自的学科出发，这些人只看到了部分情况，就好像一群盲人在摸一头大象一样。然而，除非人们能以多学科的方式思考，否则没有人能看到整个情况。简而言之，这样的思维模式下，每个人都有很大的盲点。

其二，借助技法或思维模型即工具来拓展感知。在既有知识、经验结构下，尽可能利用方法或工具如头脑风暴、思维导图等寻找到更多影响感知的要素，塑造出更多元的情境，从而生发出更多的思维模式。这是因为，一方面有利于进入专注的思考；另一方面有利于调动大脑中较远区域的神经元，最终就可能调动显、潜意识中更多样的思维模式。

第三节　创新思维教育

教学最应该让学生明白的不是"是什么"或者"怎样做"，而是"为什么"。前者是感性认识，后者是理性认识。只有建立起对创新思维由感性认识到理性认识的过程，才可能将创新思维内化成受教者自己的思维方式与能力。只有将创新思维的思维过程可视化，才能让学生有意识地学习、训练。可视化是思维过程和思维结果的显性载体。美国著名数学家波利亚说，"思想应该在学生的大脑中产生出来，而教师仅仅起到一个产婆的作用"。这要求教师在教学的各个环节设计中，关注思维过程，将思维过程显性化，让学生能够清晰地认识到创新思维的过程和方法，从而达到培养训练的目的。

一、思维的教育

思维是大脑对信息的处理活动，拥有思维是人和动物的根本区别之一，是人的重要本质所在。人类的一切活动几乎都离不开思维，思维能力也许是人类唯一超越其他动物的本领。思维教育，是指为了使人的思维能力、品质、方法等达到一定水平，能够分析和解决问题，而有组织、有计划地施加系统的思维保护、培养和训练的活动。

（一）教育对思维的影响

教育活动既依托于人的思维，又反过来极大地影响了人的思维。这种影响有两方面：一方面是"思考什么"，即思维的内容，如使人接受人类所创造的精神文明。另一方面是"怎么思考"，指思维的形式、方法、规则，如使人掌握和运用形象思维、逻辑思维等。人先天就具备感受、记忆、联想、推理、想象等思维能力，但规范地运用思维能力，则需要通过后天的培养。

美国全国教育学会1961年在《美国教育的中心目的》中提出："强化并贯穿于所有各种教育的中心目的——教育的基本思路，就是要培养思维能力。"1991年，美国国家教育目标制定小组又将思维能力、交际能力和解决问题的能力列为21世纪大学生培养目标。1999年，英国国家课程标准提出了学生应具备的五种思维能力，分别是：信息处理能力、推理能力、质询能力、创造性思考能力和评价能力。20世纪90年代初期，仅美国就推出了100多个培养思维的项目。思维能力教育在大、中、小学全面展开，呈现出涉及学科面广、涉及学生层次齐全的特点。

我们国家的教育对思维起到了一定的促进作用，但是多数学校没有主动自觉地、系统地开展思维培养工作，学生思维能力发展基本还处于自发状态，思维能力培养的效果没能最佳化。与学校明确其"教书育人"的机构性质不同，多数学校没有明晰自己在培养学生思维上的重要使命，缺乏相应的能力和措施。

（二）知识教育与思维

教育教人以知识，但知识并不能代替思维。思维能力作为人的基本素质，对人生乃至人类发展具有正反两方面的影响，仅仅把学生培养成人云亦云的知道分子，是难以满足人类创新发展需要的。优秀企业家、优秀员工、各行各业表现突出的人，他们有什么共同特征？思维能力是其中最为重要的素质之一，有思路、想法多，遇到问题办法多等。

> **小案例 4-5**
>
> **"无厘头"的面试题**
>
> 某大学生去一家英国公司面试,面试官给每人发了一张纸,上面只有一道简单的题目:英国每年卖几个高尔夫球?没有其他数据,要求在 40 分钟内完成。看到这个无厘头的题目,这个大学生几乎傻眼。但她想:虽不知具体答案,但总可以说说自己的解答思路。于是她写下了自己的思路:球的数量与市场需求有关,市场需求与人口有关;再假设最有可能打高尔夫球的 45 岁至 50 岁之间有多少人,多久一次,需要用多少球。为使数据精确,她还写明了如何进行抽样调查……阐述完毕后她提交了答卷。两周后她收到了该公司的录用通知。
>
> (资料来源:李付春《英国每年要卖几个高尔夫球?》,载《职业》2011 年第 16 期,第 32 页。有改动。)

当然,思维也不能代替知识。教授知识更为重要的意义恰恰是为了让思维技能得到发展。"教育就是叫人去思考",知识与思维有密切的联系,但并不是知识多的人,就一定有较高的创造力。有很多有成就的人,经历教育获得的知识并不一定多,但因为他们点子多、心思巧,遇到问题决不放弃,所以成就反而比一般人高出许多。有些人非常善于思考,很有创造力,但在校的考试成绩可能很一般;有些人的考试成绩非常好,但不善于独立思考,没有创造力,所谓"高分低能"就是指这类学生。

(三)教育的本质是思维

学习知识的目的是通过思考来应用。清华大学教授钱颖一认为,创新人才的教育仅仅靠知识积累是不够的,教育必须超越知识。在过去,很多知识是从书中可以查到的;在今天,更多的知识可以上网查到;在未来,更多的知识可能是机器会帮你查到。学习知识的目的不是记住,而是会思考应用。世界著名未来学家约翰奈斯比特曾说过,在信息时代,人们需要的技能是:学习如何思考,学习如何学习以及学习如何创造。爱因斯坦说,教育就是当一个人把在学校所学全部忘光之后剩下的东西。

教育归根结底是通过学习知识来发展思维技能,但我们的教育往往重视前者而忽略后者,尤其是过于重视前者的考核分数导致学生追求标准答案而缺乏多维思考的动力。掌握丰富知识的目的是更好地理解客观事物背后的联系,这样才能寻找到更好的思维方法。曾任耶鲁大学校长的理查德·莱文说过,如果一个学生从耶鲁大学毕业后,拥有了某种很专业的知识和技能,这是耶鲁教育最大的失败。俗话说,授人以鱼不如授人以渔,"鱼"代表知识,"渔"则代表思维。只有彻底掌握了钓鱼的技巧,才能把该技巧的精髓与自身的特点结合起来,达到灵活运用和发展创新的效果。也就是说,不只会钓鱼,还会打猎,甚至还懂得教人钓鱼和打猎,这才是思维的价值。华莱士认为教育的目的是学习一种思维方式——在烦琐无聊的生活中,时刻保持清醒的自我意识，不是"我"被杂乱、无意识的生活拖着走，而是生活由"我"掌控。

因此，掌握知识并不等于学会思考；大学教育的本质也不应该是教授知识，而是培养思维。专业的学习不仅仅是书本知识，更重要的是通过专业知识的学习培养一种不受专业所限的思维方式。教育的本质就是教会学生对知识的应用，即掌握思维方式；专业知识是我们在解决专业问题的思维视角之一。简言之，思维隐藏在知识的背后，思维就是应用知识的过程。

二、主动创新

李克强总理提出的"大众创业、万众创新"，强调要鼓励与关注市场中微观主体的创新。因为只要微观主体都具有创新活力，整个国家就能迸发出巨大活力。这种创新并不限于技术创新，更多强调的是非技术创新。这要求个体在工作、生活中时刻保有创新思维的意识与习惯，即陶行知先生强调的"处处、天天、人人"创新。人们对创新的认识通常是这样的：只有碰到原有经验不能解决的问题时才需要创新。这事实上是一种不得已的"被动创新"。"大众创业、万众创新"需要人们的"主动创新"，即将创新思维纳入解决所有问题的思维必经阶段、成为思维的习性。

我国一直探索着教育改革，希望提升全民的创新思维素养。"钱学森之问"是关于中国教育事业发展的一道艰深命题，需要整个教育界乃至社会各界共同破解。从2005年的"钱学森之问"到党和政府明确提出"到2035年，跻身创新型国家前列"，这些都要求大学在打好基础教育的基础上，培养好学生的创新思维能力。经过改革开放42年，中国经济已经由高增长进入到高质量发展阶段。高质量发展的供给侧要依靠创新驱动，而创新最重要的要素是具有创造力的人才，即创造性人才。中国教育的优势表现在学生整体水平比较高，但是中国教育的弱点是突出人才太少。在这种压力之下，培养大学生创新思维将是中国高等教育持续的改革热点。改革的首要前提是转变教育观念，要从过去以知识为中心的观念转变为重视学生思维发展的观念。知识是创新思维的必要前提与基础，但知识本身并不会使一个人具有创造力。创造需要灵活运用已知的知识，需要突破原有的知识。

"双创"教育在我国高校进行得如火如荼。创业教育在高校渐成体系与规模，教材也逐渐趋于统一与标准化——创业者的行为千差万别，但成功者的思维却相似，因而创业教育所教的就是创业思维，强调在资源约束、未来不明确的情境下快速行动。创业思维的内核与基础就是创新思维能力的培养。创新思维教育的严重滞后，引致的后果就是大学生创业的千人一面。这有两方面的原因：其一是实施创新思维教育的高校偏少。2018年9月，机械工业出版社华章分社调查的全国412位经管类教师所在高校中，有296所高校开设了创业管理课程，仅有60位教师所在的高校开设了创新思维课程。而美国是公认的最具创新力的国家，自20世纪70年代就在大学开设创新思维课程，现在遍布美国几乎所有大学。其二是创新思维教育模式存在不足。比如就有学生课后质疑"如何证明自己学会了创新思维"，这个原因也应该是导致前一个原因出现的因素。

教育的价值不仅体现在学生的知识掌握上，更体现在学生的思维发展上。学生的思维发展正是我们教育中的短板。创造力也是一种思维能力，它并不是漫无边际、天马行空式的创意，而是能提出问题、解决问题、创造新事物、帮助人适应环境的能力。这就需要不断改进并强化创新思维教育，培养所有劳动者的创新思维意识，让人人具备主动创新的能力。

心理学家对人类思维的探索遵循两条不同的路线：一条路线倾向研究思维结果；另一条路线则倾向揭示思维过程。当前的创新思维教育模式可依此分为两大类：结果导向的创新思维教育模式与过程导向的创新思维教育模式。

三、结果导向的创新思维教育模式

结果导向的创新思维教育模式是指基于思维成果及其特性确定产生或影响创新思维的思维形式或技法，并将之用于创新思维培养的模式。比如认为创新思维成果源于思维的发散性，就培养发散思维能力；源于思维的逆向，就培养逆向思维能力；思维成果的独特性、新颖性源于观察力、注意力等，创新思维教育就培养人们的观察力、注意力等。这些培养形式表面上看起来是过程导向，实则是结果导向，主要的原因在于培养的内容或方式并没有实现思维过程的透明。

（一）结果导向的创新思维教育内容

当前，高校普遍实行的创新思维教育内容主要包括思维形式、思维力及思维技法的训练等。

思维形式的训练指的是创新思维是由不同的思维形式引发的，如逻辑思维、形象思维、发散思维、联想思维、逆向思维等。这种教育设计具体方式为：首先说明引发创新思维的思维形式的定义及创新案例，然后配合一些认为可训练该思维形式的游戏，目的是通过游戏锻炼该类思维从而提升创新思维能力。比如创新思维的思维形式有逆向思维，举例为"司马光砸缸救人，习常思维是让人离开水，而砸缸则是让水离开人"。知识点讲解很清晰，但如何及怎样应用这种思维形式于实践创新则缺乏路径。培养思维形式的教材如王哲编著的《创新思维训练500题》，还有类似《哈佛大学1000个思维游戏》等。

思维力训练认为创新思维过程包含四种能力，即注意力、观察力、分析力、推理力。这种设计以各种力对应的思维游戏构成，目的是令个体通过思维游戏感受这些力并增强之，最终提升创新思维能力，如张晓芒的《创新思维训练》就有助于训练思维力。这种训练对头脑的思维能力是有促进的，但如何解析并透明化完成游戏的思维过程，难以言表。这种教育模式的效果难以量化，也不能直接应用于实践。

思维技法即思维工具。思维工具简单直观，而且多数是源于创造的实践，印证的创新案例也不胜枚举，成为创新思维教育设计的主体内容。这种教育形式是先定义某个技法,然后以创新案例说明之。如杜永平编著的《创新思维与创造技法》、王传友的《创新思维与创新技法》等就属于此类。由于思维工具具有较好的实操性并且在某些场合有较好的应用效果,这类教材非常广泛。但关于创新技法的运用并没有进入思维的必然之中,只在碰到解决不了的问题时才尝试使用,并不能引发受教者的主动创新。

此外,创新思维也强调在寻求创新过程中关于人格特质、环境、刺激物等的要求,这也成为创新思维培养中的另一个板块,即创新人格培育、创新者文化与经验、创新环境营造等。如皮尔托的《创新的特质与灵感》等就属于此类。这种基于创新人格、文化或经验、环境等的教育形式缺乏可效性及实践性途径,创新思维教育更显虚空。

以上几种类型的创新思维教育,尤其是思维形式与技法,常常组合出现在高校创新思维教育中。这种教育框架如图 4-1 所示。

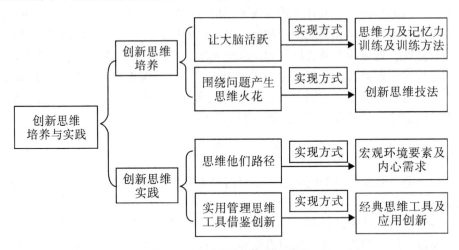

图 4-1　既有创新思维教育框架

总之,既有创新思维教育本质上都是一种"定义+案例(或游戏)"的印证式教育。这种教育模式并不告诉受教者创新思维产生过程,而只是基于创新思维成果的特性解析其产生方式,再针对之进行(游戏)训练,这其实是一种结果导向的模式。最普遍的创新技法,如头脑风暴法、检核表法等,虽然有技法本身的操作规则,但是并不能让受教者自如地应用于实践。这些思维技法在某些场景中会产生偶尔的效用,这也符合借助"工具性增值"提升创新思维能力的理念;但由于每种技法都有其适用性和局限性,不能成为个体创新思维实践中的必然选择。也就是说,这种教育模式下的创新技法与思维形式及思维力的训练一样都不能很有效地应用于创新思维的主动实践。

（二）结果导向的创新思维教育模式的缺点

创新是由创新思维的过程所决定的，结果不过是过程的成功产物。当下的创新思维培养模式上的缺陷是偏重创新成果的渲染，而对创新思维的过程涉及不多。这种培养模式惯常设计为：先学习各种引发创新思维的理论知识，然后再用创新案例来证实所用到的知识，实质是关于"如何"（how）的教育，缺乏"为什么"（why）的依托，难以真正应用于实践创新的教育。

这种印证式的创新思维培养考核经常会要求大学生通过创意实践来体现所学的创新思维，学生虽然能够实践出创新创意，却很难将之归因于所学到的某种具体的思维形式、思维力或思维技法的培养作用。因此学习后的大学生会发出"怎么证明完成这些（创意）作品是受了培养学习或你的书的影响，而不是它本身就具有这个能力"的质疑。这种质疑可以归因于现有培养存在的两大问题。

第一，训练大脑的模式很虚空。思维形式、思维力等的培养内容，在教学中借助的多是思维游戏，很难与实践应用结合，也体现不出教学品质。创造性思维培养是可以在训练大脑活跃度的基础上，通过借助创新技法来提升创新能力的方式进行的。这种训练路径在奥斯本的创造实践中也确实是有效的。只训练大脑的活跃度，让大脑更容易产生火花，需要足量的积累与锻炼。此外，大脑活跃度的训练，难以找到持续有效的方式，也难以验证。这种培养模式的结果就是训练大脑很虚空。

第二，思维工具的印证式培养难以实践。当下国内的大学生创造性思维培养其实都局限于描述表面发生的事情，然后用这些描述来充当思维工具。思维形式、思维力、思维技法无不如是。这种培养模式都立足于创造性思维是思考者有意识要去寻求困境突破时的运用。实践证明，创新创意基本上都不是有意识的产物，多数也不是因为刻意去应用了前述创造性思维培养模式中的思维工具或技能而产生的创新。这些创新更多的是事后的验证，因为所有的创新事后看来都是符合逻辑的——这也是诸多创造性思维培养模式的依据。符合逻辑所以就用逻辑的方法来教导创造性思维，这其实是一种自圆其说式的培养设计——从创新实践中总结出创新方法，然后讲授创新方法，并用之前的创新实践以印证。如果创造性思维技能只能让人们去印证已产生的创新，那么这种培养模式显然是不恰当的。

结果导向的创新思维教育认为创新思维是在碰到解决不了的难题时的偶一用之，认为创新产出遵循同样的思维形式、思维力或技法。其实，思维结果相同，但思维过程不可能完全相同的现象是大脑复杂性的一种表现形式。这揭示了个体认知过程中的千差万别。结果导向的创新思维教育忽视了个体在思维过程中的差异性，事实上是忽视了个体对事物的认知差异，表现在教育上的一个缺陷是注重创新成果的渲染，而对创新的过程却讲得不多，甚至导致人们对创新的误解。因而只是基于创新结果推测的思维形式、思维力或技法进行教育都是缺乏效用性的。苏联著名的教育学家苏霍姆林斯基说过："教给学生能借助已有的知识获取知识是最高的教学技巧所在。"显然，接受创新结果导向的创新思维教育，受教者难以习得"他山之石，可以攻玉"的触类旁通，也呼应不了"主动创新"的时代召唤。

四、过程导向的创新思维教育模式

从人对世界认知的目的性来看，思维结果显然要比过程更具意义，因为思维过程只是人们认识客观世界、获取思维结果的手段。但是，思维结果却又不能脱离思维过程而独立产生；思维过程要为思维结果服务，思维结果却又源于思维过程的必然趋势。个体对所认识的事物，要经过思维过程，才能用语言把思维结果表达出来，这表明思维的教育必须关注过程。过程导向承认个体认知差异，并且期望应用"工具性增值"以矫正或减少过程中的个体差异。目的是让事后看来符合逻辑的创新通过事前过程中的矫正，让个体能借助这个矫正获得创新要素以塑造感知情境。

（一）过程导向的创新思维教育内容

林家金认为，（数学教育中）暴露思维过程是提高思维能力的有力手段。创新思维作为一种思维能力与方式的培养，也必须寻求创新思维过程的暴露。追寻创新思维过程中的思维轨迹：让创新思维形成过程有物可参，让创新思维实践过程有径可循，即寻求创新思维技能的教育显性化。这就要求将创新思维过程能有效地暴露，并能够外显地、明确地、有意识地教给学生，通过各种途径使思维过程显性化。显性化教育可以培养学生思维深刻性、灵活性和科学性，帮助学生掌握思维方法，提高学生的思维能力和水平。

欧阳群壮认为，要做一名真正出色的"思想产婆"，培养学生的开拓创新精神，必须暴露数学知识的形成过程和解题的思维过程，即数学思维方式的养成需要暴露数学知识的形成过程（理论基础）和实际解题的思维过程（实践步骤）。暴露知识的形成过程是解决"为何"（理论），而暴露解题的思维过程则是解决"如何"（实践）。以之类推，创新思维的思维方式的养成需要暴露出创新思维的形成过程和创新思维的实践过程，即解决创新思维"为何"与"如何"两方面的问题。尼采说："如果我们对于人生中的'为何'成竹在胸，所有的'如何'也就不足为虑了。""为何"比"如何"更重要。前者是理论，后者是实践。

过程导向的创新思维教育需要包含两方面的内容。

其一是创新思维的形成过程。这是创新思维过程暴露的理论依据与物质基础，为后面的实践过程做准备。这其实是要回答"为何"的问题。物质基础包括大脑的准备如大脑的活跃性训练（如本书第二章）、个体基本思维能力的准备（如本书第三章）、大脑思维机理的辨析（如本章前两节内容）等，理论依据寻求的是形成过程的透明化。德博诺认为创新思维就是要在适当的时机嵌入适合的思维工具，"适当的时机"对应的应该就是创新思维的形成过程。虽然学界有三阶段、四阶段、五阶段等学说，但是这些关于过程的阶段说多是从心理过程层次提出的，这并不直接对应德博诺要求的"时机"。德博诺认为创新思维是种感知—反应，其所说的"适当的时机"

对应的是信息加工层次。这寓示着需要建立心理过程层次与信息加工层次的对应关系。心理过程层次缺乏与外界交互性，而信息加工层次则可与外界建立交互性；二者对应关系的建立就可能实现借助信息加工过程拆解并透明化心理过程层次上的创新思维过程，这正是创新思维过程暴露的理论依据。此外，这种对应关系的建立将可能建立创新思维过程的各阶段与外界交互的着力点，这将可能对创新思维过程施加外在的影响，进而对创新思维实践过程提供理论支持。

其二是创新思维的实践过程。这实质上是创新思维的"工具性增值"内容，亦是德博诺要求在思维过程中嵌入的"适合的思维工具"，即创新思维实践过程中的不同思维工具的选用。实践过程以形成过程的暴露为前提和基础，并事实上决定了实践过程中工具的选用对象与时机，这是因为工具的选用应该要适合创新思维的阶段性特性与要求。由于形成过程是通过信息加工过程进行暴露与透明化，因而实践过程的工具就应该是可以影响信息加工过程的工具。

总之，过程暴露的创新思维教育模式中的"为何"强调的就是如何进一步显性化创新思维形成过程，从而实现思维过程的暴露；"如何"指的是创新思维过程暴露后不同时机中思维工具的选用。

（二）过程导向的创新思维教育模式的优点

创新思维作为技能，应该成为一种思维的习性。基于思维技能培养的创新思维教育有利于创新思维习性的养成。

第一，创新思维习常化成为可能。过程导向的创新思维教育通过信息加工过程来暴露创新思维过程，进而与外界进行交互，这说明创新思维过程的施力实际上影响的是信息加工过程。从认知心理学的视角，思维就是人脑的信息加工过程，因而创新思维过程事实上影响了思维的过程，并且实际上嵌入到了思维的过程之中。这使创新思维成为思维的必经阶段成为可能，并且也使创新思维习常化成为可能。正如德博诺所认为的，创新思维不应该是碰到问题时的偶尔使用，而应该是思维必经的阶段。这种教育模式实现了这个必经阶段的透明化，这将能培养个体的"主动创新"意识。

第二，创新思维技能教育显性化。过程导向的创新思维教育强调对工具的应用，即嵌入影响信息加工的工具。由于工具具有实践性，因而该教育模式也就具有了实践性，这实现了思维技能教育的显性化。在实践初期，个体可以通过选用思维工具来有意识地提醒自己进入思维过程；再在熟练掌握工具加上有意识的实践及自我经验模式的总结的基础上，个体将逐渐从有意识的训练到无意识的习得，从而让思维工具能够在恰当的时候润物细无声地嵌入思维之中；最终让创新随时随地发生。这将可以培养个体的"主动创新"能力。

第三，具有很好的理论依据。这种教育模式解释了"为何"，有利于所学者内化为自身的思维。而"如何"则提供了一套不同阶段思维工具的示例，既有利于新学者的练习与实践，也为未来的创新思维者自如发挥提供了空间。从理论上来说，理解清楚了"为何"（理论基础），那么关于"如何"（实践工具）的选择面就可以比较宽泛，甚至随机。这完全可以个体所在的行业情境、专业知识、对技法的娴熟性及具体场景的差异等选用。这也正是大学教育是思维教育的内涵——所有的专业知识的学习实际上是（专业）思维视角的培养。这其实也是知识应用的方法，即通过在创新思维过程中嵌入专业知识的视角来实现知识的应用。换言之，创新思维教育培养的是"如何思维"，是方法的教育；而专业教育提供的是"思维什么（视角）"，是思维的切入点。

此外，这种教育模式实质是一种思维方式和技能的培养。其要求思维主体凡事要应用思维工具进行思考，这种从意识到实践的潜移默化正是创新思维的思维方式的本质表现。

20世纪中叶思维研究由强调思维结果转为强调思维过程，即将焦点放在创新思维加工过程的探讨上。流传最广的是Wallas提出的四阶段模型理论。该理论认为创新思维包含了准备、酝酿、明朗和验证四个阶段，这无疑是将创新思维看作一个过程来进行研究。但关于这个过程的具体实践仍然是一个黑箱，而且，鉴定该思维过程的创新性，最终仍需要依赖于这个过程的结果。因而，过程导向的创新思维研究事实上仍然需要更进一步的透明化。这正是本章下一节探讨的问题。

第四节　引导感知的工具

在自我组织、模式创建的系统中，一旦某个模式被建立起来，人们就会轻而易举地沿着那个模式既有的轨道进行思考。如果想要跳出那个既有的轨道来获取新的想法，非常困难。头脑喜欢以固定的模式来认识变化的世界，会忽略模式以外的事物和观念，从而影响创新思维的进行。这些模式就是人们常说的心智模式（或心理模型），实际就是人们分析、解决问题的思维模式（模型）。我们思考的质量与我们所使用的思维模式的数量成正比，因为人们获悉和使用的模式越多，就越有可能使用正确的模式来帮助人们看清现实。同时，某些模式也是基于成功经验的思维总结的，因而还能改善我们的思维，帮助我们把复杂的问题简化。例如，SCQA模型是可以教导我们实现高效沟通的最简单方案。因此，如果你想做出更好的决定并更有效地思考，培养广泛的思维模式基础是至关重要的。然而，大多数人会采用自己现有且仅有的一两个模式来解决自己生活中遇到的所有问题。如一句古老的谚语：对于拿着锤子的人来说，所有的东西看起来都像钉子。显然，一把锤子是不足以应付大型而复杂的工程的，我们需要各种各样的工具，才可能把工程做好。思考也是如此：我们决策的质量取决于我们头脑中的思维模式的多少。

拓展思维模式的思路有两条。

一是通过科学的训练削弱惯常定势的强度（创新思维训练），如本书第二、第三章述及的各种思维形式的训练；二是尽量多地增加头脑中的思维视角（创新思维工具),如本书第五至七章引导多视角的感知思维工具。

总之,一方面通过思维训练让大脑活跃;另一方面用思维工具拓展大脑的感知,从而增加思维视角,目的是形成更多的思维模式。

> **小知识 4-3　马克斯·韦特海默关于创新思维的七种思维策略**
>
> (1) 从多种角度思考问题,不停地从一个角度转向另一个角度,重新建构这个问题,并从每一次视角转换中抓住问题的实质。
> (2) 使自己的思想形象化,应用直观和空间的思维方式。
> (3) 善于创造,甚至确定提出新想法的定额,以保证创造力的维持。
> (4) 进行独创性组合,不断地把想法、形象和见解重新组合成不同的形式。
> (5) 设法在没有关联的事物之间建立联系,而且这种联系不是单方向的,而是多方向的。
> (6) 从对立的角度思考问题,容纳相对立的或不相容的观点。
> (7) 善于比喻,在不同或相异的事物之间发现相似之处,并把它们联系起来。
>
> (资料来源:[德]马克斯·韦特海默著《创造性思维》,林宗基译,教育科学出版社1987年版。)

一、思维工具的内涵

现代社会的节奏越来越快,不论是工作还是生活,我们都面临需要及时决策并采取行动的问题。我们经常将行动和成功混为一谈,并且未经充分思考就直接采取行动。我们总是乐于先付诸行动再观其结果——如果情况良好,我们就继续进行下去;如果情况很糟糕,我们就要停下来并清理已经造成的麻烦。当然,采取行动比什么都不做要好,但是盲目采取行动有两种后果,最好的无非是不够有效,最坏的则是浪费资源。

我们看这个世界的方式,我们对这个世界的感知,决定了我们最终的决策和行为。感知是我们思考中最重要的部分之一,思考中绝大部分错误是由于感知上的不足而产生的。影响创新思维的关键是认知缺陷,通过"思维工具"有利于矫正与改善。思维工具的核心是锤炼感知,使你能够以一种更加全面有效的方式集中注意力思考;同时也使你开阔视野,更加全面地思考问题;并且为你提供一个具体情境的思考框架,使你在采取行动前更好地考虑到所有可能及结果。(见图4-2)

工具原指工作时所需用的器具,后引申为达到、完成或促进某一事物的手段。思

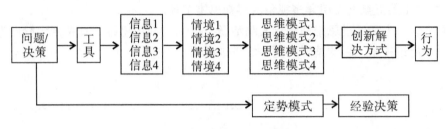

图 4-2 思维工具与思维模式

维工具指的是能有效影响思维抽象活动、提高思维效能、延伸思维深度,能把抽象思维过程具体化、可视化的一类方法技能总称。方法和技巧可以说比内容或事实更重要。法国著名的生理学家贝尔纳曾说过:"良好的方法能使我们更好地发挥天赋的才能,而笨拙的方法则可能阻碍才能的发挥。"黑格尔说:"方法是任何事物所不能抗拒的、最高的、无限的力量。"笛卡尔认为:"最有用的知识是关于方法的知识。"

如果将创新比喻成过河的话,那么创新技法就是过河的船和桥,即工具是中介,是思想到实践的桥梁。我们的思想通过工具变成可操作的实践,实则是通过恰当的思维工具来引导出适合时机的思维模式。例如,当某个决策需要考虑环境因素,PEST工具便将我们的思想具体化为可操作的实践,并引导思维全面地考虑到各种环境因素;知识与经验则成为关注或挑选环境中具体要素的依据,这其实也是知识应用的实践路径。

工具是参与完成创新活动的重要手段之一,选择合适的工具会使创新活动的效率更高,甚至会达到倍增的效果;创新活动反过来又对工具的改进和新工具的需求起着强大的推动作用。如果将计算机比喻为大脑,那么思维工具就相当于计算机软件。全球约有 5 万人在编写计算机软件。显然,计算机离开软件就无法运行,而且,功能更强大的软件的出现能使计算机更有效地工作。大脑亦然,如果我们能开发出更有益于大脑的思维工具,将能有效提升大脑的利用,从而创新这个世界。

从感知的角度来说,凡有利于引导并拓展感知的模型和工具,都可以作为创新思维工具。为了更有效地与实践应用接轨,本书的思维工具源于两方面。

其一,创新思维工具或创新技法,此为思维管理的通用工具。这些工具是人们在创新实践中积累并总结出来的有效拓展感知的工具;是人们以思维规律为基础,通过对广泛创新活动的实践经验进行概括、总结和提炼而得出来的一些创新的技巧和方法。这类工具能直接产生新发明或新思维,从而提高创造力和创新成果实现率。这是结果导向的创新思维教育通常强调的方法或工具,如头脑风暴、思维导图等。

其二,企业的实践中常用的经典管理思维工具。这类思维工具是人们在长期实践中思维的提炼与结晶,因而能极好地运用于实践。如 PEST 分析法、SWOT 分析法、PDCA 管理循环等。实践证明,这些经典管理工具准确地把握了管理的规律,把先进管理理念转化为可操作的程序和方法,让后来者得以穿过复杂,走向简单。个体掌握了这些工具,犹如用上了聪明人的大脑来指挥自己的行为。同时,这也说明思维工具有较强的灵活性，需要与时俱进，一如作为视角的知识、经验、技术等。

另外，个体掌握的专业理论、自我实践的总结都可以直接作为特定情境下的思维工具。

工具的核心就在于开启更广博的视角，提供崭新的思维方式；而专业理论知识提供的则是专业思维的视角，因此说大学教育的本质就是思维方式的学习。基于此理念，本书挑选与借鉴可用于实践的典型思维工具，目的是帮助思维主体拓展感知、找到新视角，创新解决问题。

二、思维的知觉过程

思维的感知—反应说明人类的思维过程经历了感觉、知觉阶段。思维既是认知的核心，又是认知的过程。

知觉是对感觉信息加工和解释的过程。知觉需要借助于过去的经验，对事物的反映比感觉要深入、完整。知觉的信息加工理论认为，外部的刺激或信息经由感觉器官进入人的大脑，大脑根据感觉材料的性质及储存在记忆中的原有知识和经验，对这些材料进行加工，然后形成印象或知觉。这种加工分为数据驱动的加工和概念驱动的加工。前者强调外界刺激的作用及外部输入信息对加工过程的驱动。后者强调人脑在输入有关外部信息外，对知觉对象的期待与假设及人的原有知识和已有概念对组织、解释新的输入信息的影响。知觉的信息加工过程，就是确定环境中物体和事件的意义的过程，包括激活和修正个体所具有的环境的图式。

知觉理论认为人类是有系统地对环境信息加以选择和抽象概括的。知觉理论以知觉过程为主体，该过程是一个流程，包括展露—注意—解释三阶段。这三个阶段具有外显特性，与外界存在交互性，并深刻影响个体的认知。知觉三阶段也印证了前述大脑的组织模式——外界刺激展露于感官，引起注意，形成一定的解释（模式），最终引发可能的反应。这三个阶段也是思维过程中唯一具有外显性的阶段。因而，研究这三个阶段有利于我们理解感知的形成与窥见思维神秘的一角。（见图4-3）

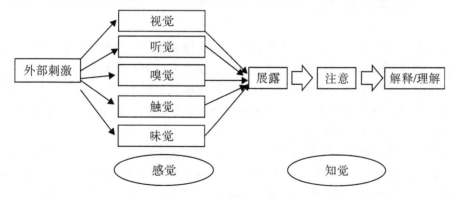

图4-3 思维的感知觉过程

首先，展露指刺激物展现在人体感觉器官的感觉神经范围内，使感官有机会被激活；展露只需把刺激对象置于个体相关环境之中，并不一定要求个体接收到刺激信息。比如，专注于游戏的人可能会听不到旁边的人说话。其次，注意是指个体对展露在其感觉器官所能触及范围内的刺激物作进一步的加工和处理；它实际上是对刺激物分配某种处理能力。注意有选择性、可分割性和有限性。由于认知能力的限制，在某一特定时点，个体不可能同时注意和处理所有展露于自己面前的信息，而只会部分地对某些信息予以注意，即会因应个体的差别而忽略掉展露的信息。最后，解释是个体赋予刺激物以某种含义或意义的过程，是对感知的解释进程。这三个阶段信息是逐步过滤，人体不断接收的信息中，仅有1%的信息经过大脑处理，其余99%均被筛去。如果一则信息不能依次在这几个阶段生存下来，就很难贮存到个体的记忆中，从而也无法对个体的行为产生有效的影响。这也说明，感知不到的信息不会发生反应。

知觉三阶段的过滤性显示了个体的感知从潜意识到（显）意识的过程。科学研究也已证实大脑下意识（潜意识）活动性要早于有意识的行为决定。这说明潜意识在一定的条件下比如受到外界刺激，就会从沉睡中醒过来，转化为意识。只有自觉的意识者才能去调动潜意识，潜意识的内容随时可能转化为有意识的内容。而有意识的内容一旦处于闲置状态或有意识者自觉放弃，它就进入潜意识层暂时潜伏下来。

知觉三阶段的高过滤性也说明了潜意识的庞大。正如弗洛伊德所认为，意识不过是人的整个心理中的一小部分。这就如同一座漂浮的冰山，意识只是水面上的部分，而水面以下的大部分是潜意识。学者们认为是意识产生了潜意识。人自幼获得的种种信息，绝大部分逐步由意识进入到潜意识；人长期不断重复的意识"自动化"以后转化为潜意识；人在"附带觉察"时的弱刺激作用所提供的信息储存于潜意识；个人后天的生活经历留下的心理积淀越深，潜意识就越强。

知觉的潜、显阶段的交替与互生也说明存在将潜意识显性化的可能。或者说，如果能将知觉三阶段有效显性化，将极大地减少知觉的过滤性，从而就可能将潜意识阶段的信息更多地意识化。这拓展了感知，必将极大地提升思维的广度。

三、创新思维习常化

创新思维能力的培养要求在工作岗位上的个体能主动进行微观创新，面对当前迅速变化、高度不确定性环境能正确快速反应。这要求培养个体的创新思维习性。这其实是要求将创新思维纳入思维的必经阶段。在思维的过程中，唯一具外显性的是知觉三阶段，因而，寻求建立此三阶段与创新思维过程的关系，进而寻求思维过程中的创新思维阶段，是一条可能的途径。

华莱士的创新思维四阶段是思维的心理过程层次上的描述；思维的知觉过程是信息加工层次的描述。心理过程层次的加工由于缺乏与外界的交互性，不具备可操作性。创新思维的感知—反应要求拓展感知的视角，从而找到创新的思维模式；思维的知觉过程也揭示在知觉三阶段的感知拓展将提升思维的广度。这说明创新思维过程的心理加工其实与信息加工存在交互一致性，即创新思维过程与知觉三阶段可能存在寻求拓展思维视角的一致性。

首先，知觉的展露阶段要求尽量考虑所有信息。创新思维的准备期则包括：必要的事实和资料、必要的知识和经验的储存、技术和设备的筹集、其他条件的提供等。可见，展露与准备期的内容都是在为搜集更多的信息。

其次，知觉的注意阶段要求突破思维定势，寻找其他可能。这个阶段需要突破因情感或利益的引导而形成定势决策，因而需要有恰当地引导注意力的工具，进行更宽广的思维视角尝试。这个阶段与创新思维的酝酿期、明朗期相似。创新思维酝酿期要对准备期收集的信息进行加工处理，让各种设想在头脑中反复组合、交叉、撞击、渗透，按照新的方式进行加工。明朗期即顿悟或突破期，非常短暂，这其实是酝酿期的某一次有效加工，因而在感知中仍然属于注意力引导阶段。

最后，解释阶段要审视决策是否存在遗漏不当之处。这需要复核决策的过程、推演决策的执行性及总结过往决策的经验教训等，以确认决策的可行性并完善。这与创新思维的验证阶段一致，验证期是评价阶段，对获得的结果加以整理、完善和论证，并且进一步得到充实。

将创新思维过程四阶段与知觉三阶段进行对照，展露的感知内容与思维准备阶段一致；注意的感知内容与思维酝酿、明朗阶段相仿；解释的感知内容则与思维的验证阶段类同。这样就构成了创新思维过程的知觉路径，如图4-4所示。

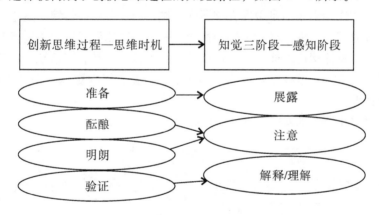

图4-4　创新思维过程与知觉三阶段

这就让创新思维的心理过程与信息加工过程建立了对应关系。由于知觉三阶段的外显性，这形成了借助知觉三阶段拆解并透明化创新思维的过程，进而实现了创新思维形成过程的暴露。由于知觉过程是思维的必经阶段，因此，创新思维嵌入在了思维的知觉阶段中——创新思维成为思维的必经阶段，这形成了创新思维习常化的理论支撑。

这也符合我们的认知。很多的创新，事后看来都是符合逻辑的，主要原因就是事前我们将激发创新的某个有效信息过滤掉了。不同的信息引起的注意将可能引导大脑不同的解释（模式），而有效的创新正是蕴含在这不同的模式中；要想获得创新思维，就必须增加对大脑感官的刺激。思考中绝大部分错误是由于感知上的不足而产生的，源于对情境多样性的认知缺乏。拓展感知实质是减少认知缺陷，从而激发出创新思维。从感知的角度来说，创新思维的形成过程实质与具外显性的知觉三阶段的拓展过程一致，或者说创新思维的形成过程最核心的实际上是知觉三阶段的信息拓展的认知过程。如果想要大脑对接触到的刺激产生创新性的思维结果，就应该在大脑的知觉三阶段用恰当的方式对信息进行引导拓展。当然，拓展展露、注意、解释三阶段的信息，也需要强化记忆力，确保信息被正确提取。

四、思维技能显性化

大脑的感知—反应模式决定了创新思维必须避免注意力跟随经验模式以致受到定势束缚，这要求在知觉的展露、注意及解释各阶段尽可能收集、考察到适量的信息，以引导出更多角度的思维情境，从而形成更多样的思维模式。"工具性增值"就是通过增加对大脑感官的刺激，减少信息过滤，拓展感知，以矫正、缩减个体认知差异，目的是不遗漏具有创新价值的视角。这种感知拓展是通过对知觉三阶段的介入实现的，即通过构筑知觉三阶段的有效思维工具，并对接创新思维过程四阶段，从而暴露"创新思维实践过程"。

思维工具的作用实际上是激发大脑不同区域，产生多样性情境。这也符合水平思维的理念：针对同一对象，激发不同的情境——从不同侧面或视角去看待问题。创新思维工具的实质是能塑造多样性感知情境的思维工具。工具塑造情境，影响感知，形成创新思维。工具的价值在于让我们感知的范围更宽、层次更深，促进我们多视角、全面地看待问题。

思维工具对于感知的影响如图4-5所示。

图4-5 感知思维工具的作用机制

思维其实源于"情境—感知—反应"模式：（工具引发的）要素塑造出情境（联结记忆），形成认知模式，引发反应形成思维。

凡能影响知觉三阶段的感知思维工具将能影响创新思维过程，我们也可以更进一步认为凡能影响知觉三阶段的情境塑造工具将有利于创新思维各过程的发生。

首先，拓展展露的知觉工具对应创新思维的准备期。创新思维是要素刺激感官引起的联想。很多创意都是由事前看似无关或被忽略的因素产生，因而创新思维的第一个阶段——准备，便是要尽可能收集、考虑所有要素。从知觉的角度就是让尽可能多的信息展露于感官之中；从思维的显性阶段来说，这属于初级阶段，需要考虑所有与问题可能相关的要素。创意的联想法则认为创意是源于既有事物基础上的联想，创意的产生首先需要有刺激物，由刺激物引发大脑的想象，从而寻找到可能的创意，还需要大脑能围绕刺激物尽可能地发散想象，因为创意更多是因量到质的飞跃。所以，让创意产生，其一需要有让大脑思维发散的环境与工具，其二则为寻找可能引发创意联想的刺激物。

其次，引导注意的知觉工具对应创新思维的酝酿、明朗（顿悟）期。注意的工具需要在展露的基础上对感知进行进一步拓展，目的是摆脱定势思维。从思维的显性阶段来说，这是次级阶段，主要目的是引导个体思考可能的备选方案，即在前述要素感知基础上可能形成了某个看似不错的方案，此时大脑不愿再进一步思考。只有一个决策时，往往是最危险的——因为这极可能是基于决策者的情感、利益所做出的。此时，要引导决策者的注意，寻求其他可能的决策。

最后，全面解释的知觉工具对应创新思维的检验（验证）期。从思维的显性阶段来说，这属于最终阶段，必须对可能形成的决策进行审慎的评估与求证以更进一步检验思维。

综上所述，知觉三阶段的思维工具与思维过程的对应关系，实质是将感知思维工具适时嵌入创新思维过程的不同阶段，非常有利于人们的创新实践活动。由于工具的实践性，这种嵌入应用实现了创新思维技能的显性化也让创新思维具有了实践性。这种知觉三阶段对创新思维过程的暴露，也提供了过程导向的创新思维教育的实现路径。

第一，知觉的展露、注意、解释等时期分别对应创新思维过程的准备、酝酿与明朗、验证等阶段，从而暴露创新思维的形成过程。这解决的是创新思维教育中的"为何"——创新思维教育的理论基础，实质是创新思维形成过程的暴露。

第二，创新思维的准备、酝酿与明朗、验证等不同阶段嵌入不同感知思维工具，从而暴露创新思维的实践过程。这解决的是创新思维教育中的"如何"——创新思维教育的实践工具，实质是创新思维实践过程的暴露。

"为何"与"如何"的完成，建构了一套过程导向的创新思维教育模式。这种模式实现了创新思维过程的暴露。

本书选用的创新思维过程所对应知觉三阶段的感知思维工具如图4-6所示。这些工具的设计遵循着展露、注意及解释三阶段在信息搜寻中的特性（由表及里或由浅入深或思维的流程顺序等），主要目的是想说明不同阶段不同思维工具的内涵。因而个体在理解并掌握此层含义后，完全可以自主选用或总结出各种适合具体环境的工具或模型。

在平时的学习、工作、生活中，我们需要花时间学习和掌握、在实践中多关注与运用思维工具，这些工具简单，但起初应用时并不容易。因为我们的定势很难让我们自然地转向思维工具，这必然有一个刻意训练的过程。当我们养成随时随地应用思维工具的习惯，就能生发更多的影响感知的因素，从而形成更多元的思维模式。这些模式必将给我们的生活带来彻底的改变，我们可以利用它们更好地应对任何问题。

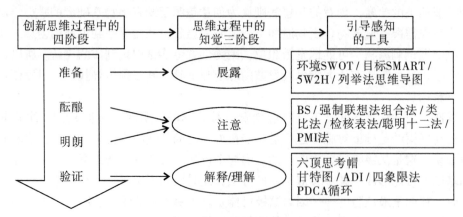

图4-6 创新思维过程对应的感知思维工具

本章小结

大脑的结构决定了创新思维需要依靠左右脑的协作。创新思维是种感知—反应，大脑思考的目的是废止思维，是通过寻找到大脑中熟悉的思维模式来实现的。我们应用的思维模式越多，越可能找到正确高效的处理办法。既有创新思维教育是种结果导向的印证式模式，难以实践。过程导向的创新思维教育要求暴露创新思维过程，这通过思维过程的知觉三阶段嵌入创新思维过程实现；创新思维也因此成为了思维的必经阶段，这提供了创新思维习常化的理论路径。基于工具的实践性，知觉三阶段的感知思维工具与创新思维四阶段的对应性实现了创新思维技能教育的显性化。

思考题

1. 如何理解大脑思考的目的是废止思维？
2. 结果导向的创新思维教育的弊端为何？
3. 如何理解创新思维的习常化？
4. 如何理解创新思维的显性化？
5. 谈谈你对过程暴露的创新思维教育模式的理解。

课前动脑答案

1. 类似加热蒸发、用吸管吸、用海绵吸等。2. 两头一起烧。3. 先将某一袋有米的部分封住翻转，然后将另一袋米倒入翻转袋内，最后用空出的袋子接装另一种米。

下编　创新思维实践工具

　　思维是一种感知—反应。创新思维实质是以一种新视角来看待既有思维对象，这来源于某个要素塑造的情境而引发的感知思维模式。创新思维培养的实质：尽可能在思维过程中接触到足够的要素，以寻找出创新的思维模式。要素的产生与寻找可借助各种激发感知的思维工具，即思维方法。

　　解决一个问题就是一次决策，工具的价值在于帮助决策者在决策时引导其理性思考，从而避免仅凭经验或情感的定势模式。工具本质上是一组符号化的特定思维模式的指令，能够帮助思考者打破常规。

　　关于思维工具的教学一般可分为 8 个步骤，总计用时约 35 分钟。

　　(1) 用一个故事或简单练习引导本次课主题及其思维方式。

　　(2) 介绍本次课的思维工具，说明该工具的名称、读法和思维方法。

　　(3) 举例示范说明，并叫学生回答；多次重复本工具的名称。

　　(4) 学生分组练习，学用思维工具。

　　(5) 选取小组分别报告，各组相互补充。

　　(6) 用同样的方法做两至三个练习，再报告、补充。

　　(7) 讨论思维过程，引导学生说出思维的道理，讨论该工具及运用范围。如无能力讨论，再做一两个练习。

　　(8) 每课上完后，安排做一两道课外练习题。

　　每个思维工具的内容编排一般包含五部分。

　　(1) 概念。

　　(2) 价值。

　　(3) 实施方式。

　　(4) 实践案例。

　　(5) 练习。

第五章　准备期：充分展露的思维工具

学习目标

1. 了解环境要素工具 PEST 及 SWOT。
2. 理解 SMART 法则的机理。
3. 知道 5W2H 法及列举法的应用。
4. 掌握思维导图的机理与绘制。

课前动脑

1. 一个人的手表掉进了咖啡杯中，他用手将手表拿出，怎么能让手和手表都不湿？

2. 突然停电，小明停止了写作业，妈妈也织不了毛衣，可是爸爸却仍在津津有味地读书。为什么？

3. 在一个跑马场上，跑道上有 A、B、C 三匹马。A 在一分钟内能跑两圈，B 能跑三圈，C 能跑四圈。现将三匹马并排在起跑线上，准备向同一个方向起跑。请问，经过几分钟，这三匹马又能并排地跑在起跑线上？

3. 找错误。本题中有一处特别明显的错误，你能找出来吗？

白日依山尽，黄河入海流。欲穷千里目，更上一层楼。

导入案例

需要一把剪刀

篮球运动刚诞生时，篮板上钉的是真正的篮子。每当球投进篮筐的时候，就有专人踩在梯子上把球拿出来，因此比赛断断续续，缺乏紧张刺激的气氛。人们想了各种取球方法，甚至有发明家制造了一种机器——在下面一拉就能把球弹出来，但也没能很好地解决这个问题。

一天，一位父亲带着儿子来看球赛。儿子问，为什么不把篮筐的底去掉呢？人们如梦初醒，于是有了今天的篮球筐。剪掉篮筐的底，就这么简单，然而这个简单的"难题"却困扰了人们多年：大家盲目搬梯子、造机器……却没发现只需要一把剪刀。这是因为篮球运动源于投球入桃子筐的游戏启发，桃子筐都是有底的，这在人们寻求问题解决的思维中属于不相干的因素。

（资料来源：陈璟《需要一把剪刀》，载《基础教育》2005 年第 Z1 期，第 118 页。有改动。）

创新思维准备期包括知识的积累和对信息的搜集，需要对创造性问题本身进行细致分析与明确，并初步尝试问题的解决，是有意识的努力阶段。在这一阶段，对于顿悟或创造性问题解决而言，个体可能陷入困境，形成思维僵局，即问题解决者感觉（至少是当前可见的）所有可能的问题的解决方法均已尝试过，但仍不知如何成功解题的心理状态。

创新思维作为思维的必经阶段，其准备期可嵌入到思维过程中的知觉的展露阶段中。准备期要求搜集、考虑所有的要素，然后将这些信息尽可能暴露在感觉器官之中，以塑造感知的情境，从而形成多视角的感知—反应。人们获得的信息要素越多，感知的视角亦越多，思维的质量便越高，采取的行动也会更合适。

任何创新或创意，事后看来都是符合逻辑的。这种认知事实上说明所有的创新都是符合群体逻辑共识的。一个悔不当初的决策都是由于忽视或遗漏了某些因素，这是一种认知缺陷。做决定时，人们会很自然地认为自己已经考虑到所有的因素了，但实际上人们通常只考虑了那些明显的因素，这是因为人们在做决定时把注意力放在了因素的重要性上。借助工具，人们能把注意力从因素重要性上转移到寻找所有因素上。这可通过提出具体的数量要求（比如至少10个）来引导要素的寻找。

考虑所有因素需要克服经验定势。要掌握广泛看问题并把问题具体化的方法，要克服思维中的短视或以自我为中心的倾向，还要特别关注"有什么被遗漏"和"我们还应该思考些什么"两方面。这可借助三方面的途径：第一，使用信息的来源。第二，运用提问。第三，寻找不相干信息。这些途径在具体的信息搜寻中可选择恰当的思维模型联合使用。此外，展露强调能够将各种要素呈现在感知之中，因而更宽松或让自己处于一个全新的环境也是一种有效的促进。

本章从信息来源及搜寻信息视角介绍由表及里地充分展露信息的感知思维工具。

第一节　使用信息的来源

信息因素来源于三个方面：自身的因素（SWOT）、社会的因素（PEST）及他人的因素（SMART）。

一、自身因素——SWOT

审视自身具体的因素不能脱离所处的环境，因为审视的目的是期望寻找到有利于解决问题的突破口，因而借助融合内外部要素的工具将是最为有利的方式。SWOT正是这样一种思维工具。

> **小案例 5-1　孟子故里**
>
> 邹城是孟子的故里，邹城市政府决定以孟子为核心进行塑造，他们期望解决的问题是"让孟子超过孔子"。后来，策划师建议从孟子的才学是如何造就的着手，塑造"孟母教子"的城市名片，引导人们关注家庭教育。显然，策划师在围绕孟子进行城市名片塑造时，拓展了关注的要素。品牌塑造强调差异化，孟子故里显然不及相邻城市的孔子故里具有吸引力，但孟母如何教子却别具优势。
>
> （资料来源：史宪文《现代商务策划管理教程》，中国经济出版社2007年版。有改动。）

（一）概念与内涵

> **小案例 5-2　隆中对**
>
> 自董卓以来，豪杰并起，跨州连郡者不可胜数。曹操比于袁绍，则名微而众寡。然操遂能克绍，以弱为强者，非惟天时，抑亦人谋也。今操已拥百万之众，挟天子而令诸侯，此诚不可与争锋。孙权据有江东，已历三世，国险而民附，贤能为之用，此可以为援而不可图也。荆州北据汉、沔，利尽南海，东连吴会，西通巴蜀，此用武之国，而其主不能守，此殆天所以资将军，将军岂有意乎？益州险塞，沃野千里，天府之土，高祖因之以成帝业。刘璋暗弱，张鲁在北，民殷国富而不知存恤，智能之士思得明君。将军既帝室之胄，信义著于四海，总揽英雄，思贤如渴，若跨有荆、益，保其岩阻，西和诸戎，南抚夷越，外结好孙权，内修政理；天下有变，则命一上将将荆州之军以向宛、洛，将军身率益州之众出于秦川，百姓孰敢不箪食壶浆，以迎将军者乎？诚如是，则霸业可成，汉室可兴矣。
>
> （资料来源：〔魏晋〕陈寿著、裴松之注《三国志》，中华书局2011年版。）

SWOT是安德鲁斯（Kenneth R. Andrews，1971）在其著作《公司战略概念》中提出的分析框架。SWOT分析实际上是将对组织内部和外部条件各方面内容进行综合和概括，进而分析组织的优劣势、面临的机会和威胁的一种方法。其目的是基于组织自身的既定内在条件，找出组织的优势、劣势及核心竞争力之所在，进而将组织的战略与组织内部资源、外部环境有机结合。其中，S、W是内部因素：S代表优势（strength），W代表弱势（weakness）；O、T是外部因素：O代表机会（opportunity），

T 代表威胁（threat）。

早在 SWOT 诞生之前的 20 世纪 60 年代，就已经有人提出过 SWOT 分析中涉及的内部优势、弱点，外部机会、威胁这些变化因素，但只是孤立地对它们加以分析。SWOT 工具的价值在于将这些孤立但实际会交互作用从而影响决策的要素统筹起来，并以矩阵图的方式将关系显现出来，形成系统分析的思维，进而形成要素组合的战略。（见表 5-1）

表 5-1　SWOT 分析矩阵

		内部环境	
		Strengths 优势	Weaknesses 劣势
外部环境	Opportunities 机会	S-O 战略	W-O 战略
	Threats 威胁	S-T 战略	W-T 战略

工具的价值就在于将聪明人的思维总结为普通人可用的模型，从而让我们像智者一样思考。比如商务策划专家史宪文根据《隆中对》总结出了适用于策划需要考虑的十要素，并提出了商务策划的通用模型——OK 模型。如果我们从环境因素的视角来解析诸葛亮策划（《隆中对》）中的思维智慧，就会发现其蕴含着 SWOT 的系统思维模式。（见表 5-2）可见，SWOT 工具可以引导我们像诸葛亮一样思考各种要素。

表 5-2　《隆中对》的 SWOT 分析

内部	S 帝室之胄，信义四海 思贤如渴	W 无天时 无地利
外部	O 天下豪杰并起 荆益地利但主弱 孙权为援	T 曹操挟天子令诸侯 曹操百万之众 孙权强据江东

SWOT 分析首先可以引导我们对要素进行梳理，最重要的是通过要素间的关联思考，将会形成 4 个方面的决策。（见表 5-3）

表 5-3 SWOT 策略表

	内部优势（S）	内部劣势（W）
外部机会（O）	SO 策略（增长型策略） 依靠内部优势 利用外部机会	WO 策略（扭转型策略） 利用外部机会 克服内部劣势
外部威胁（T）	ST 策略（多种经营策略） 利用内部优势 回避外部威胁	WT 策略（防御型策略） 减少内部劣势 回避外部威胁

SO 策略指组织在有明显优势且外部机遇绝佳的时候，需要依靠内部优势，牢牢把握住外部机会，寻求一切高速发展机会，更加稳固组织的地位。

WO 策略指组织在有明显劣势而外部机遇绝佳的时候，需要利用外部机会，弥补内部劣势，发现能弥补自身不足的外部机会，改善自身条件。

ST 策略指组织在有明显优势但外部威胁大于机遇的时候，需要依靠内部优势，规避外部威胁，以自身优势最大限度化解外界威胁带来的影响，稳固发展趋势。

WT 策略指组织在自身明显不足且外界威胁及风险较大的时候，需要减少内部劣势，规避外部威胁，在寻找弥补劣势的条件的同时，还应小心外界对自身的威胁，尽力扭转自身所处的形势。

SWOT 分析的最终目的是通过 SO 策略获取最大的竞争优势，同时还应防范 WT 要素带来的风险。比如《隆中对》的最终决策：跨有荆、益，西和诸戎，南抚夷越，外结孙权，成三国鼎立；未来再图霸业，兴汉室。

（二）价值

SWOT 工具是一种能够较客观而准确地分析自我的方法。利用这种方法可以从中找出对自己有利的、值得发扬的因素，以及对自己不利的、应避开的因素。这种分析有助于发现存在的问题，并找出解决的办法，从而明确以后的发展方向。个体也可以应用这种系统思维来帮助整理并调整自我。

SWOT 工具将内外部信息对照组合，能进一步发掘表面要素中隐含的有价值的信息，有利于发现创新决策的因素。

SWOT 是战略管理和竞争情报的重要分析工具，具有分析直观、使用简单的优点。即使没有精确的数据支持和更专业化的分析工具，通过 SWOT 分析也可以得出有说服力的结论。

SWOT 是个系统思维的工具，要求决策者审视在现有的内外部环境下，如何最优地运用组织自有的资源，如何建立未来资源。好的决策应该发掘外在环境中的有利因素，结合利用组织内部资源，实现因势利导。SWOT 工具的重要贡献就在于用系统的思想将这些似乎独立的因素相互匹配起来进行综合分析，使得组织战略计划的制定更加科学全面。

SWOT 的逆用。每个人都有自己期望的工作与岗位，可以应用 SWOT 分析基于目标岗位的应具备的能力及梳理自我能力；从两个 SWOT 分析的差异中关注自身的不足，考量改善的可能，从而规划好当前努力的方向。

（三）实施方法

从整体上看，SWOT 可以分为两部分：第一部分为 SW，主要用来分析内部条件；第二部分为 OT，主要用来分析外部条件。

一般来说 SWOT 分析应将其置于宏观及竞争的环境中来看。组织体自身的优势、劣势应该符合宏观趋势，而且应该是基于与竞争对手相比较的结果。环境中的机会与威胁也应该是基于组织体既有条件的针对性关注。这些比较与针对要素的选择还需要以决策者的专业、知识与经验作为基础。

SWOT 分析包含三步。

1. 罗列要素

罗列组织内部的优势和劣势，外部可能的机会与威胁。优势、机会要能明确反映出其价值性，劣势、威胁则要表示出其面临的风险等。

2. 形成策略

优势、劣势与机会、威胁相组合，形成 SO、ST、WO、WT 策略。

3. 确定具体策略与方针

分别是：依靠内部优势和外部机会的 SO 策略；利用外部优势、弥补内部缺憾的 WO 策略；利用内部优势、规避外部威胁的 ST 策略；减少内部劣势、规避外部威胁的 WT 策略。

SWOT 工具应用中，首先要将组织面临的问题按轻重缓急进行分类：明确哪些是急需解决的问题，哪些是可以稍微拖后一点儿的事情，哪些属于战略目标上的障碍，哪些属于战术上的问题；其次，将这些研究对象列举出来，依照矩阵形式排列；最后，用系统分析的方法，把各种因素相互匹配起来加以分析，从中得出一系列相应的结论。这些结论通常带有一定的决策性，有利于领导者和管理者做出较正确的决策和规划。

> **小案例 5-3**
>
> **健力宝 2010 年渠道策略（SWOT 分析）**
>
> | | | 内部优势 & 劣势（S&W） | |
> | --- | --- | --- | --- |
> | | | 优势（S）
品牌知名度高，民族品牌；
产品属性具运动饮料功能；
赞助 2010 年亚运会 | 劣势（W）
经销商稳定性差，区域出现县城空心化，缺乏年轻人消费，产品缺乏中塑装，欠缺市县镇一体的产品平台；
团队稳定性差，欠缺基本市场经营技能 |
> | 外部机会 & 威胁（O&T） | 机会（O）
地、县市场区域 60% 的区域未开发 | 借助赞助亚运平台，强化中国特色的运动饮料定位，提升品牌力；
扩大经销商网络的布建 | 建立业务团队的培训体系；
培养年轻消费群体；
整合 A 罐及 1984 年为健力宝金银罐，构建产品平台 |
> | | 威胁（T）
金融危机，对消费力有所影响；
竞品渠道抢夺力度加大 | 应用免费派送加强与消费者的沟通，扩大消费群体；
重点渠道（商场、学校）专案 | 重点区域的县城空心化整治；
稳定经销商经营 |
>
> 根据 SWOT 分析，挑选目前对健力宝企业最重要及可以实施的策略是：借助广州亚运会盛事，打造中国特色的运动饮料。战术包括开发新运动饮料、扩大渠道网络布建、选择恰当促销策略等。在此基础上进一步细化、分解为可执行的步骤。
>
> （资料来源：笔者撰写。）

（四）实践案例

1. 场景简述之一

入职第十天，我对公司内部管理有了一定看法，也对行业有所认知，我想了解公司未来的可能发展，进而思考自己的去留。

（1）SWOT 应用：

S：公司的业务性质属于 B2C 跨境电商；拥有自己完整的供应链；产品开发能力强。

W：公司里的推手分为很多小团队，各有业绩目标，存在内部竞争，影响经验分享与交流。

O：我国跨境电商正处于上升期，有很多政策利好。

T：竞争对手越来越多；中美贸易战引致的贸易壁垒。

（2）效果评价：运用 SWOT 分析，我对公司更为了解，对公司的前景预测有依据，决定争取留下来。该工具的应用促进了我对岗位的了解，也提高了我对工作的积极性。

2. 场景简述之二

我 8 月初去唯品会开总结会，和其他品牌相比，确立接下来的方向。

（1）SWOT 应用：

S：坚持自身产品风格——优雅淑女风；连衣裙是我们的主打，公司研发能力强；公司定位于中高端"70 后""80 后"人群；拥有自己的仓库和代工厂；品牌历史文化悠久，创立于 20 世纪 90 年代。

W：品类的开发不全面，除了连衣裙，其他品类还很空白；定位的目标人群和产品风格狭窄；公司线上发展时间短，推广能力还不强。

O：唯品会是个大平台，可以给商家很多活动机会。

T：品类不全很难与同行业商家抗衡；推广能力相比其他同发展水平的商家较弱。

（2）效果评价：应用 SWOT 工具，我能更好地审视平台，并在宏观环境之中审视竞争对手，进而发掘我司产品的优点和不足。最后，我们决定进行品牌再定位，并借助唯品会来提升经典故事品牌线上推广。

（五）练习（SWOT 应用）

（1）一直想从事猎头工作的小王，被主管告知不太适合，建议转岗内勤。他不太甘心，但又不确定自己是否适合。他决定用 SWOT 分析自己和主管所具备的与岗位相关的工作能力，看双方的差距，这种差距是否可以通过自我的学习与改善来缩减。如果可以，说明有机会可以继续从事本行。基于以上思维，请用 SWOT 分析自己期望工作岗位的简历，进而提出改善计划。

> **扩展阅读 5-1** 波士顿矩阵（BCG Matrix）
>
> 波士顿矩阵又称市场增长率—相对市场份额矩阵、产品系列结构管理法等。
> 波士顿矩阵是由美国大型商业咨询公司——波士顿咨询集团首创的一种规划企业产品组合的方法。问题的关键在于要解决如何使企业的产品品种及其结构适合市场需求的变化，只有这样企业的生产才有意义。同时，如何将企业有限的资源有效地分配到合理的产品结构中去，以保证企业收益，也是企业在激

烈竞争中能否取胜的关键。如下图所示：

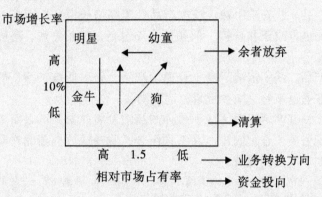

（1）BCG矩阵将组织的每一个战略业务单元SBU（strategic business unit）标在一个二维的矩阵图上，从而显示出哪个SBU能提供高额的潜在利益、哪个是组织资源的漏斗。进而区分出4种业务组合：

①问题型业务（幼童）。指高增长，低市场份额。
②明星型业务。指高增长，高市场份额。
③现金流型业务。指低增长，高市场份额。
④瘦狗型业务。指低增长，低市场份额。

（2）波士顿矩阵的基本应用法则。

发展。以提高经营单位的相对市场占有率为目标，甚至不惜放弃短期收益。金牛型业务想尽快成为"明星"，就要增加资金投入。

保持。投资维持现状，目标是保持业务单位现有的市场份额，较大的"金牛"可以此为目标，以使它们产生更多的收益。

收割。其主要是为了获得短期收益，目标是在短期内尽可能地得到最大限度的现金收入。处境不佳的金牛型业务及没有发展前途的问题型业务和瘦狗型业务应视具体情况采取这种策略。

放弃。清理和撤销某些业务，减轻负担，以便将有限的资源用于效益较高的业务。适用于无利可图的瘦狗型和问题型（幼童）业务。

（3）实践案例。

工作场景简述：领导要求新人熟悉了解自家产品。

思维工具：波士顿矩阵。

明星产品。洁能净洗衣粉、浪奇除菌洗衣液。该类产品处于高增长率、高市场占有率阶段。要加大投资支持其迅速发展，如积极的广告宣传、推出大力度的优惠活动、聘请促销人员进行一系列促销活动、增加赠品投入等，保证该类产品保持和提高市占率。

现金牛产品。高富力洗洁精、万丽洁厕精。该类产品处于低增长率、高市场占有率阶段，产品进入成熟期，盈利性强。要进一步进行市场细分，维持现存市场增长率、延缓其下降速度。

问题产品。肤安洗手液。该类产品处于高增长率、低市场占有率阶段。对该类产品要进行改正和扶持,例如更换外包装,使其美观、有吸引力,打开年轻人市场。

瘦狗产品。肤安浴液。属于衰退型产品,处于低增长率、低市场占有率阶段。应采取撤退策略,减少批量,逐渐淘汰。

策略:根据客观标准评估了多种产品的发展前景,可以简单明了地协助我们合理分配资源,合理安排产品系列组合,收获或放弃萎缩产品,加大在更有发展前景的产品上的投资。

(资料来源:[澳] 芭贝特·E. 本苏桑、[加] 克雷格·S. 弗莱舍著《决策的10个工具》,王哲译,中国人民大学2012年版,第3页。有改动。)

思考:SWOT 工具的决策矩阵与 BCG 矩阵的对应与关系。

(2) 辨别以下 SWOT 分析中的问题,并给出正确的分析。

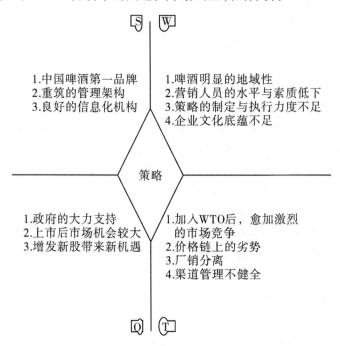

二、环境——PEST

SWOT 分析的前提是对宏观环境进行审视,因而 SWOT 分析中其实隐含了宏观环境分析的结果。这可以应用 PEST 分析法。

（一）概念与内涵

PEST 是一种宏观环境分析模型。宏观环境又称一般环境，是指影响一切行业和企业的各种宏观力量。一般包括四项核心因素，分别是政治环境（political）、经济环境（economic）、社会环境（social）和技术环境（technological）。PEST 工具可使企业从总体上认识到其自身发展的宏观环境，从而调整并促进自身的协调发展。

1. **政治环境**

政治环境包括一个国家的社会制度，执政党的性质，政府的方针、政策、法令等。不同的国家有着不同的社会性质，不同的社会制度对组织活动有着不同的限制和要求。即使社会制度不变的同一国家，在不同时期，其政府的方针特点、政策倾向对组织活动的态度和影响也是不断变化的。

重要的政治法律变量：政治体制、执政党性质、政府的管制、经济体制、税法的改变等；专利数量、专利法的修改、环境保护法、产业政策、投资政策等；国防开支水平、政府补贴水平、反垄断法规、与重要大国关系、地区关系等；对政府进行抗议活动的数量、严重性及地点、民众参与政治行为、政局稳定状况、各政治利益集团等。

2. **经济环境**

经济环境主要包括宏观和微观两个方面的内容。宏观经济环境主要指一个国家的人口数量及其增长趋势，国民收入、国民生产总值（GNP）及其变化情况以及通过这些指标能够反映的国民经济发展水平和发展速度。微观经济环境主要指企业所在地区或所服务地区的消费者的收入水平、就业程度、储蓄情况、消费偏好等因素。这些因素直接决定企业目前及未来的市场大小。

重要监视的关键经济变量：GNP 及其增长率、贷款的可得性；价格波动、货币与财政政策；可支配收入水平、居民消费（储蓄）倾向；利率、通货膨胀率、政府预算赤字水平、规模经济、消费模式、失业趋势、劳动生产率水平；汇率、证券市场状况、进出口因素、外资状况；不同地区和消费群体间的收入差别；等等。

3. **社会文化环境**

社会文化环境包括一个国家或地区的居民教育程度和文化水平、价值观念、宗教信仰、风俗习惯、审美观念等。文化水平会影响居民的需求层次；价值观念会影响居民对组织目标、组织活动以及组织存在本身的认可与否；宗教信仰和风俗习惯会禁止或抵制某些活动的进行；审美观点则会影响人们对组织活动内容、活动方式以及活动成果的态度。

关键的社会文化因素：人口结构比例、妇女生育率、性别比例；人口出生率、人口死亡率、人口预期寿命、节育措施状况、人口迁移率、城市城镇和农村的人口变化、社会保障计划、平均教育状况；种族平等状况、宗教信仰状况；特殊利益集团数量；对政府的信任度、对政府的态度、对职业的态度、对权威的态度、对工作的态度；结婚数、离婚数；人均收入、生活方式、平均可支配收入、购买习惯、储蓄倾向、性别角色、投资倾向；对退休的态度、对质量的态度、对闲暇的态度、对道德的关切、对服务的态度、对外国人的态度；污染控制、对能源的节约、社会活动项目、社会责任；等等。

4. 技术环境

除了要考察与企业所处领域的活动直接相关的技术手段的发展变化外，还应及时了解：国家对科技开发的投资和支持重点；该领域技术发展动态和研究开发费用总额；技术转移和技术商品化速度；专利及其保护情况；等等。

一个典型的 PEST 分析要素如表 5-4 所示，在具体应用时要注意要素的与时俱进。

表 5-4 PEST 内容

政治（包括法律）	经济	社会	技术
环保制度	经济增长	收入分布	政府研究开支
税收政策	利率与货币政策	人口统计、人口增长率与年龄分布	产业技术关注
国际贸易章程与限制	政府开支	劳动力与社会流动性	新型发明与技术发展
合同执行法 消费者保护法	失业政策	生活方式变革	技术转让率
雇用法律	征税	职业与休闲态度、企业家精神	技术更新速度与生命周期
政府组织/态度	汇率	教育	能源利用与成本
竞争规则	通货膨胀率	潮流与风尚	信息技术变革
政治稳定性	商业周期的所处阶段	健康意识、社会福利及安全感	互联网的变革
安全规定	消费者信心	生活条件	移动技术变革

（二）价值

PEST 分析是战略咨询顾问用来帮助组织检阅其外部宏观环境的一种方法。PEST 分析的常用领域有：公司战略规划、市场规划、产品经营发展、研究报告撰写等。PEST 通常与 SWOT 一起使用。

1. 引导思维进入准备期

PEST 是一种最佳的引导思维关注外在因素时的有效工具。创新思维的初始阶段是准备期，对宏观环境的关注能有效地将思维从定势中转移到对外在要素的分析。

2. 全面关注环境要素

在分析一个企业所处的背景的时候，通常是通过这四个因素来分析企业组织所面临的状况。进行PEST分析需要掌握大量的、充分的相关研究资料，并且对所分析的企业有着深刻的认识，否则，此种分析很难进行下去。

3. 关注特定要素

PEST可以组合应用，也可以在考虑每个要素时形成某个感知情景中的决策。比如在宏观环境中国家放开二孩政策，这是一个政策法规要素，我们就可以与自己的企业发展结合起来思考。如果企业是做奶粉的，这绝对是一个利好因素；如果企业是做房地产开发的，可能就需要考虑大户型的发展机会。

4. PEST分析的扩展变形形式

SLEPT与STEEPLE。STEEPLE是以下因素的英文单词的缩写：社会/人口（social/demographic）、技术（technological）、经济（economic）、环境/自然（environmental/natural）、政治（political）、法律（legal）、道德（ethical）。此外，地理因素（geographical factor）有时也可能会有显著影响。这提示思维主体需要因应研究对象及问题的情境进行环境要素的适当扩展。

（三）实施方法

PEST分析相对简单，对于每一个可能相关要素均可通过头脑风暴法来完成。PEST分析指某一主体发展所面临的外在社会环境，任何决策都必须依托在一定外界因素的影响下。

PEST分析的具体内容会因不同行业、不同企业的自身特点和经营需要而不同，也要关注政策对企业经营的利弊影响。比如分析共享单车与母婴用品所面临的宏观环境。在政治法律方面，共享单车带来的绿色环保、健康出行的理念符合政策方向因而会获得支持，但同时共享单车的乱停乱放也是城市管理所难以接受的，因此相关企业必须充分考虑应对策略才可能获得成功。二孩政策放开及相关利好政策带来的婴幼儿出生潮而引发的系列母婴用品商机。该政策带来的母婴用品行业的竞争加剧甚至可能引发的并购、洗牌也是想要发展壮大企业必须考虑到的危机。

一般来说，将4个要素分析完之后，应该有一个对整体宏观环境的评价以为思维主体的决策提供方向性支持建议。

（四）实践案例

场景简述：公司开年中工作总结会议，上司要求新人做会议总结，分析行业外部环境。

（1）PEST分析：

P：不稳定的国际金融环境，贸易摩擦不断，出口困难重重。国家倡导加快转变经济发展方式，推动产业结构调整和升级。——浪奇正努力向政策靠近。

E：随着消费者消费能力不断提升，高端市场发展潜力巨大。行业竞争剧烈，外资巨头的价格策略步步紧逼，使本土日化企业生存环境恶化。——消费升级，危中有机。

S：可持续发展成为行业发展的方向，浪奇致力于绿色环保事业，迎合了趋势，未来发展潜力巨大。但国际日化巨头近年来积极抢占市场，我司也要积极主动迎接挑战，不断进步，调整自己，在市场竞争中立于不败之地。——注重绿色环保。

T：目前国内大多日化企业受实力和理念所限，"重市场，轻研发"的做法根深蒂固，缺乏核心竞争力，易被淘汰。浪奇创新采用源于植物的、天然可再生活性剂MES，研发一系列MES产品，为行业使用可循环再生原料生产和应用树立了标杆，引领行业可持续发展。浪奇拥有博士后工作站，研发团队成熟，是公司注入全新活力的坚强后盾。——强化研发能力。

（2）效果评价：通过分析外部环境，了解行业发展现状，对浪奇在行业中的优势与不足更清晰明了；结合内外部环境，提出可行性建议，帮助公司发展。消费升级带来了市场机遇，拥有核心竞争力的企业将有机会建立行业标准。这要求企业放眼全球，持续关注并提升自我研发能力。

（五）练习（以下所有的分析都必须以特定的 PEST 要素为依据）

（1）分析某老年人项目的环境机会（自己定一个项目）。
（2）分析未来可能的房子布局。

扩展阅读 5-2

波特五力模型

波特五力模型是 20 世纪 80 年代初由迈克尔·波特提出的。该模型认为行业中存在着决定竞争规模和程度的五种力量，这五种力量综合起来影响着行业的竞争能力和企业的生存能力。这五种力量分别是：供应商讨价还价能力、消费者讨价还价能力、行业内存在的现有竞争者的竞争力、潜在竞争者的进入能力、产品的替代能力。

波特五力模型将大量不同的因素汇集在一个简便的模型中，以此分析一个行业的基本竞争态势。这五种力量综合起来决定着产业的影响程度和竞争力。

竞争战略从一定意义上讲是源于企业对决定产业吸引力的竞争规律的深刻理解。任何产业，无论是国内的或国际的，无论是生产产品的或提供服务的，竞争规律都将体现在这五种竞争的作用力上。因此，波特五力模型是企业制定竞争战略时经常使用的战略分析工具。

波特的"五力"分析法是对一个产业盈利能力和吸引力的静态断面扫描，

说明的是该产业中的企业平均具有的盈利空间,因此这是一个产业形势的衡量指标,而非企业能力的衡量指标。通常,这种分析法也可用于创业能力分析,以揭示本企业在本产业或行业中具有何种盈利空间。

(资料来源:[澳]芭贝特·E. 本苏桑、[加]克雷格·S. 弗莱舍著《决策的10个工具》,王哲译,中国人民大学出版社2012年版,第3页。有改动。)

三、目标——SMART

思维通常围绕某个目标展开,即人们通常所说的以终为始。终点的正确选择或确认,可以引导我们的思考不至过于脱离实践,并可以促进行为的效率。实践中,如果我们明确了终点,就比较容易设计达成目标、抵达终点的策略。关于终点的设定,通常应该是一个适当的目标或任务的达成,应该符合SMART原则。

(一) 内涵与概念

> **小案例 5-4　　　　意料外的达成**
>
> 某企业广州办事处的新经理4月到任,提出7月要冲击500万元的销售目标。当时4月的业绩不到100万元,以正常成长速度看,7月的业绩300多万元比较合理。但由于销售经理4月就提出了,整个团队都将500万元视为必须达成的目标。进入7月,大家都全力以赴,在最后一刻冲刺到了500万元。该经理私下说,其实能够做到350万元就已经能向公司交差了,做到500万元也出乎他的意料。
>
> (资料来源:笔者撰写。)

德鲁克认为,并不是有了工作才有目标,相反,是有了目标才能确定每个人的工作。因此,"企业的使命和任务,必须转化为目标"。如果一个领域没有目标,这个领域的工作必然被忽视。

在某个实验中,一群人被分成三组,各有一个向导带领他们去往某处。

第一组,被告知跟着向导走,去到就知道了。

第二组,被告知去10千米处的王家庄。

第三组,被告知去10千米处的王家庄,且每千米会有一块里程碑。

哪一组最容易到达目的地呢?实验结果显示是第三组。其主要的原因是有了具体而明确的目标(10千米远的王家庄),而且有了促进目标达到的措施(每千米里程碑,这可以视为达成措施)。

明确的目标几乎是所有成功团队的一致特点。明确的含义是指目标设置要有明确项目（步行去王家庄）、衡量标准（10千米）、达成措施（每千米有里程碑）、完成期限（一般两小时左右）以及资源要求（步行），使考核人能够很清晰地看到部门或自己要做哪些事情，计划完成到什么样的程度，是否具有足够的资源。简言之，目标的制定必须符合 SMART 原则。该原则是管理专家彼得·德鲁克 1954 年在其著作《管理实践》中最先提出的。

1. S（specific）——具体的、明确的

S 指目标应该要用具体的语言清楚地说明要达成的行为标准。很多团队不成功的重要原因之一就是目标定得模棱两可，或没有将目标有效地传达给相关成员。比如目标设定是"增强客户意识"，这种对目标的描述就很不具体、不明确。因为增强客户意识有许多具体做法，如：减少客户投诉、提升服务的速度、使用规范礼貌的用语、采用规范的服务流程等，都是增强客户意识的方面。有这么多增强客户意识的做法，我们所说的"增强客户意识"到底指哪一块？不具体、不明确就没有办法评判、衡量。如果改成"我们将在月底前把前台收银的速度提升至正常的标准：一分钟"就很具体了。

2. M（measurable）——衡量性

M 指目标应该不是模糊的，最好是有一组明确的能量化的数据，作为衡量是否达成目标的依据。如果制定的目标没有办法衡量，就无法判断这个目标是否实现。比如领导某一天问"这个目标离实现大概有多远？"，团队成员的回答是"我们早实现了"。这就是领导和下属对团队目标所产生的一种分歧。原因就在于，没有给彼此一个定量的可以衡量的分析数据。

并不是所有的目标都可以衡量，某些大方向性质的目标就难以衡量。比方说，"为所有两年内的产品经理人安排进一步的营销培训"。"进一步"是既不明确也不容易衡量的概念，到底指什么？是不是只要安排了这个培训，不管请谁来讲，也不管效果好坏都叫"进一步"？可以这样改进，"在今年内对所有在岗两年以内的产品经理人完成为期 6 天的品牌营销管理培训；学员的课程评分要在 60 分以上"。这样目标变得可以衡量，也容易操作。

目标的衡量标准遵循"能量化的量化，不能量化的质化"。制定人与考核人有一个统一的、标准的、清晰的可度量的标尺，要杜绝在目标设置中使用形容词等概念模糊、无法衡量的描述。对于目标的可衡量性应该首先从数量、质量、成本、时间、上级或客户的满意程度五个方面来进行；如果仍不能进行衡量，其次可考虑将目标细化成多个分目标后再从以上五个方面衡量；最后，还可以将实现目标的工作流程化，通过流程化使目标可衡量。

3. A（attainable）——可实现性

目标是要可以让执行人实现、达到的。比如目标制定者利用行政手段把过高的目标强压给执行者，执行者典型的反应是一种心理和行为上的抗拒：你有权利要求，我有义务接受，但我没有责任完成。实际上，不具实现性的目标引致的结果甚至可能比

正常的预期还差。因为执行者认为这个目标是远超出自己能力的,所以想去多做点的动力就会缺失,久久达不成目标,执行者的士气也会低落并令执行更打折扣。

目标是最基础的激励手段,对组织的正常运作起着根本性作用。目标制定者需要参照更多的宏观与行业的信息,更认真审视企业的资源投入,并兼顾目标执行者的意见。既要使工作内容饱满,也要具有可达到性。最好的目标是"跳起来摘桃",而不是"跳起来摘星星"。

4. R(relevant)——相关性

目标达成应该是有价值的,即实现这个目标与其他目标的关联情况,或者是相关举措。如果实现了这个目标或实施了采取的举措,但对其他的目标完全不相关,或者相关度很低,那这个目标即使达到了,意义也不是很大。比如一个前台的目标是提高工作水平,要求其学点英语,这有利于提高接听电话的服务质量,那么学英语就是一个相关性的目标或举措。但如果要求其学习六西格玛管理(Six Sigma Management),就与目标缺乏相关性了。

5. T(time-based)——时限性

指目标是有时间限制的。例如,在2019年4月30日前上交端午专案报告,4月30日就是一个确定的时间限制。任何目标都应该是有时限的,或者说一个缺乏时限的目标不是合适的目标。一方面,没有时间限制的目标没有办法考核。上下级之间对目标轻重缓急的认识程度不同,作为实施目标的下级可能以为可以延迟,结果是上司暴跳如雷,下属却觉得委屈万分。另一方面,缺乏时限性的目标会带来考核的不公。比如分公司认为月底进货新产品即可,总部却认为月底应该完成新产品在市场的销售。这将会伤害工作关系,伤害执行单位的工作热情。

目标的时限性要求根据工作任务的权重、事情的轻重缓急,拟定出完成目标项目的时间要求。这样有利于定期检查项目进度,方便上司对下属进行及时的工作指导,并根据工作中的异常情况及时调整计划。

总之,无论是制定团队的工作目标,还是员工的绩效目标,都必须符合上述五个原则。制定的过程是对目标制定者先期的工作掌控能力提升的过程,完成的过程也是一个对其管理能力历练和实践的过程。

(二)价值

目标是行动的方向与动力,应用SMART原则制定有效的目标既能引导、凝聚团队,又能从中发掘创新之处,促进工作任务的高效完成。

1. 有利于拓展决策的视角

应用SMART来审视决策所欲达到的目标时,将有可能对决策提供诸多创新视角的思维,从而令决策更具效益。

比如,月会时,针对经销商不愿意销售新产品的情况,总经理要求分公司经理:经销商5月内必须出(进货销售)新产品,不然取消经销资格。负责追踪结果的通路企划部6月份检视时,多个经销商出了50件新品放在了仓库。这显然不是总经理所期望的。

如果负责追踪者应用 SMART 原则来审视这个决策，可能会产生多种情形。

（1）方案一：

S：经销商必须出新产品；

M：200～500 件不等，依区域不同设定；

A：依据市场潜力提出各区域新品任务量——因而是可达成的；

R：5 月第一周出新产品，将给予 10% 的出货优惠（这个目标的达成与出新产品紧密相关）；

T：5 月内达成任务。

（2）方案二：

S：经销商必须出新产品；

M：新品铺市 200～500 件不等，依区域不同设定；

A：依据市场潜力提出各区域新品铺市任务——因而是可达成的；

R：奖励铺市业务员 2 元/家或给予竞赛排名奖（这个目标的达成与出新产品紧密相关）；

T：5 月内达成任务。

……

可以看到，当按照 SMART 原则来考虑目标要求时，可以找到更多的促进目标达成的考虑因素。这将有利于拓展感知，产生创新思维，从而更好地完成分配到的工作。

SMART 原则的重要性在于能深度理解任务背后的含义，并且通过针对五要素的局部创新来高质量完成任务。理论上，SMART 的每一个要素都可用来进行创新思考，以产生有价值的思维与行为方式。

2. 将宏观的决策细分为阶段性小目标，令决策更有效

在制订计划时，必须考量计划的 T 与 A 的适应性。如果一个计划过于庞大或过于长久，将不利于计划的达成。比如，设定一个减肥计划的 SMART 目标。

（1）写张纸条贴在床头：我要减肥。

（2）"我希望苗条一点"，"我现在已经穿不了以前的正装，而要重新购买正装可能会经济紧张，所以我想通过跑步和少进食，在一个月内减 2 公斤"。

（3）"我希望苗条一点"，我想通过跑步和少进食的方法，在一周内减掉 500 克体重。

第 3 个计划实现的可能性会比前两个高。也就是说，可以先通过小计划的实现程度，来不断调整大的计划，这样整个计划的可实现程度也会变得更高。因而，与其定长远目标，不如定短期内要做到的目标，这可能更合适。

SMART 拓展。为了激励目标的有效完成，在 SMART 基础上，人们进一步拓展出了 SMARTER。E 指的是评估（evaluate）、R 指的是奖励（rewarded），即目标遵循 SMART 原则外，人们还应该评估目标达成的价值，并对达成者给予奖励。这两点都是为了促进目标达成。比如在上述"经销商必须进新品"的目标制定中可增加两点：将会是业绩的另一个重要（产品）来源（E）；达成目标者给予优秀经销商称号。

（三）实施方法

有效的目标都必须遵循 SMART 原则，原则中的每一个要素都要遵循一定的标准。

1. **具体**

决策者要明确任务是什么，要能够很清晰地描述出来。唯如此，才可能进行量化与相关性决策，才能让执行者明了举措的真正目的。

2. **量化**

有的决策的目标很好量化，最容易的就是考核销售指标的销售部门、考核利润指标的市场部门；而有的则不太好量化，比如研发部门、人事部门、财务部门等。但是，即便不好量化，还是要尽量量化，可以寻求其他量化的方式。爱迪生曾经就要求自己的团队在限定时间内要有大创新与小创新的数量定额。

很多工作都是很琐碎的，寻求量化的难度会加大，但正是可以量化，才显得专业。比如零售企业对服务人员的要求，对客户见面要问好，传递公司的热忱；量化后变成距离顾客 3 米要微笑，微笑时要露出 8 颗牙齿，隔 1 米时要说"你好"，问好的语音语调都应该做好明确规定。

只有量化，才有利于衡量工作的成效。比如前台的一条考核指标是"礼貌专业的接待来访"。怎么样才算礼貌专业呢？销售部反映前台接待不够礼貌，有时候客户在前台站了好几分钟，前台接待人员也没去招呼与通知销售部，但是前台又觉得尽力了。因为前台有时候非常忙，她可能正在接一个三言两语打发不了的电话，送快件的又来让她签收，这时候可能就会出现来访者等了几分钟还未被搭理的现象。如果我们将这个考核指标中的"专业"量化为流程顺序，要求首先应该抽空请来访者在旁边的沙发坐下稍等，然后接着处理手头的来电，而不是做完手上的事才处理下一件。再比如，针对"礼貌"的考核，应该规定使用规范的接听用语，要求前台不可以用"喂"来接听，而要以"早上好（下午好），某某公司"接听。经过这样的量化，就比较容易衡量前台是否接听好电话、接待好来访了。

3. **可达成**

如果你让一个没有什么英语基础的初中毕业生，在一年内达到英语六级水平，这不现实，这样的目标也是没有意义的；但是你让他在一年内把新概念一册拿下，就有达成的可能性。他努力地跳起来后能够到的"果子"，才是意义所在。

4. **相关性**

毕竟是工作目标的设定，要和岗位职责相关联，尤其是相关性应该对具体目标的达成起着支持性的作用。比如某小学生的目标："改善"数学考试不严谨被扣分"，计划每天静坐与静站 5 分钟。显然，静坐和静站与目标的达成就缺乏相关性。

5. 时间限制

比如你和你的学生都认同，他应该让自己的英语在半年后达到四级水平，从而抵消需重修的几门英语。然后他也说自己一直在学。结果到考试前一周，你发现他还是在背单词。这显然是不行的。

时间限定其实是和目标的具体性相关，针对英语四级考试，显然以半年为时限的目标是不太合适的。针对达到四级水平这个大任务，可以细分为几个小任务，比如针对四级考试的模块，第1—2周词汇量达到多少分，第3—4周听力达到多少分，第5—6周阅读理解达多少分或完成多少篇等。

任何一个决策都有设定的目标，以SMART原则进行审视，将可能在每个要素中找到可以创新之处或决策中的疏漏之处，从而促进决策的效果。

例如：小明为了提高1000米跑步成绩，每天安排两次1000米的训练，希望在3个月内可以实现从原来的3分30秒提高到3分20秒。

S：提高1000跑步成绩到3分20秒；

M：进步10秒；

A：可达到的。1000米加快10秒是可行的；

R：为进步10秒设置相关的目标：每天两次1000米训练；

T：3个月后。

总之，在对决策的目标进行审视时，应用SMART原则逐一检视并理解各原则要素间的关联性，从而更好地明确目标，提升决策的效果。

（四）实践案例

场景简述之一：公司7月初的销售额从6月份的高峰期转入低迷期，7月中期公司进行了销售目标的调整，从最初的月销售额160万元调整到250万元。

SMART应用：

S：7月销售目标调整；

M：7月要达到250万元，较当前目标160万元提高90万元；

A：将尚未完成任务分配至7月的每一天。根据每日销售额度在千牛平台的历史记录，日销增长有空间；

R：加大促销投入——提高活动力度，增加活动频率；

T：至7月底。

效果评价：根据每日销售额度，来制定月销售额度，目标具有合理性。通过相应的调整活动和加大推广两方面来提高销售额，从而达成目标。

场景简述之二：在实习期间，作为一名培训课程的销售员，由于没有人脉资源，开发客户的唯一渠道就是通过电话开发客户。领导要求我们通过电话至少每天能约见两名客户，没有客户就没有销售。

SMART应用：

S：提高电话开发客户效率；

M：每天至少约见两名客户（在钉钉软件上每天能外勤打卡两名客户，打卡要求必须与客户资料的地址、联系方式一致才算打卡成功）；

A：根据经验，打电话数量与约见客户有一定的概率性，这个数量每天可以完成；

R：熟练电话用语，提高打电话数量。每天打电话数量要在 180 个以上，快速筛选出有质量的客户，并在电话结束前成功约见客户；

T：每天。

效果评价：应用 SMART 分解目标后，每天的工作状态会比之前更加努力。方向很明确，不会像之前到点就下班；现在不完成工作目标就会加班。前面几天虽然没有达标，但一天一个客户量还是有的，客户量开始逐渐提升。

（五）练习（SMART 工具）

判断以下计划是否遵循 SMART 原则。

（1）小冰为了达到减肥效果，控制饮食并每天进行高强度的健身训练，希望在一周之内可以达到减肥 20 斤的效果。

（2）没有任何表演经验的小赵想出演一部张艺谋指导的电影，每周去一次横店寻找出镜机会，期望在不久的将来可以实现。

第二节　运用提问

对感知进行拓展时通常难以克服自我中心定势，此时可以借助提问的工具进行引导。正确找到问题是成功的一半。例如某企业由于经销商流失严重，每年都要耗费大量的人力、物力以开发新的经销商，对企业的经营、市场的稳定造成了极大的负面影响。渠道企划人员思考制定怎样的招商政策才更适合。政策中还应该思考些什么呢？比如经销商为什么会流失？因为赚不到钱——经销商为什么赚不到钱？——进的货卖不出去，经销商难以存活。至此，问题就转换为"如何让新经销商存活"。渠道企划人员因此提出了帮新经销商卖一车半货的策略，同时也对既有小经销商提出了相应的助销策略。通过这样抽丝剥茧的提问找出问题，解决的措施就变得非常简单。事实证明，这既是对新经销商的一种具吸引力的承诺，也顺带地解决了稳定既有小经销商的问题。

一、5W2H 法

5W2H 是梳理条理性与重要性的最有效工具。面对复杂的问题，可以通过应用这个工具将要点逐一梳理出来，一方面厘清事实与问题，另一方面也可能发掘出解决问题的可能视角。

(一) 概念与内涵

试一试：

主管说："小黎，请你将这份产品宣传资料复印2份，于下班前送到总经理室交给总经理。请留意复印的质量，总经理要带给客户参考。"

如果你是小黎，请问主管让你做什么？你的关注点会在哪里？这段话的重点应该是什么？

多数人的关注点会是复印资料给总经理，但真正的重点却应该是复印的质量。我们可以试着用5W2H进行梳理。

Who——小黎

What——复印资料

How——好的复印质量

How much——2份

Why——总经理带给客户

When——下班前

Where——总经理办公室

如果我们知道重点所在，那么就会特别留意复印机、墨盒、纸张的选择，并提前准备，以确保质量。这正是5W2H工具的效用。

（资料来源：笔者编写。）

5W2H分析法又叫七问分析法，由"二战"中美国陆军兵器修理部首创。此法是指用五个以W开头和两个以H开头的英语单词进行设问，发现解决问题的线索，进而寻找到解决问题的思路、进行设计构思，实现创新。其中，

(1) What——是什么？目的是什么？做什么工作？

(2) Why——为什么？为什么要这么做？理由何在？原因是什么？

(3) Who——谁？由谁来承担？谁来完成？谁负责？

(4) When——何时？什么时间做？什么时机最适宜？

(5) Where——何处？在哪里做？从哪里入手？

(6) How——怎么做？如何提高效率？如何实施？方法怎样？

(7) How much——多少？做到什么程度？数量如何？质量水平如何？费用产出如何？

提出疑问对于发现问题和解决问题是极其重要的。创造力高的人，都具有善于提问题的能力。实践证明，提出一个好的问题，就意味着问题解决了一半。提问题的技巧高，可以发挥人的想象力。比如在日常沟通与思考时，常用"假如……""如果……""是否……"等这样的词引导思考进行虚构，就是一种设问，设问需要更多的想象力。在创造性活动中，应经常循着这样的思路提问：做什么（What）—为什

么（Why）—如何做（How）—何人做（Who）—何时（When）—何地（Where）—多少（How much）。这其实就是5W2H法的总框架，将有利于找到有价值的问题。

在创新实践中，对问题不敏感，看不出毛病是与平时不善于提问有密切关系的。对一个问题刨根问底，才有可能发现新的知识和新的疑问。应用5W2H工具时，针对每个问题可进行多个层次的思考，进而引发更多的问题。

（1）What—何事。要做什么事？有更合适要做的吗？为什么是更合适的？

（2）Why—何因。为什么要这样做？有更合适的理由吗？为什么是更合适的？

（3）How—何如。做事的方法是对的吗？有更恰当的方法吗？为什么是更恰当的？

（4）Who—何人。谁来做？有更合适的人选吗？为什么是更合适的？

（5）Where—何地。在哪里干（哪里开始、结束）？有更佳的选择吗？为什么是更佳的？

（6）When—何时。何时开始与结束？有更适合的时间吗？为什么是更适合的？

（7）How much—几何。需要什么资源？有更经济的预算吗？为什么是更经济的？

从根本上说，要有创新首先要学会提问，善于提问。阻碍提问的因素，一是怕提问多，被别人嘲笑；二是随着年龄和知识的增长，头脑中对很多事情都有解释的模式，提问的欲望淡漠；三是问题总与异议相伴，"好提问 = 好挑毛病"，因而自己不提问也不愿意他人提问。这要求人们对问题采取包容的态度，把问题看成机会，既不因自以为知道而不屑，也不要因担心被异议而不问。

（二）价值

5W2H工具广泛用于企业管理和技术活动，对于决策和执行性的活动措施也非常有帮助，并有利于弥补考虑问题的疏漏。5W2H工具能快速让使用者思维清晰、重点突出；在与他人沟通或会议中，也能让听者有效地把握到自己所讲解报告的逻辑与重点，从而提升沟通的效果并达到会议的成效。

1. 质问技巧性，重点突出

5W2H工具有助发掘问题根源并可能创造改善途径。人们常认为的沟通障碍，它出现的一个主要的原因应该就是双方沟通中以自我为中心而引致的对彼此思想的误读。如果能对思维进行有技巧的设问引导，可令重点突出，大大减少沟通的不畅通，并提升工作的效果。比如以下这个案例。

假如你负责所在社团某次重要活动的总结与宣传，需要做些提前的准备，你可尝试用5W2H来列出这些要素。

Who——你；

What——活动总结与宣传；

How——拍些好的现场照片，特定主角的照片；相机要提前准备好；

How much——至少2张；

Why——提高总结质量与宣传效果，提升社团影响力；
Where——操场；
When——11月9日17：00—18：30。

经过这样的梳理，你就知道重点是拍特定主角的照片。你就会自然考虑怎样的才会是好照片：自己拍还是另选人拍？背景如何选取？……进而提前规划与思考，甚至也许会因而影响社团活动的规划、促进社团活动的效果。这些都将是一种很好的创新。

2. 思维条理化、简单化

5W2H工具能让我们的思维系统化，对问题的思考更富条理并简化。德博诺认为，如果你相信简单具有和成本同等重要的价值，那么你就会愿意付出更多努力追求简单。简单是一项值得追求的重要价值，我们应养成把简单当成思考时固定的习惯。

比如，市场部一个繁杂的品牌策划案报告，应用5W2H工具却能简洁明了，起到很好的沟通效果，如图5-1所示。

> 第一章：我们在哪里？who/what
>> 业 绩 回 顾
>> 损 益 分 析

> 第二章：我们要去哪里 where/when
>> 第三季度目标预估

> 第三章：我们怎样去到 how/why/how much

图5-1　市场部工作报告纲要

这份纲要虽简洁但富有逻辑性，减少了听者的障碍。简单的三步曲：分析现状、展望未来、规划当下，是适用于几乎所有策划类报告的思维模板，也牢牢吸引了听者的注意力。这里其实是围绕5W2H进行的梳理。首先定位我是谁（who），我的现状怎样（what）；接下来明确我要去往何处（where），什么时候能到（when）；最后说明怎样去到（how），及为什么要这样（why）、需要多少费用（how much）等。这是一种典型的策划思维，可以应用于项目策划书撰写或项目策划的主要内容。这样的思维过程非常有利于人们思维的条理性，避免疏漏。

3. 查漏补缺，梳理创新

5W2H应用中最重要的是：通过梳理，还可以找出其中的重点进行创新，从而让你的工作令人耳目一新。

5W2H是外企管理者提交报告不可或缺的内容，也是新职场人适应陌生职场的利器。比如销售助理必须掌握的"三把斧"：电脑尤其excel熟练及PPT技巧、会议安排（记录）、上传下达的沟通（会议通知、电话转接、主管日常事务的安排提醒）。后两者涉及的会前准备、会议预备、会中记录、会后追踪等均可以借助5W2H的思维大大减少工作中的疏漏，提升工作效果。表5-5为应用5W2H梳理的会议通知示例。这将有利于召集者及与会者了解会议的要点，有准备参会。

表 5-5　5W2H 应用示例

召开 3 月应收款汇报例会	
Why	汇报 3 月份的应收款回收状况，布置下一阶段催款工作
What	开 3 月份应收款例会
Where	公司会议室
When	4 月 5 日下午 14：00—17：00
Who	分公司经理与财务主管及总部销售部、财务部相关人员参加，销售总经理主持（具体名单另附）
How	财务部汇报 3 月份货款回收情况，通报尚欠货款；销售部汇报各分公司尚余款及催款计划；分公司报告风险客户；总经理提出要求
How much	会上需汇报有重大违约风险的客户并提出相应解决方案

对于一个策划案或者他人思想的解读，亦可以应用此工具进行解析与检验。比如，某房企利用 5W2H 工具为其新小区"碧桂园半岛一号"梳理，进而明确其市场定位：

（1）顾客为什么选择我们？
（2）客户需要什么样的产品？
（3）客户都来自哪里？
（4）何时会关注我们？
（5）我们能服务好的是什么样的顾客？
（6）我们怎样用营销手段吸引顾客过来？
（7）成本多少？

通过应用 5W2H 工具，新小区的战略与战术的制定就非常明确了。

4. 八贤人（5W3H）

我国著名教育家、思想家陶行知也提出过类似的八贤人问题模型。"我有八位好朋友，肯把万事指导我。你若想问真名姓，名字不同都姓何：何事、何故、何人、何时、何地、何去、何如，好像弟弟与哥哥。还有一个西洋派，姓名颠倒叫几何。若向八贤常请教，虽是笨人不会错。"

八贤人的内容包括：
（1）我是谁或由谁来做？
（2）我能做什么？
（3）我要去哪里？
（4）我要如何去？

(5) 为什么做/这样做？
(6) 何时能做到？
(7) 我的预算是多少？
(8) 怎么样？——结果预测或新颖性。

在创新策划中，八贤人思维特意提出了"何如"要素，强调的就是创新性，即提问的过程亦应强调对创新的思考，探索决策可能的创新点。任何一个策划，最亮的点就是创新性，如果缺乏创新，就不具备价值性。这也提示，我们在应用5W2H时，每一个问题的答案都可能不是唯一的，都存在其他的可能，即要探求突破既有选项的可能性。

（三）实施方法

5W2H工具的应用是针对事件或决策案进行提问梳理，厘清思维，找出可能的疏漏进行创新。其实施步骤如下。

1. 检查原产品（原决策）的合理性

(1) 为什么（Why）。为什么采用这个技术参数？为什么变成红色？为什么要做成这个形状？为什么不能有响声？为什么产品的制造要经过这么多环节？为什么非做不可？为什么停用？为什么采用机器代替人力？有时"为什么"提问最为关键，尤其是明知故问式的提问，可以发现司空见惯现象背后的问题。

(2) 做什么（What）。条件是什么？目的是什么？重点是什么？工作对象是什么？哪一部分工作要做？与什么有关系？功能是什么？规范是什么？

(3) 谁（Who）。谁是决策人？谁来做最有效？谁可以办？谁被忽略了？谁是顾客？谁会受益？"谁"的选择可能是一个人或一个团队，有些工作换一个人来做，结果可能完全不一样。

(4) 何时（When）。何时要完成？何时完成最适宜？需要几天才算合理？何时是最佳营业时间？何时产量最高？何时工作人员容易疲劳？"时间"的安排很关键，一个长久的任务拆分几个阶段完成，或者在适当的时间设置检验的标准都是对任务完成的保障。

(5) 何地（Where）。去到何地？何处生产最经济？何地最适宜某物生长？从何处买？还有什么地方可以作为销售点？安装在什么地方最合适？何地有资源？作为目标的"何地"要尽可能量化，并结合应用目标原则。

(6) 怎样（How）。怎样做最有效益？怎样做最快？怎样改善？怎样避免失败？怎样得到？怎样求发展？怎样增加销路？怎样使产品用起来方便？怎样使产品更加美观大方？"怎么做"通常是决策者最感兴趣的地方，因为这似乎是解决问题最直接的决策。要特别避免过于关注"怎样"而忽视对其他问题的考量。

(7) 多少（How much）。需要投入多少？数量多少？重量多少？指标多少？销售多少？效率多高？成本多少？尺寸多少？任何问题的解决都会涉及资源的投入，资源终究是有限的，人力、物力及宏微观环境的影响都是应该统筹思考的。

2. 找出主要优缺点

如果现行的做法或产品经过七个问题的审核已无懈可击，便可认为这一做法或产品可取。如果七个问题中有一个答复不能令人满意，则表示这方面有改进余地。如果某一方面的答复有独特或新异性的优点，则可以扩大产品这方面的效用或对决策在此方面进行调整。

3. 决定设计新产品（新决策）

克服原产品或决策的缺点，改进或扩大原产品（或决策）独特优点的效用，并最终形成新产品或新决策。

注意事项：

5W2H一般是针对事情的梳理，who更强调的是这个决策由谁执行更具效果。比如是你在想这件事，那里面的who未必是你。

SMART与5W2H工具可以联合应用于厘清与理解来自工作中上司的沟通与要求，并创新性完成工作，是职场新人群的有效"神器"。

（四）实践案例

场景描述之一：联系货拉拉司机货运站发货，由于对路线不熟悉，在设置收货地址时没有按照路程距离设置，计费多了很多。期望能合理规划路线，节省时间从而节省费用。（见表5-6）

表5-6　5W2H分析法

What	增加叫车工作效率，减少运输费用
Why	送货费用主要由"路程+时间"两部分组成，效率慢以及路线排序不当会增加更多费用，从而增大成本
Who	老配送员、司机、文员
When	叫完车之后马上讨论如何制作
Where	在会议室讨论，并将制作完的图贴在墙上
How	通过电脑查询客户地址，按区域区分，对于所需运输时间较长的客户或者货运站地址，先咨询他们信息是否有改动；然后老配送员和司机根据他们的经验画出部分路线图，文员通过百度地图对不熟悉的路线进行规划；最后形成一条条路线
How Much	一天完成

效果评价：梳理完后，发现解决问题的重点是路线图设计，再针对这一块进行单独创新。

场景描述之二：在实习阶段，因为对产品服务不熟悉或者心态还没完全成熟，没有足够的能力单独见客户，所以都是主管陪访并主讲。在这期间，观察主管如何谈客户、从哪个话题切入，怎么找到客户的需求点等都是我们需要重点学习的。但是在长达 1~2 小时的谈话内容里如何有效记录并提取学习内容就变得很重要。

5W2H 分析法：

（1）What——客户的情况、产品质量？

（2）Why——为什么要选择这个平台、为什么要选择我们？

（3）Who——谁负责运营？

（4）When——时机问题，这个时候适不适合做这个平台？

（5）Where——产品要投放哪个市场？

（6）How——怎么做？如何提高销量和曝光率？

（7）How much——投入成本要多少？要投入多少成本才能达到理想目标？

效果评价：为了简洁有效地记录重点，可将所提问题和回答内容记录，从中理清整个谈话逻辑和主管是如何回答客户的问题的。

（五）练习（5W2H 应用）

（1）请描述你最近参加的一次班会。

（2）请向上司转述你接到的一个找他的电话（你也可以模拟一下，告诉你同桌或朋友收到了一个找他的电话）。

二、问题列举法

问题列举法是将与解决问题有联系的众多要素逐个罗列，将复杂的事物分解开来分别加以研究。它通过对问题的自由列举，来激发人们的发散思维，并使人在收敛思维的帮助下获得所需要的新信息。这是一种借助对某一具体事物的特定对象（如特点、优缺点等）从逻辑上进行分析并将其本质内容全面且一一罗列出来，再针对列出的项目逐一提出改进意见的方法。

问题列举法是一种让思维进入准备期的有效办法，特别适合既有产品的设计改进与创新。列举法有三种基本类型：希望点列举法、缺点列举法和属性列举法。另外，SAMM 法、功能目标法等，都是列举法的延伸应用。

（一）希望点列举法

很多事物都是因为我们的欲望而产生或发展、对理想未来的期盼而创新出来的，这就是希望点列举法。比如人们希望冬暖夏凉，就发明了空调；人们希望夜间上下楼梯时，路灯能自动明灭，于是就发明了光声控开关；人们希望打电话时能看到对方的形象，就发明了可视电话；人们希望像鸟一样飞上天，于是就发明了飞机。

1. 概念

希望点列举法是由内布拉斯加大学的克劳福德（Robert Crawford）提出的。这是一种不断地提出"希望""怎么样才会更好"等的理想和愿望，进而探求解决问题和改善对策的技法。这是一种通过提出对某问题或事物的希望或理想，使问题或事物的本来目的聚合成焦点来加以考虑的技法。

"希望点"的希望人人皆有，"希望点"就是指创造性强且又科学可行的希望。列举法是指通过列举新的事物具有的属性以寻找新的发明目标的一种创造方法。

希望点列举法有两种类型，其一为目标固定型——找希望，是指目标集中在已确定的创造对象上，通过列举希望点，形成该对象的改进和创新的方案。其二为目标离散型——找需求，是指没有固定的创造目标和对象，侧重于自由联想，特别适用于群众性的创造发明活动。

2. 价值

希望点列举是一种向往，一种向外的发散探求，更容易激发人们的创新思维。

（1）由列举希望点获得的发明目标与人们的需要相符，更能适应市场。

（2）希望是由想象而产生的，思维的主动性强，自由度大，因此，列举希望点所得到的发明目标含有较多的创造成分。

（3）列举希望时一定要注意打破定势。因而在列举中得到的一些"荒唐"意见，应该要用创新的眼光进行评价，不宜轻易放弃。

3. 实施方式

希望点列举法的实施主要有如下三个步骤。

（1）激发和收集人们的希望。

（2）仔细研究人们的希望，并形成"希望点"。

（3）以"希望点"为依据，创造新产品以满足人们的希望。

具体做法：召开希望点列举会议，每次可有 5~10 人参加。

（1）会前由会议主持人选择一件需要革新的事情或者事物作为主题，随后发动与会者围绕这一主题列举出各种改革的希望点。

（2）为了激发与会者产生更多的改革希望，可将各人提出的希望用小卡片写出，公布在小黑板上，并在与会者之间传阅，这样可以在与会者中产生连锁反应。会议一般举行 1~2 小时，产生 50~100 个希望点后即可结束。

（3）会后再将提出的各种希望进行整理，从中选出目前可能实现的若干项进行研究，制定出具体的革新方案。

4. 实践案例

有一家制笔公司用希望点列举法列出一批改革钢笔的希望：希望小型化；希望笔尖不开裂；希望能粗能细；希望省去笔套；希望钢笔出水顺利；希望一支笔可以写出两种以上的颜色；希望书写流利；希望不用打墨水；希望落地时不损坏笔尖；等等。

这家制笔公司从中选出了"希望省去笔套"这一条，研制出了一种像圆珠笔一样可以伸缩的钢笔，从而省去了笔套。

5. 练习（希望点列举法）

（1）大学校园的创新设计。

（2）研发一种新产品（如饮料）。

（二）缺点列举法

> **小案例 5-5**
>
> **新型运动鞋**
>
> 性能跑鞋品牌 ASICS 的前身是 1949 年日本鬼冢喜八郎创立的运动鞋类品牌。鬼冢喜八郎听朋友说运动鞋有庞大的市场机会，就决定跨入运动鞋制造行业。他想，要打开局面，一定要做出其他厂家没有的新型运动鞋。任何商品都不会是完美无缺的，如果能抓住哪怕针眼大的小缺点进行改革，也应该能研制出新产品来。基于这种思维，他就选了一种篮球运动鞋进行研究。他先拜访优秀的篮球运动员，询问目前篮球鞋的缺点，了解到球鞋容易打滑、止步不稳的普遍性缺点。鬼冢喜八郎决定围绕打滑这一缺点进行革新，他把运动鞋原来的平底改成凹底。这种新型的凹底篮球鞋，成了独树一帜的新产品，最终将平底运动鞋排挤出了市场。这就是缺点列举法的起源。
>
> （资料来源：360 百科《缺点列举法》。有改动。）

1. **概念**

缺点列举法就是找出已有事物的缺点，将其一一列举出来，然后再从中选出最容易下手、最有经济价值的对象，并将其作为创新主题。创造学认为，当今世界上一切都是不完美的，都可以通过创造使其更完美，即"有错即改"。

缺点列举法的发明者鬼冢喜八郎在调查中发现，在提方案的过程中，一般提方案者，总是考虑优点多，对缺点考虑不够，因而针对缺点的改进是最有机会抢占市场的。

2. **价值**

事物总是有缺点的，这源于两方面。

（1）局限性。设计产品时，设计者往往只考虑产品的主要功能。比如，厨房用的锅，主要功能是炒菜，但需要烧煮汤、羹时，就暴露了它的局限性——锅的上口太宽，不便倒入小碗。根据这个缺点，有人设计出了"茶壶锅"。该锅就是把上口宽的锅与倒水方便的茶壶巧妙地结合在一起而制成，似锅似壶，一物多用，尤其适合烧煮面食。

（2）时间性。有的产品刚发明时，符合当时的审美与技术条件，但随着时代变迁、技术进步，就过时了。比如日本商人酒井靠发明玩具小狗而发家，但随着新鲜感的消失，有人想出了一篮双狗的主意夺了酒井的生意。再如以前的热水瓶，只能待水烧开后倒入，新技术带来的电热水壶则能直接加热瓶中的水。

缺点列举法的价值观在于尽管世上万物并非十全十美，但人们常常熟视无睹，因为人常有一种心理惰性，"备周则意惰，常见则不疑"。而创新常常就是对既有事物的发掘、完善。缺点列举法实质是一种否定思维。唯有对事物持否定态度，才能充分挖掘事物的缺陷，然后加以改进。这有利于克服和排除由习惯性思维所带来的创新障碍。

缺点列举法的应用非常广泛，它不但有助于革新某些具体产品，解决属于"物"一类的硬技术问题，而且还可以应用于企业管理中，解决属于"事"一类的软技术问题。缺点列举法要求人们对"事"与"物"的不完美秉持开放、包容的态度。

3. 实施方式

缺点列举法一般由 5～10 人参加。会前先由主管部门针对某项事务，选取一个需要改革的主题；在会上发动与会者围绕这一主题尽量列举各种缺点，愈多愈好；另请人将提出的缺点逐一编号，记在一张张小卡片上；然后从中挑选出主要的缺点，并围绕这些缺点制定出切实可行的革新方案。会议讨论的主题宜小不宜大。即使是大的主题，也要分成若干小题，分次解决，这样可减少与避免缺点的遗漏。一次会议的时间一般在两小时内，包含如下两个主要阶段。

（1）列举缺点阶段。召开专家会议，启发大家找出分析对象的缺点。如探讨技术政策的改进问题，会议主持者应就以下几个问题启发大家：现行政策有哪些不完善之处？在哪些方面不利于科学技术进步和科技转化为生产力？科技人员积极性不高与现行的技术政策有关吗？……寻找事物的缺点是很重要的一步。缺点找到了，就等于在改进问题的道路上走了一半。这个阶段很关键，不要因为找到了一个看似有价值的缺点而匆匆进入下一步。

（2）探讨改进政策方案阶段。会议主持者应启发与会者思考存在上述缺点的原因，再根据原因讨论并提出解决的办法。会议结束后，应按照"缺点""原因""解决办法"和"新方案"等项列成简明的表格，从中选择最佳方案；也可能没有最适合方案，此时表格则留存以供下次会议或撰写分析报告用。

实施要领有如下几点。

（1）敢于质疑，发现缺点。思维的惰性体现在认为存在即合理。比如家用小铁铲在被创新改进之前，已经使用几十年，人们认为它的结构是天然合理的而看不到它的缺点。即使看到了，也认为就应该是这样。缺点列举法首先需要具备敢于质疑、找碴的精神。

（2）调查研究，列举缺点。创新者要到最有发言权的使用者那里听取意见，并亲自体验，了解缺点的症结所在。

（3）做好记录随时备查。提出的任何缺点都应该记录下来，无论现场是否受到关注。这有两方面的考虑：其一，灵感经常会不期而至，却极易倏忽不见，从某些灵感而来的缺点极可能是未来创新的源泉，及时记录很有必要。其二，现场列举的缺点不可能都是很成熟的观点，因而现场未必都能演绎成发明命题。记录后增加了发明选题的灵活性，设计成熟方案的可能性就会增加。

4. 实践案例

（1）最初的伞都是长柄的。人们在使用中有诸多不便，如体积太大，不方便携带;伞尖处易漏雨;太重,长时间打伞很辛苦,收放不方便;抗风能力差;两人使用时挡不住雨;夏天太阳下打伞太热……针对这些缺点,人们设计出了折叠伞、伞尖一体工艺的伞、收放自由的自动伞、轻便的伞布、轻便的碳合成骨架等。

(2) 日本美津浓有限公司原是一家体育用品的小厂。其开发人员到市场上调查,发现初学网球者在打球时不是打不到球,就是打"触框球",而且手腕容易发生皮炎,这种病被人们称为"网球腕"。美津浓就专门做了一些比标准大30%的初学者球拍,又用发泡聚氨酯为材料,制成了著名的"减震球拍"。

5. 练习(缺点列举法)
(1) 改革大学教育。
(2) 研发一款服装。

(三) 属性列举法

如何有中生有,产生一个创新的事物?比如针对一张椅子进行创新。椅子的材质可以有多种,单从改变椅子的材质如塑料、实木、竹子、布质等角度就可能有多种创新;椅子的形状如高矮长短、使用的方式如坐卧躺趴等不同都可以有创新。这种基于事物本身的特性进行创新的方式就是属性列举法。

1. 概念

属性列举法也称特性列举法,是一种通过列举,分析特征,应用类比、移植、替代、抽象的方法变换特征以获得发明目标的方法,是美国尼布拉斯加大学的克劳福德教授于1954年提倡的一种著名的创意思维策略。此法具体是指把事物的特性分为名词特性、动词特性和形容词特性三大类,并把各种特性列举出来;再从这三个角度进行详细的分析,结合联想,看看各个特性能否加以改善,以便寻找新的解决问题的方案。属性列举法强调使用者在创造的过程中观察和分析事物或问题的特性或属性,然后针对每项特性提出改良或改变的构想。此法简单,既适用于个人,也适用于群体。

属性列举法中,名词的属性指的是部件、材料、制造方法等,比如眼镜的名词属性包括部件(镜片、镜架、螺丝、螺帽)、材料(玻璃、塑料、金属)、制造方法(焊接、成型、研磨、组装等);形容词的属性指的是性质、状态等,眼镜的形容词属性包括性质(轻的、重的、看得清楚的、看不清楚的)、状态的属性(镜框变形、螺丝松动);动词的属性如功能等,眼镜的动词属性包括功能(对眼睛视力的矫正等)。当把问题的属性提出来分析时,问题的改善点、改善方法自然而然就会浮现出来。比如针对"镜框会变形"这一状态属性进行改善,就可考虑使用形状记忆材料使镜框自动复位;再从"镜框容易脏"进行改善,可以考虑采用抗菌材料等。这样,对于构造简单的眼镜就可以提出各种各样的改进方法,对于企业竞争来说,就有很多创造差异化优势的来源。

2. 价值

属性列举法在开发新观念、新概念、新产品、新工艺、新行业、新工作、新职业、新型的人的素质和能力时,提示着人们这一属性不是非属此物不可。比如糯米有粘性，就曾被用作建筑中的"水泥"；铅笔笔尖能写字，也能用作利器。

属性列举法能保证对问题的所有方面进行全面的研究。通过将决策系统划分为若干个子系统（即把决策问题分解为局部小问题），并将各子系统的特性一一列举出来，再将这些特性加以区分，划分为概念性约束、变化规律等，并研究这些特性是否可以改变，以及改变后对决策产生的影响，从而研究决策问题的解决方法。

属性列举法是发展大量主意的一种好方法，这将为创新性解决问题提供大量可供选择的主意。比如，砖的属性是：有多种形状、有颜色、有一定重量、表面粗糙、有一定热容量、有不同强度。每种属性都可用来激发出一大堆想法。比如，砖有重量，就可提醒我们可用砖来作门挡、武器；粗糙性会让人联想到砂纸或锉刀；有一定热容量可以提醒人们用砖来砌火炉、冷藏室或隔热垫等。

属性列举法特别适用于对现有事物的分析与创新。克劳斯认为通过对需要革新改进的对象作观察分析，尽量列举该事物的各种不同的特征或属性，然后确定应加以改善的方向及如何实施，可以大大提高创新效率。

属性列举法是偏向物性、人性的特征来思考，主要强调在创造过程中观察和分析事物的属性，然后针对每一项属性提出可能改进的方法，或改变某些特质（如大小、形状、颜色等），使产品产生新的用途。引导个体从物品的不同属性去思考之后再将这种方法迁移到其他问题中，将可以大大激发个体的创造力潜能。

3. 实施方式

属性列举法的步骤是先列出事物的重要部分的属性，如主要想法、装置、产品、系统或问题等方面，然后通过改变或修改这些属性以对整体进行创新。具体实施步骤如下。

第一步，针对选定的对象，将之分为三种属性。

（1）名词属性（采用名词表达特征）：主要指事物的结构、材料、整体及部分组成，制造工艺，如结构上的内外、上下。材料方面如塑料、木质等，即全体、部分、材料、制法。

（2）形容词属性（采用形容词表达特征）：主要指事物给人的各种感觉。如视觉上的大小，颜色、形状、图案、明亮程度等；触觉上的冷热、软硬、虚实等，即性质、状态。

（3）动词属性（采用动词表达特征）：主要指事物的功能方面的特性。如铅笔的写、戳、画等，即用途。

第二步，进行特征变换。从需要出发，对列出的属性进行分析、抽象、与其他物品对比，通过提问方式来诱发创新思想，采用替代的方法对原属性进行改造。

第三步，提出新产品构想。应用综合的方法将原属性与新属性进行综合，寻求功能与属性的替代与更新完善，提出新设想。

属性列举法在应用中需要注意的是，不管多么不切实际，只要是能对目标的想法、装置、产品、系统或问题的重要部分提出可能的改进方案，都属于可以接受的范围。

示例：对一把尼龙绸面的折叠花伞进行改进。

第一步，属性举例。

（1）名词性属性：伞把、伞架、伞尖、伞面、弹簧、开关机构、伞套、尼龙绸面、铝杆、铁架。

（2）动词性属性：折叠、手举、打开、闭合、握、提、挂、放、按、遮晒、遮雨。

（3）形容性属性：圆柱形的（伞把）、曲形的（伞把）、直的（伞架）、硬的（伞架）、尖的（伞尖）、花形的（伞面）、圆的（伞面）、不透明的雨伞等。

第二步，进行属性变换。

（1）将铁的、硬直的伞架变换为软的充气管式伞架以便于携带。

（2）将同种材料、不透明的伞面变换为应用两种不同材料的、透明伞面，以扩大视线。

（3）将用手举的伞变换为用肩固定的伞，用头固定的伞，甚至固定在车上，以方便骑行者或抱婴者使用；将无声响的伞变换为带音乐的，带电筒的伞，以方便人们使用；也可以考虑增加一些新特征，如带香味、能发光、透风不透雨等，以满足个性化的需求。

第三步，提出新产品设想。

把变换后的新特征与其他特征组合可得到以下新产品：

硬塑伞把、铝杆、充气式伞架组成的花面折伞；

普通型带透明伞边的伞及充气型带透明伞边的伞；

无杆伞：普通支架、小伞面伞、能背在肩上的伞；

伞把与伞中内藏音乐播放器或电筒的伞；

户外救急时太阳能多功能伞……

4．实践案例

情境简述一：针对绿茶这种健康大众饮料，进行创新。

应用属性列举法：选择绿茶饮料为课题。

名词特性：茶叶、水源、瓶子、瓶盖、形状、材质、工艺……

形容词特性：黄色、绿色、甜、无糖、搞笑、高档……

动词特性：冷泡、低温萃取、解腻、防辐射、健康……

再对各部分进行具体分析，比如茶叶，可以选用西湖龙井、雨前、高山茶园、添加花茶、水果等；水源可以是冰雪水、冰矿泉水、长寿水等；瓶子可以是塑料、玻璃、陶瓷、木制……

结论：将这些新特征与其他特征组合就可以得到很多新绿茶的构想。针对新构想进一步完善就可能得到很多有市场价值的产品。如水果绿茶、茉莉花绿茶、蜂蜜绿茶、小茗同学冷泡茶等。

情境简述二：砖头通常用来盖房子、修路，除了修建功能以外，你还能想到砖头其他新颖的用途吗？

(1) 坚硬：防身、敲钉子、做家具垫脚、当枕头、当砚台。
(2) 颜色：写字、磨成粉末刷墙、画画颜料、标志物。
(3) 形状：当教具、测量工具、当模具、做积木。
(4) 表面粗糙：雕刻成艺术品、磨刀、吸水。
(5) 价值：开砖厂创业、玩具、装饰。
(6) 重量：当哑铃锻炼、表演道具、武术工具、做物理实验的钟摆、负重训练、发泄情绪。

5．练习（属性列举法）
(1) 对外卖食盒进行改造。
(2) 对台灯进行改造。

第三节　寻找不相关信息

1651年，一位名叫拉斐尔·杜弗里森的法国出版商根据达·芬奇笔记手稿整理出版了《达·芬奇笔记》。笔记手稿非常随意，稿纸凌乱，没有排序和编码，有的甚至是达·芬奇用左手写成的反书——后人需拿镜子才能破解，内容涉及当时人们所有感兴趣领域的研究。世人感叹其仅有人的有限力量，却怀有神的无限幻想！英国人东尼·博赞以达·芬奇笔记为基础，在20世纪60年代发明了思维导图。思维导图是一种非常有效的可视化的认知工具。东尼·博赞被誉为"大脑先生"（Mr. Brain），曾因帮助英国查尔斯王子提高记忆力被誉为英国的"记忆力之父"；著名大脑潜能和学习方法研究专家；世界记忆锦标赛和世界快速阅读锦标赛创始人；其在大学中开设过"创新思维"课程。微软创办人比尔·盖茨甚至认为，未来的信息开放之路，会由了解思维导图和脑力开发的人来引导。

思维导图绘制的过程其实也是一种发散并深度梳理思维的过程，也因此能很好地引导思维进入准备期。

一、概念与内涵

试一试：用5分钟时间写出你所知道的所有动物（也可以写你的兴趣领域的内容，如音乐、电影、书、旅游地等）。

结果可能达到35个左右，绝大多数人会在20个左右。

倘若将这些动物（兴趣）进行分类，并按照类别再补充。是否会增加？

如果一开始就先想好分类，再依类别写动物（兴趣）。你认为会超过你列举的数量吗？

先分类再写出来就是思维导图工具的基本思维。

思维导图是使用一个中央关键词或想法引起形象化的构造和分类的想法,即用一个中央关键词或想法以辐射线形连接所有的代表字词、想法、任务或其他关联项目的图解方式。(见图5-2)

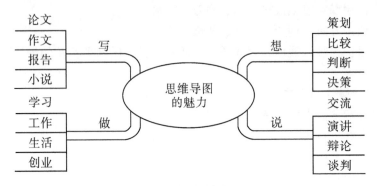

图5-2 思维导图示例

思维导图也称脑图、心智图,是模拟大脑思维方式,将思维形象化、表达发散性思维的有效图形思维工具。思维导图模拟的是人类大脑神经元的联接:神经元(神经细胞)具有感受刺激和通过放电传导兴奋的功能;个体在思考问题时,问题对象(如关键词)对应的相关神经元会活跃,并以此为中枢将兴奋传导至周边的神经元;传导到的神经元处于暂时紧密联结状态。如果对大脑瞬间拍照,此时就会呈现出围绕该问题的神经元向四周放射性现象,也就是说大脑本质上是以关键词概念相互关联综合的方式思考的。

思维导图是一种放射性思维工具。放射性思考是人类大脑的自然思考方式。每一种进入大脑的信息,如感觉、记忆或是想法(包括文字、数字、符号、气味、食物、颜色、音符等),都可以成为一个思考中心,并以此中心向外发散出数量庞大的关节点;每一个关节点代表一个与中心的联结;而每一个联结又可以成为新的中心主题,再向外发散出成千上万的关节点。大脑呈现出放射性立体结构。关节的联结可以视为人们的记忆,就如同大脑中的神经元一样互相联结,这些神经元可以视为人们的个人数据库。思维导图模拟的正是从一个中心概念或问题入手,线形连接关键字、短语或图像,并呈放射状的大脑工作状态。思维导图运用图文结合,把各级主题的关系用相互隶属与相关的层级图表现出来,将主题关键词与图像、颜色等建立记忆联结,因此具有人类思维的强大功能。

思维导图的根本原理和人类大脑的构造有关。人类大脑的左右半球的分工各不相同,左半球强调语言、文字、数字、顺序、词语等抽象、线性方面的处理,而右半球则擅长韵律、节奏、音乐、图像、想象、图案等形象方面的处理,即左脑擅长逻辑思维,右脑主攻形象思维。而与人的创造性思维直接相关的,大部分是由右脑主导的。思维导图倡导使用多种颜色和图形、配合线条与文字引导使用者更多想象与联想。思维导图主要是基于对右脑进行的充分开发和利用,因此能提高人们思维的效率和效果。

思维导图基于记忆、阅读、思维的规律，充分调动左右脑的机能，协助人们在科学与艺术、逻辑与想象之间平衡发展，从而开启人类大脑的无限潜能。在日常的工作生活中，人们更多的是应用左脑的线性思考，思维的方向单一，通常会束缚人们的思维。思维多是视觉导向的，思维导图通过运用结构、关键字、颜色、图像等，激发人们的发散思维。简言之，思维导图就是通过调动全脑思考，将中心概念与关联概念联接起来，进而刺激我们的想象力和创造力。

思维导图有如下 8 个基本要素。

（1）图形。思维导图不仅可用文字表示相关主题和概念，还强调用图形、图像等来表示主题和相关概念。

（2）关键词。关键词是围绕中心主题逐级展开的相关概念，这些概念应该用词或短语组成，而不宜用完整的句子，因此需要画图者从纷繁的思考中进行加工与提取。概念准确与否反映思维的清晰度与概括能力。

（3）线条。线条是概念之间的横向关联，往往表示内在的、非逻辑性的联系，反映思维的丰富性、联想性和创造性。

（4）代码。思维导图追求言简意赅，因而应用个性化代码进行核心要意的表达以代替或补全关键词更能激发大脑的熟悉感与活跃性。

（5）符号。绘制中以符号来引导思维的联想有利于提高速度，进而提升思维的兴趣与效果。

（6）布局。这个要素应该是最首要的。因为思维导图是模拟大脑的思维机理，布局强调图形的放射状与层次感、分支的选择等，是体现并引导大脑思维的关键所在。分支是概念之间的纵向联系，往往表示上下级概念之间的隶属关系或逻辑联系，每一个分支代表一种思考方向，分支的数目表示思维的广度（一般不超过 5 支），分支的长度表示思维的深度。

（7）颜色。图形可以用彩笔进行绘制，字体和线条的颜色也可以是彩色的，以促进右脑思考和形象思维。

（8）中心。每个思维导图都有一个中心主题，它是思维的核心，所有的思考都是围绕这个核心展开的。中心主题的转换则代表了思维的跳跃，可形成系列思维导图。这种系列思维导图被称为动态思维导图。

以上要素可依"涂光线大夫不言中"（图关线代符布颜中，联想生气的涂大夫不说话的神情）等顺序进行趣味联想记忆。

思维导图的放射状及使用图形、颜色和个性化代码等，增强了大脑的联想记忆，提高了在思维导图基础上进行创造性思维的可能性。思维导图被认为是全面调动分析能力和创造能力的一种思考方法。具有如下优点。

（1）简单、易用。思维导图制作简单，应用广泛。孩童用于学习，成人用于周详计划、安排工作。个体用于拓展思维，思维能更缜密，团队用于集思广益，方案能更全面。

(2) 关联。所有的思想主意间都有着联系，思维导图正是将关联展露的工具。在这种展露中，发掘出事物间的深层关系，从而拓展思维的广度与深度。

(3) 可视化。思维导图模拟的是人脑结构，在制作中强调逻辑性与关联性，既调动了左右脑的参与，又进行了整理，因而应用导图完成的内容更容易记忆。

(4) 线状辐射。允许人们从各个角度展开联想，这事实是大脑基础的工作形式，只是在现实生活中被我们有意忽视或压制了，而思维导图则有利于解除压制，让联想更自由。

(5) 提纲挈领。思维导图的制作不是随意的勾绘，而是立足于主题文字间的关系构建，这有助于人们立足全局，把握问题之间的联系。

二、价值

思维导图是有效的思维模式，应用于记忆、学习、思考等的思维"地图"，有利于人脑的发散思维的展开。思维导图已经在全球范围得到广泛应用，如新加坡教育部将思维导图列为小学必修科目，大量500强企业学习思维导图并用于日常的行政办公管理，从而大大提高了工作效率。20世纪80年代，思维导图传入我国内地，最初用来帮助"学习困难学生"克服学习障碍，在很多一线城市的小学也被用来教导学生构思作文。目前它主要被工商界（特别是企业培训领域）用来提升个人及组织的学习效能及创新思维能力。

思维导图是一种帮助大脑进行全方位思考的图形思维工具，是个体了解并掌握大脑工作原理的使用说明书。思维导图所强调的不单只是将信息以图形的形式表现出来，同时还配合了一套思维规则，可令思维表达更加清晰。思维导图的作用具体可分为三类。

（一）梳理思维

思维导图能有效地引导我们的想、说、写与做，具体有以下表现。

1. 个人用途

为了提高个人效能（如阐释个人的主意、规划，控制复杂信息，以及时间和项目管理）。

第一，"记忆+思考=高效学习"。思维导图对于提升学习效果有特别明显的作用，是同时应用记忆与思考的工具。

思维导图，是一种流行的全脑式学习方法。思维导图通过"图文并茂"的笔记方式，能充分激发"全脑"学习能力。它将一些核心概念、事物与另一些概念、事物形象地组织起来，对复杂的概念、信息、数据进行组织加工，以更形象、易懂的形式展现在我们面前，从而提高记忆力、理解力、思考力、写作能力、创造力等。思维导图并不是简单罗列知识点或关键词，而是建立起知识之间的关联。

> **小案例 5-6**
>
> **导图的应用**
>
> 2017年世界思维导图锦标赛中，单项冠军奖杯获得者刘瑜提到在家中遇到事时容易着急上火，全家人就会坐下来，画一个思维导图，将面临的问题和解决方法梳理清楚。
>
> 2019届学生在百度实习时，应用思维导图将百度公司培训中繁杂的知识点进行了梳理，结果表现优秀，从而脱颖而出。2020届学生在实习了两个月后说，每次思考都会用至少三个模型，用得最多的就是思维导图。
>
> （资料来源：笔者编写。）

例如关于"思维导图相对标准笔记的长处"：只记忆相关的词可以节省时间50%～95%；只读相关的词可节省时间90%；复习思维导图笔记可节省时间90%；不必在不需要的词汇中寻找关键词可省时间90%；集中精力于真正的问题；重要的关键词更为显眼；关键词并列在时空之中，可灵活组合，改善创造力和记忆力；易于在关键词之间产生清晰合适的联想；做思维导图的时候，人会处在不断有新发现和新关系的边缘，鼓励思想不间断和无穷尽地流动；大脑不断地利用其皮层技巧，越来越清醒，越来越愿意接受新事物。

如果将这段话用思维导图进行梳理，显然对关键的信息能更好地把握。（见图5-3）

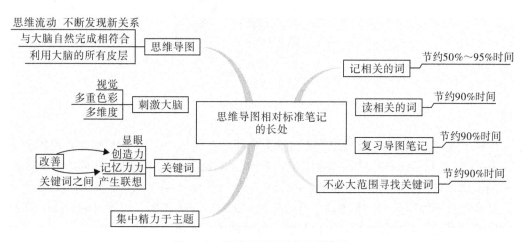

图5-3 思维导图相对笔记的优点

第二，"计划+思考=高效工作"。思维导图将工作的计划与思考结合在一起，从而高效地工作。规划工作、分析问题、总结报告等，均可以应用思维导图来实现，简单高效，事半功倍。

2. 企业管理应用

思维导图可以提高团队的创造力和团队精神（如用于头脑风暴法、员工会议、项目会议、知识管理等）；用于具体事件中增强与利益相关者的沟通以及互动合作，使讨论、交流的信息可视化，并使得后续的信息发布、报告更为便利；可以用来创造开放、合作的企业文化，使工作流程标准化，并提供支持（用于项目管理、人力资源管理、销售与市场管理、研发管理等）。

（二）训练思维：思维速射

思维导图还可用于思维速射的训练，即无序地记录想法。

这种方法应用绘制思维导图方式，将纸张横放，在中心位置画出主题（图形），围绕这个图形设想无数可能，将每一个可能写在由中心延伸的曲线上。（见图 5-4）

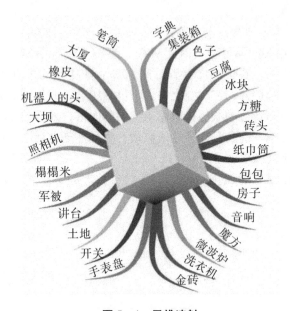

图 5-4　思维速射

20 世纪 60 年代马尔茨曼就用思维速射的技巧来训练大学生。他还运用"多方应用测验"（即对某一种物体的用途除了普遍的习惯性用法外，还要讲出在其他方面的可能用途）来测量训练者思维发展的速度。结果显示，经过思维速射训练的学生，比没有受过训练的学生，其创新思维有长足的进步。究其原因，思维速射训练可以让大脑神经元更易建立起关联，因而能提升思维的活跃度与流畅性。

（三）拓展思维：发掘创新

思维导图模拟大脑的工作情形，它能够将各种点子、想法以及它们之间的关联性以图像视觉的景象呈现。在任何的思维场景中，我们均可以应用该工具来拓展思维。

比如创作：选定一个主题"高中"，阅读该词汇。

（1）立刻闭上眼睛，持续30秒思考，将想到的写在第一层次导图上。
（2）再用1分钟，以第一层次的词为基础逐一延伸联想，写在第二层次图上。
（3）将这些词汇尽量全部运用，编成关于高中的多个句子。

将这种跳跃性思维产生的句子进一步润色、整理，就可能成为一首很新奇的诗或散文。

由于思维导图的发散性，因而针对决策主题进行的联想，可以引导思维去关注被忽视的要素，从而发掘出看似不相关的创新要素。

三、实施方式

思维导图实施之前需先准备4种颜色的签字笔（最好与第一层分支数相当的颜色）、一张A4纸（也可以因应使用需要更大或更小）。具体绘图步骤如下。

首先拟定主题，并在横放的长方形白纸中央绘制一个圆形；把主题置于中心，并利用彩色或图形凸显主题，强化注意力。

其次在中心圈引出若干支线，将与中心主题密切相关的观点（信息）逐一填入；再以填入的观点为中心，在原有支线上进一步延伸分支，将各支线以关键词形式简洁说明。依此类推，继以延伸的支线为中心进行分支延伸，记录限定时间内的或者已悉数列举的所有关联想象。

最后整理所有设想，将可行的观点加以汇总，产生可能的多种方案。具有或能激发创新价值的方案就可能隐含其中。

在绘图时，要注意以下要点。
（1）同一中心出来的线条平行、尽量等长。
（2）词在线上，与线等长。
（3）以言简意赅的关键词或代码、符号等取代句子。
（4）分支过多时（超过7条），应该增加分支分类。

试一试：将以下导图制作要素绘成思维导图。

长方形白纸横放、中心图、放射状、布局、颜色、图形、线条、平行的分支、关键词、字长＝线条长、个性化、粗干细枝、3～5个分支、平滑不间断、代码、符号、字在线上。

关于产生好的思维导图的一些提示如下。
（1）将主要概念、想法放置于图的中心位置。最好用图片来表示它。
（2）尽量使用大空间，以便稍后有足够的空间添加其他内容。
（3）如果有帮助的话，可以使用不同的颜色和大写字母，个性化导图。
（4）在导图上寻找、发现关系。
（5）为次级主题建立次级中心。

要画好一幅思维导图，不是说画得好看就够了，它更需要的是一个人的逻辑性、思维的广度和深度以及归纳总结的能力，因而一个好的导图应该是多次调整的结果。作为思维拓展的工具，思维导图更重要的是符合个体的表达习惯，而不是盲目地追求美观与形式等外在的东西。

特别提示：思维导图重在梳理，制作前要求先对内容进行归纳、统筹，建立起知识、内容或事项间的关联，而不是简单罗列。

四、实践案例

场景简述之一：工作事项繁杂，容易疏漏。图 5-5 为思维导图应用。

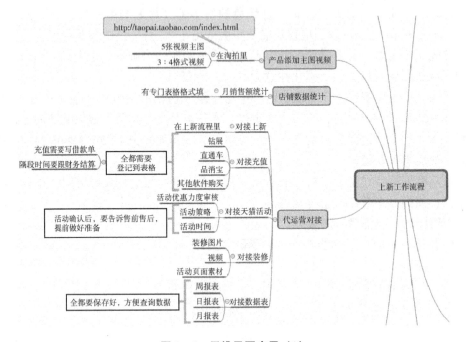

图 5-5　思维导图应用（1）

效果评价：将工作梳理清楚，并提示某项活动的重点，所有事项一目了然，提升工作效率。

场景简述之二：在面谈过程中，除了宣传册上的文字描述外，销售人员有感染力的语气和逻辑清晰的语言表达能力可以有效地让客户意识到公司产品价值所在，因此，如何清晰地讲述出产品内容是初级销售人员重要的考核目标。这要求首先梳理自己的思维。图 5-6 为思维导图应用。

效果评价：应用思维导图在梳理产品内容时，其实也是将自我的思维进行了梳理。产品内容的层次理得更清楚，中间再穿插同行案例和数据展示给客户看，容易让客户理解我们的服务价值。产品脉络理清楚后，自己也心里有底。以前都是按照宣传

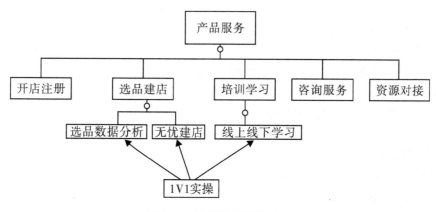

图 5-6 思维导图应用（2）

册上一点一点讲，比较呆板，客户也不能完全理解到公司的服务价值。做了思维导图后，客户能比较清晰、完整地知道我们的服务内容有什么，能帮到他什么。

五、练习（思维导图工具，至少三层）

（1）整理一门你学过的课。
（2）整理你的某一项爱好，如阅读、旅游、音乐等。

本章小结

创新思维的准备期实质是尽可能将各种要素展露在感知之中，这些要素有直接相关的环境要素及看似不相关易被忽视的其他要素。这可以借助各种要素工具或梳理要素的工具来实现。这些工具有三方面的来源：其一是内外环境要素检视的工具，包含 SWOT、PEST 及目标检视工具 SMART 等，这些要素都为个体进入创新思维提供了有效而简洁的途径。其二是运用提问的方式梳理并提醒创新要素的存在，如 5W2H、列举法等。其三是运用发散思维工具拓展出看似不相干要素，如思维导图等。

思考题

1. 应用 SMART 法制定一个英语学习或健身运动的周计划。
2. 运用 5W2H 法对下面问题进行分析，提出解决方案。
（1）运用 5W2H 法策划在本城区开一家快餐店。
（2）运用 5W2H 法分析食堂不足之处。
（3）运用 5W2H 法分析我国旅游业的现状，寻找有待开发的旅游项目。
（4）经销商如何选择有潜力的服装品牌？
要求：根据整合而成的解决方案写出分析报告。
（1）列表：应用工具列出各要素。

（2）分析重点问题。

（3）寻找解决方法。

（4）确立方案。（不少于500字）

3．应用希望点或缺点列举法提出改善学院招生宣传活动的策划。

要求：根据整合而成的解决方案写出分析报告。

（1）列表：应用工具列出要点。

（2）分析重点问题。

（3）寻找解决方法。

（4）确立方案。（不少于500字）

4．运用思维导图策划一场班会或社团活动。

要求：根据整合而成的解决方案写出分析报告。

（1）画出导图。

（2）分析重点问题。

（3）寻找解决方法。

（4）确立方案。（不少于500字）

课前动脑答案

1．杯中是干咖啡粉；2．盲文；3．一分钟；4．序号错了，应为4。

第六章　酝酿、明朗期：引导注意力的思维工具

学习目标
1. 掌握 BS 法的应用原则。
2. 知道强制联想法的原理。
3. 了解组合法与类比法的内涵。
4. 理解 PMI 法的应用技巧。

课前动脑
1. 一辆载货物的汽车要通过一个立交桥的桥洞，但是汽车顶部要比桥底部高 1 厘米，怎么也过不去。你能想办法解决这个难题吗？
2. 车祸发生后不久，第一批警察和救护车已赶到现场，发现翻覆的车子内外都是血迹斑斑，却没有见到死者和伤者，为什么？
3. 有两块小板子，板子两端各有一个小孔，板子上各有一捆绳子，如何快速穿过房间？身体的任何部位和衣服都不能接触地板。
4. 有一个在南方做木制模具的厂长到北方采购了木材，由于采购者多，木材的运输排在了数个月后。厂长等了一个月，费用已不够返回路费了，请你帮他想想该如何办。

导入案例

选狼还是选狮子

草原南北各有一群羊。上帝说，"你们选狼，就给你们一只，任它随意咬你们。如果你们选狮子，就给两头，你们可以在两头狮子中任选一头，还可以随时更换"。

南边的羊想，狮子比狼凶猛，要狼！

狼进入羊群后，每咬死一只羊，可吃几天。这样羊群几天才被追杀一次。

北边的羊想，狮子虽然比狼凶猛得多，但我们有选择权，还是要狮子吧！

北边的羊挑选了一头狮子，另一头狮子则留在上帝那里。狮子比狼凶猛，而且每天都要吃一只羊。羊群天天被追杀，惊恐万分，赶紧请上帝换一头狮子。不料，换来的狮子一直没有吃东西，咬得更疯狂。北边羊群只好不断更换狮子，可换哪一头都比南边羊群悲惨得多。最后，北边羊群索性让一头狮子吃得膘肥体壮，眼看另一头瘦狮子快要饿死了，才请上帝换一头。瘦狮子经过长时间的饥饿

> 出了一个道理：自己的命运是操纵在羊群手里的。瘦狮子就对羊群特别客气，只吃死羊和病羊。羊群喜出望外，有几只小羊提议干脆固定要瘦狮子，不要那头胖狮子了。一只老公羊提醒说，"狮子是怕我们送它回上帝那里挨饿，才对我们这么好。万一肥狮子饿死了，我们没有了选择的余地，瘦狮子很快就会恢复凶残的本性"。狮子懂得了自己的命运是操纵在羊群手里的道理。为了能在草原上待久一点，它竟百般讨好起羊群来；羊群也明白了两头狮子共存的价值，因而也小心地不让任一头狮子饿死。
>
> 北边羊群在经历了重重磨难后，终于过上了自由自在的生活。南边羊群的处境却越来越悲惨了，那只狼现在只喝羊血，每天都要咬死几十只羊。
>
> 南边的羊群只能在心中哀叹：早知道这样，还不如要两头狮子。这是一道非常简单的选择题，从一开始绝大多数人想的都是选一只狼，因为和狮子相比，狼更弱一些。
>
> 只有一个选择是最可怕的，这可能将未来置于危险的境地！
>
> （资料来源：松林《选狼还是选狮子》，载《政府法制》2010年第18期，第55页。有改动。）

根据华莱士的观点，当个体遭遇解题困境，暂时离开当前问题情境有助于问题解决。这一离开问题的时间阶段就是酝酿。在酝酿期问题暂被搁置，个体将逐一转向其他无关的活动，而在潜意识水平上对问题的加工继续进行。研究认为，酝酿期的重要特征——思维僵局会引起右半球信息保持增强，并且这一右侧优势有利于个体接收有效信息从而明朗（顿悟），而个体参与表征转换并触发随后明朗（顿悟）的酝酿过程则左右脑均有参与。明朗期是个体经过潜意识加工的答案突然出现在个体意识中的阶段，通常指的是顿悟或"Aha"时刻，是突然以直觉的方式清晰地获得问题解决方法的时期，并伴随有"Aha"体验。

作为思维的必经阶段，创新思维的酝酿与明朗期可嵌入思维过程中的知觉注意阶段。大脑运作模式是通过要素匹配记忆中的模式从而废止思维（形成定势思维）——大脑倾向于寻求稳定与平衡，因而很难寻找另外的突破。创新思维准备期可能形成了唯一决策，而这个决策极可能是在情感偏好与利益引导下做的决策。此时，需要应用工具引导注意力，努力寻找其他的决策。

思维主体在酝酿、明朗期的行为，首先，要保有寻找另一种可能的决心；其次，更为重要的是，要借助引导决策者注意力的工具。这可以从三个方面进行创新突破：第一，寻找和激发全新想法、针对既有要素的逻辑进行思考；第二，既有决策基础上的延伸；第三，对既有决策的判断。

本章主要介绍在思维实践中由浅及深地引导注意的感知思维工具。

第一节　寻找：激发与运用逻辑

酝酿，思维未明朗前的试错或遐想。这个阶段需要借助外来刺激突破定势思维，这个刺激可以是他人的想法或借助不相干的外物强制联想，也可以通过对准备期各种要素的组合或类比来实现。

小案例 6-1

误　诊

某医院将肺癌误诊为甲状腺癌，并对病人实施了甲状腺切除手术。术前检查中，病人肺部显示有结节，穿刺活检甲状腺无癌细胞，甲状腺功能正常。可为什么还是被当成甲状腺癌进行手术呢？——此科的绩效考核是以手术台数计量的。我们看似唯一的正确决策通常是基于经验或利益的倾向判断，其实不过是缺乏想象力罢了。

（资料来源：笔者撰写。）

一、激发·头脑风暴法

在群体决策中，由于成员心理的相互作用影响，人们易屈从于权威或大多数人意见，形成所谓的"群体思维"。这看似公平的决策，实际上削弱了群体的批判精神和创造力，极易损害决策的质量。为了保证群体决策的创造性，管理上发展了一系列改善群体决策、保证决策质量的方法，头脑风暴法（Brain Storming，简称 BS）即是较为典型的一个。

（一）概念与内涵

头脑风暴法又称智力激励法、自由思考法，是由美国 BBDO 广告公司及创造学家 A. F. 奥斯本于 1939 年首次提出、1953 年正式发表的一种激发思维的方法。头脑风暴最早是精神病理学上的用语，指精神病患者的精神错乱状态；作为创新方法则指团队无限制的自由联想和讨论，其目的在于产生新观念或激发创新设想。作为技法的头脑风暴有两个来源：一是来源于美国英语词汇"brainstorming"，指为了解决一个问题、萌发一个好创意而集中一组人同时进行思考某事的方式，类似汉语的"集思广益"；二是来源于美国英语词汇"brainstorm"，同英国英语的"brainwave"，意为灵感、妙计。头脑风暴法由于简单、直接、有效，经各国创造学研究者的实践和发展，已经形成了一个发明技法群,如美国的奥斯本智力激励法、德国的默写式智力激励法、日本的卡片式智力激励法等。

> **小案例 6-2**
>
> **坐飞机扫雪**
>
> 美国北方格外严寒,常常是大雪纷飞的天气,电线上渐渐就会累积重重的冰雪,大跨度的电线因而会被压断,严重影响通信。许多人试图解决这一问题,但都未能如愿。电信公司经理召集了一次座谈会,参加会议的是不同专业的技术人员。会议开始前宣布了规则,并要求尽可能提出解决方案,而不用评论实现的可能性。在此规则下,大家纷纷提出自己的想法:有人提出设计一种专用的电线清雪机;有人想到用电热来化解冰雪;也有人建议用振荡技术来清除积雪;还有人提出能否带上几把大扫帚,乘直升机去扫电线上的积雪。对于这种"坐飞机扫雪"的想法,大家尽管觉得滑稽可笑,但依照会前规则也无人提出批评。有一位工程师听到用飞机扫雪,大脑突然受到冲击,他马上提出"用直升机扇雪"的新设想,顿时又引起其他与会者的联想。不到一小时,与会的10名技术人员共提出90多条新设想。事后评判,专家们认为"坐飞机扫雪"如果可行,将是一种既简单又高效的好办法。经过现场试验,发现用直升机扇雪真能奏效——这个久悬未决的难题,终于得到了有效解决。这种寻找创意的方法就是头脑风暴法。
>
> (资料来源:Osborn, Alex. *Applied Imagination: Principles and Procedures of Creative Problem Solving*. New York: Charles Scribner's Sons, 1953. 有改动。)

简而言之,头脑风暴就是指将一群人组织在一起围绕特定的主题寻找创新设想。这并不是一种简单的群体会议,而是要求遵循一定的原则,具体包括如下4点。

(1) 自由思考。每个人都是独立的思维主体,会议中要充分解放思想,畅所欲言。

(2) 延迟评判。对他人的任何设想既不能"棒杀",也不能"捧杀"。这要求不得批评仓促的发言,也不许有任何怀疑的表情、动作、神情。对设想的评判,留在会后组织专人考虑。这样可以减轻与会者对设想可行性的顾虑。

(3) 以量求质。鼓励与会者尽可能多而广地提出设想,以大量的设想来保证质量较高的设想的存在。

(4) 结合改善。鼓励与会者积极进行思维互补,在增加自己提出的设想数量的同时,也要注意思考如何把两个或更多的设想结合成另一个更完善的设想。

头脑风暴法适合需要大量构想、创意的场景,非常适合解决简单且严格确定的问题,比如研究产品名称、广告口号、销售方法、产品的多样化研究等。头脑风暴的会议类型有两种：其一是设想开发型。这是为获取大量的设想、为课题寻找多种解题思路而召开的会议，要求参与者善于想象、语言表达能力要强。其二为设想论证型。这是为将众多的设想归纳转换成实用型方案召开的会议，要求与会者善于归纳、善于分析判断。

（二）价值

头脑风暴是一种极为有效的开启创新思维的方法。头脑风暴通过集思广益、发挥集体智慧，迅速获得大量的新设想与创意，对于创造性活动具有非常大的实用意义。比如某蛋糕厂为了提高核桃裂开的完整率，对"如何使核桃裂开而不破碎"进行了一次小型的头脑风暴会议，会上大家提出了近100个奇思妙想，但似乎都没有实用价值，如"培育一个在成熟时自动裂开的新品种"。但有人却利用这个设想的思路想出了一个简单有效的好方法：在外壳上钻一个小孔，灌入压缩空气，靠核桃内部压力使核桃裂开。

1. 连锁反应，持续联想

联想是产生新观念的基本过程。在集体讨论问题的过程中，每提出一个新的观念，都能引发他人的联想；而他人的联想又会继续引发自己更进一步的联想。经过这样的连锁反应，就会相继产生一连串的新观念，形成大量的创新思维，从而为创造性地解决问题提供了可能。

2. 热情感染，突破自我

头脑风暴强调自由无拘的思考，这样集体讨论问题能激发人的热情，进而相互影响、相互感染，形成热潮，非常利于突破固有观念的束缚，最大限度地激发创新思维。

3. 激发竞争，活跃思维

头脑风暴的群策群力，会制造出一种竞争意识，这将使个体的心理活动效率增加50%或更多；有利于调动思维积极性，力求见解独到，从而产生新奇观念。

4. 释放欲望，生发创新

头脑风暴要求延迟评判，这就使得个人的欲望在集体讨论问题的过程中得到放大，任何直觉的、灵感的，哪怕是荒诞的想法都有可能在畅所欲言的鼓励中得以表达。实践证明，这正是头脑风暴法的价值所在。

头脑风暴激发创新最根本的原因在于：一个人的思维能力和想象力不如两个人或者一个团队的强。比如管理者要想改善餐厅的经营，服务肯定是最需要提升与改善的，而服务员是接触顾客最多的人，因而管理人员可以经常组织服务员参与头脑风暴，集思广益以获得好策略。

5. 发散思维培养工具

头脑风暴也可以用于个人进行发散思维的培养。操作方式为：应用"自由联想、自由想象、自由发挥"的方法，按照以下3条方针进行联想思维，在限定的时间内得到足够数量的结果。

(1) 同中求异：能够摆脱人们的共识和传统观念的思维定式，从另外的角度提出完全不同，但有一定依据的全新观点。

(2) 正向求反：不迷信权威，敢于向一贯视为正确的理论体系或科学概念提出挑战，并提出相反的或与之对立的新理论、新概念。

(3) 多向辐射：能对某个复杂问题（或关键所在）从多种角度、多个方向去分析，从而得出多种可能的解决方案。

这3条指导方针对发散思维的培养是十分必要的，对它们的遵循，有助于创新者真正发挥发散思维在创新思维活动中的导向作用，以培养出真正的发散思维。

（三）实施方式

采用头脑风暴法组织群体决策时，要集中专家召开专题会议。主持者要以明确的方式向所有参与者阐明问题，说明会议规则，尽力创造融洽轻松的气氛。主持者一般不发表意见，以免影响会议的自由气氛，其主要职责是引导与会者提出尽可能多的方案，遇到冷场时要适当将之前的方案进行述读以再激发。会议规则的遵守很重要，主持人要确保与会者在正常融洽和不受任何限制的气氛中打破常规，积极思考。

1. 组织形式

与会人数一般为6～12人，最好由不同专业或不同岗位者组成（一般不要有上下级关系的人同在，容易引致权威定势），可以是不同领域、不同年龄、不同性格的人组合在一起。时间一般为20～60分钟，最好30分钟以上。时间太短不利于与会者充分发言，也不利于思维的突破。设主持人1名，记录员1～2人。

2. 会前准备

会议要明确主题：主题要提前通报给与会人员，让与会者有一定准备。选好主持人：主持人要熟悉并掌握该技法的要点和操作要素，摸清主题现状和发展趋势，最好准备一些想法以抛砖引玉。参与者要有一定的训练基础，懂得该会议提倡的原则和方法。会前一般应进行思维柔化训练，如脑筋急转弯之类的思维游戏等，目的是减少思维惯性，让与会者从单调、紧张的工作环境转换入轻松境界，从而能够以活跃的思维激情投入设想活动。

3. 会议原则

为使与会者畅所欲言，互相启发和激励，达到较高效率，会议正式开始前要宣读规则，并在会议中严格遵守。

(1) 禁止批评和评论、禁止自谦。组织者要在心理上调动每一个与会者的积极性。会议中禁止任何人对他人提出的想法进行批判、阻拦，即使这些想法似乎是幼稚、荒诞离奇的，亦不得驳斥。会议中杜绝诸如"这根本行不通""你这想法太陈旧了""这是不可能的""这不符合某某定律"等棒杀性的语句；也不允许自我批判，禁止使用"自我扼杀"语句，如"我提一个不成熟的看法""我有一个不一定行得通的想法"等。与会者只能提出想法，并只针对想法进行解释；唯如此，与会者才可能在充分放松的心境下，在别人设想的激励下，集中全部精力开拓自己的思路。

(2) 目标集中，追求设想数量，多多益善。智力激励法的根本是以谋取设想的数量为目标，通过追求数量获得具激励作用的设想。比如，在上述电信公司"直升机扫雪"的方案中，有激发作用的"坐飞机扫雪"的想法是第35条。这种对数量的追求最可能引发荒诞性设想的诞生，而这正是创新的前奏。人们认为头脑风暴的实施中，思维会经历三个阶段，分别是常规期、荒诞期与创意期。头脑风暴法正是通过对数量的要求，促使思维进入创意期。

(3) 鼓励巧妙地利用和改善他人的设想。这是头脑风暴法的关键所在。与会者都要从他人的设想中激励自己，相互启示，相互补充，或将他人的若干设想综合起来提出新的设想等。

(4) 与会人员一律平等。记录员要认真地将与会者不论好坏的所有设想都完整地记录下来。与会人员，不论是该方面的专家、员工，还是其他领域的学者，以及该领域的外行，一律平等；各种设想，不论大小，甚至是最荒诞的设想，都应被平等对待。

(5) 主张独立思考。会议中不允许私下交谈，以免干扰别人思考。

(6) 提倡任意思考，畅所欲言。会议要求自由想象、尽量发挥，主意越新越怪越好，因为这样方能打破常规，启发推导出好的观念。

(7) 不强调个人的成绩。会议中以小组的整体利益为重，注意和理解别人的贡献。人人创造民主环境，不以多数人的意见阻碍个人新观点的产生，激发每个人追求更多更好的主意。

4. 筛选评判

会议结束后1～2天，主持人应向与会者了解大家会后的新设想或新思路，以补充会议纪录；然后将这些方案召集专业人士进行筛选、评判出1～3个最佳方案；最后择优应用。

(四) 实践案例

场景简述之一：月初第一周的销售会议——总结上月，针对存在的大问题进行讨论，提出本月可行的解决办法。某次会议的问题是：如何提升江小白500 ml覆盖率。

头脑风暴法：经理强调了会议的规则，只提想法，不评价。让助理进行现场记录，只记想法，不计提出想法者。时间半小时。大家纷纷建言：

可以强迫老板进，因为有客情关系；

可以根据天气原因说服，天冷出来吃饭比较多人会选择500 ml；

靠自己的嘴来说服老板，强磨硬泡，让老板进货；

要做广告多宣传500 ml，让消费者和商家都知道这个产品；

可以搞一些活动吸引商家；

可以跟老板介绍产品的具体利益，把利润算清楚给老板听，吸引商家；

可以跟老板解释这附近很多商家都进了这500 ml的，你不进的话消费者不会来你这消费，减少利润等。

......

效果评价：通过一系列的讨论，最后总结出了适合不同客户或情境的解决措施。这些措施有助于销售人员有效应对拜访的不同客户。实践显示，当月的 500 ml 覆盖率整体明显上升。

场景简述之二：我们每天开发客户的唯一渠道就是打电话，在打完公司的内部资料记录的电话后，会面临没有新的渠道可以开发客户的困境。开发新渠道以寻找意向客户是目前这一阶段需要解决的事情。

头脑风暴法：主管召集老业务和新进人员一起讨论，在说明了规则（只提想法，不管其他）之后，大家开始提出设想。主管让其中一人将大家的设想全部记录在白板上，当天总共提出了近 40 个点子。最后经过挑选，确定了以下这些是现阶段可以选用的。

（1）在招聘网站搜索外贸或者其他跨境电商平台的关键词，搜索出来的企业都是有电商意识的企业，符合意向客户要求。

（2）在百度贴吧、豆瓣、知乎搜索相关跨境电商内容，从评论里筛选出意向客户。

（3）利用跨境电商展会或者跨境电商活动，从活动现场直接添加意向客户微信。

（4）陌拜。

......

效果评价：集思广益后，大家发现开发客户不仅只有电话这个渠道。在这次会议指导下，大家拓宽了对渠道的认知，每天寻找到的客户数量多了，质量也高了很多。

（五）练习（头脑风暴法）

（1）想象现在发生海难，一游艇上有 8 名游客等待救援，但是现在直升机每次只能够救一个人。游艇已坏，不停漏水。寒冷的冬天，海水刺骨。游客情况如下：

1）将军，男，69 岁，身经百战。

2）外科医生，女，41 岁，医术高明，医德高尚。

3）大学生，男，19 岁，家境贫寒，参加国际奥林匹克数学竞赛获奖。

4）大学教授，男，50 岁，正主持一个科学领域的项目研究。

5）运动员，女，23 岁，奥运金牌获得者。

6）经理人，男，35 岁，擅长管理，曾将一个大型企业扭亏为盈。

7）小学校长，男，53 岁，劳动模范，五一劳动奖章获得者

8）中学教师，女，47 岁，桃李满天下，教学经验丰富。

请将这 8 名游客按照营救的先后顺序排序。每个小组提出至少 5 种救法（简述依据），并评出最优救法。

（2）请提出可能的 App 设计创意。

> **扩展阅读 6-1**
>
> **635 法（默写式头脑风暴法）**
>
> 635 法又称默写式智力激励法、默写式头脑风暴法，是德国人鲁尔巴赫根据德意志民族习惯沉思的性格改造奥斯本头脑风暴法提出来的。
>
> "635" 是指每次会议 6 人参加，坐成一圈，每人面前放有一张画有 6 个大格（每个大格画有 3 条横线，分别加上 1、2、3 的序号）的 A4 纸大小的卡片。要求：不能说话，自由思考。首先，在第一个 5 分钟内，每人在各自的卡片上的第一个大格内写出 3 个设想，设想的表述尽量简明，写完后（向左或右）传递给相邻的人；然后，在第二个 5 分钟内，每个人在接到的卡片的一个空白大格上再写 3 个设想（最好是受纸上已有的设想所激发的，且又不同于纸上的或自己已提出的设想），之后再传递出去。如此传递 6 次，半小时完毕，可产生 108 个设想。整理分类并归纳，从中找出有效可行的方案。635 法的优点是能弥补与会者因地位、性格的差别而造成的压抑；缺点是只是自己看和自己想，激励不够充分。
>
> （资料来源：《默写式智力激励法》，载《北京体育学院学报》1987 年第 3 期，第 56 页。有改动。）

二、激发·强制联想法

人们通常难以摆脱习常思维的困扰，强制性让思维偏离既有轨道，将有利于寻找到创新的视角与方法。

（一）概念与内涵

试一试：我问你答。

每个小组用一张 A4 纸，在纸的上端写上小组名及小组确定的一个当前的社会问题，再在另一张小纸条上写下 3 个随机名词（可以是小组成员各说一个再选择）。接着将写有问题的 A4 纸与相邻小组交换（循环相传，确保每组都能拿到），在拿到的问题下写上自己所写的 3 个名词（并写上本小组名）。最后用 3 个名词联想与延伸，提出解决对方问题的想法。要求给出至少 21 条思维结果，并将之给回问题提出小组，由问题小组对结果进行评价（选出可行方案，标示最佳方案）。这种解决问题的方法就属于强制联想法。

强制联想法是运用强制性连接方式以产生创造性构想的方法。它是指人们运用联想思维，强制激发人的大脑想象力和联想力，迫使人们去联想那些根本想象不到的事物，从而产生思维的大跨跃，产生有创造性的设想。强制联想法最早源于美国学者赫瓦德提出的焦点法，所谓"焦点"是指创新者注目的热点、兴奋点或欲改造的事物，该法起初应用于工业设计领域。

创新设想的困难有两种：一是易提出习见的设想，缺乏创造性；二是打不开思路，致使创新过程中断。强制联想法的宗旨就是突破定势，克服创新困境。强制联想法的思维理论是先选择欲改善的焦点事物，任意列举出一系列表面上看来与焦点因缘甚远或毫不相关的事物；然后强行列举事物属性与焦点对象匹配，促使人们打开创新思路，实现超常思考，从而产生大量设想；最后从中挑选最佳方案。

简而言之，强制联想法或焦点法就是将要解决的问题作为焦点，随便选择一个事物做刺激物，通过刺激物和焦点之间的强制联想获得新设想、新方案的方法。

德博诺提出水平思维工具——随机输入法，实质上亦是一种强制联想法。随机输入法是应用随机事物如名词或图片等围绕主题进行联想：首先确定随机事物，这应该是提前准备的某种规则（比如专门的随机名词组或图片册）；其次对之进行延伸联想；最后在延伸联想基础上围绕问题寻找解决方法。随机事物可以是事先准备的系列名词，也可以是任何一本书按某一规则找到的名词，还可以是随机的图片或图画，甚至可以就地取材随机选取激发对象。

无论是焦点法还是随机输入法，所有类似强制联想法的本质机理源于：有些在事后看起来明显符合逻辑的事物，在事前却不一定如此。因而在任何塑造创新的感知中都绝对需要借助外物刺激来切换思考模式，切换模式是创新设想的来源。

试一试：用"森林"强制联想"幼儿园装修"。

（二）价值

创新思维中遇到的困难一般有两种：一是容易提出常见的想法，缺乏创新性；二是思路太窄，致使创新中断。这表现为人们在面对具体的问题时通常会无从下手，把握不到思维的线索，思考的范围流于空泛。强制联想法围绕焦点事物，发挥联想的作用，任意列举出表面上看来与焦点因缘甚远或毫不相关的事物，然后使之与焦点事物强行结合，促使打开创新思路，实现超常思考。强制联想法自提出以来，在工业设计、艺术创造、建筑创意等领域受到了很大的关注。

1. 提供了联想的线索与范围

几乎所有的创新技法都会使用联想功能。联想是创新思维的基础，强制联想就在于对联想的过程施力。联想本身有一个最佳稳固度区域，任何向左或向右的偏离，都产生不了希望的后果。因为联想思维如不受限制，就好似在漫无边际的大海上航行的孤舟，既没有支持物，又缺乏方向与目标。因而过于自由灵活的联想，反而易引致思路零乱、跳跃性过大，最终影响思维的敏捷性。强制联想通过施加限制条件，思维搜索的范围变小，思考变得更容易与清晰。

2. 广泛涉猎多个领域

强制联想将联想从已知的领域扩展到陌生领域，甚至是许多意料之外的领域。因为强制对象的选择并不与焦点事物直接相关，强制对象的延伸会极大地拓展问题解决的思考范畴，故而有利于打破联想定势和思维定势。

3. 捏合不相关的要素

强制联想实则是将思维中原本不相关的要素进行了组合。这不但充分发挥了既有设计效益，而且强化和深化了开发性重新组合的创新性。

4. 交叉孕育创意

强制联想法可以自成一体，独立应用，不断更新和开发，还能够同其他方法如头脑风暴法、属性列举法等相结合，产生大量的新设想、新设计、新方案。

5. 一种创新思维训练方式

强制联想可以用于随时随地的思维训练。具体见第二章。

（三）实施方式

> **应用举例 6-1**
>
> **应用强制联想法开发新型桌子**
>
> （1）选择桌子作为焦点 A。
> （2）列举与桌子无关的事物 B，如灯泡、挂钟、橡皮等一切其他可以想到的。
> （3）分别列出 B 的一切属性，如灯泡：玻璃、透明、球形、发光等；挂钟：可挂墙上、指针自动等；橡皮：软、气味、多色等。
> （4）将上述 B 的一切属性与 A（桌子）强行结合，如："玻璃+桌子""球形+桌子""发光+桌子"；"可挂墙上+桌子""自动运动+桌子"……
> （5）根据上一步联想，进一步组合出钢化玻璃桌、球形桌、发光桌、透明桌等方案。
> 依此类推，将挂钟、橡皮等与桌子结合，又可产生许多新颖设想。

一般来说，强制联想法的应用包含三部分：第一，选择研究对象，并以此作为研究焦点；第二，选择任一个物体为参考物；第三，列出参考物的各种特征，再由这些特征出发进行发散联想。

具体步骤如下：

第一步，选择焦点，即确定需要设计或者是完成的目标 A。
第二步，列举与焦点无关的事物 B 作为刺激物。
第三步，尽力列举事物 B 的一切属性，包括外形方面、性质方面、功能方面等。
第四步，以 A 为焦点，强制性地把 B 的所有属性与 A 联系起来产生强制联想。

可整体结合，也可将两者的构件、属性结合。

第五步，把得出的一系列相关设想加以组合，进一步利用刺激物 B 的特性联想。

这样，将会得到一系列有关 A 设计的设想，其中新奇有效的方案应该就蕴含其中。将有价值的设想连接现有的约束条件，最终确定出适合的方案。

（四）实践案例

场景简述之一：葡萄酒品牌故事撰写；要求高雅，有创意。考虑强制联想法，跳脱当前的情境定势。借助随机词语与公司简介和品牌故事联想，考虑可加入文案的创意点，目的是使文案变得生动，形象，有画面感，激发消费者联想后又能让人眼前一亮。

强制联想法：

（1）随机词组：罗马。

（2）延伸联想：武斗士、战场、荣耀；红酒的味道，正是葡萄酿造出来的小骄傲。

（3）与主题联想：

酒杯里的信仰，黑瓶里的华章；

旋转的软木塞刚完成把守酒体的任务；

标签上诉说着源自澳大利亚的荣耀；

水晶杯里；

纯粹而酸涩的单宁；

静静地融在舌尖上，口腔中；

那是南半球的庄园里；

西拉子和赤霞珠沉淀在橡木桶中；

带着的一点小小的骄傲。

效果评价：通过强调联想，品牌故事不再是既有辞藻和句子的堆积，而是富有想象力的，源于现实而又稍稍超越现实的一幅画。借助延伸的词组，深挖它们的特质和联想画面，就可以得到与众不同的效果，让他人快速理解，引发共鸣，又能留下一点记忆。

场景简述之二："绿茶健步走"的抖音宣传活动；要求具话题性，利于传播。

强制联想法：

（1）热门话题：垃圾分类。

（2）延伸联想：属性——干垃圾、湿垃圾、有害垃圾、可回收垃圾。

（3）统一绿茶：属性——绿色、健康、环保、水、瓶身、瓶盖。

与主题联想：从垃圾分类的主题出发，干垃圾和湿垃圾为主线，统一绿茶为载体。

文案内容：健步走时不小心将一瓶开盖的统一绿茶掉在地上了。用纸巾擦拭溅湿的鞋子，擦完的纸巾算湿垃圾还是干垃圾？无论多湿都算干垃圾。弄倒的统一绿茶应该怎么丢呢？能直接丢入垃圾桶吗？不能，应该把剩余的饮料倒掉。那瓶子外面的包装纸算干垃圾还是湿垃圾呢？需要一张垃圾分类清单，包装纸算干垃圾，瓶身和瓶盖算可回收垃圾，分别丢入对应垃圾桶中。

效果评价：运用了强制联想后，可以将热门话题与问题对象紧密联系，便于寻找到适合传播的方案。

（五）练习（强制联想法）

(1) 应用"肥皂"，寻求"家具制造"的创意。
(2) 应用强制联想法改良公交车。

三、运用逻辑·组合法

创新是自由思考与逻辑推理并存的过程，二者在创新思维过程中缺一不可。头脑风暴、强制联想这些自由思考，让创新之翼翱翔蓝天；而借助组合、类比等逻辑推理，创新之花亦能结出硕果，且更易为大多数人掌握与应用。

（一）组合法

逻辑学中的组合逻辑、组合运算，强调的就是透过纷繁的表面，发掘客观事物的本质功能、特性，把多项貌似不相关的事物、思维或观念的部分或全部，通过想象加以连接，进行有机的组合、变革、重组，使之变成新颖、有价值的整体。

1. 概念

组合法是一种以综合分析为基础，并按照一定的原理或规则对现有的事物或系统进行有效的综合，从而获得新事物、新系统的创新方法。从人的思维角度来看，想象的本质就是组合。心理学研究表明，创造性想象可以借助不同的手段去建立不同的表象。CT扫描仪能诊断出脑内疾病和体内癌变，是一项重大发明，其实不过是X射线照相装置同电子计算机的组合。中国文化崇尚的"龙"就是以蛇为主体，结合兽脚、马头、鹿角、鱼鳞等其他特征的超现实想象。传说中的美人鱼以及人面狮身的斯芬克斯均是人类组合思维的杰作。

组合的概念有广义与狭义之分。广义的组合是指不受学科、领域限制的信息的汇合、事物的结合、过程的排列等。例如，儿童的积木游戏、饮食中的烹调、产品新功能的设计、文学艺术形象的创作、建筑学和电影中的"蒙太奇"等。狭义的组合则是指在技术发明范围内，将多个独立的技术因素（如现象、原理、材料、工艺、方法、物品等）进行重新组合，这并不是一种简单的罗列、机械的叠加。比如，将饮料吸管和小勺放在一起并不是创造性组合；当把小勺固定在吸管的一端，并使之符合人们的实用和审美要求，就成为创造性组合。

试一试：举世闻名的瑞士军刀是什么类型的组合？

组合法的原理本质上是系统的原理，其具体表现为以下三个方面。

第一，从系统的思想来看，组合法就是把两个或多个系统按照一定原则进行组合生成新系统的过程。在统一的整体目标下，其中各个组成元素能够协调、有机地进行组合，并且在某些方面相互作用。组合最基本要求是各组成事物之间必须建立某种紧密关系，从而成为一个有价值的新事物。华南地区有名的蚝壳墙便是蚝壳与糯米等组合而长存的美丽风景，而没被组合的大多数蚝壳却成为混乱堆集的垃圾，湮灭成泥。

第二，产生的新系统具有新的特征或效果，系统的功能总和必须大于系统内各组成元素的单独功能之和。笛卡尔将当时完全分开的代数和几何学联系起来创立了一门新的数学分支——解析几何。遗传学现代基因科学是创始人孟德尔把数学和生物科学组合在一起而创出的一种新科学。

第三，系统具有不同的属性或状态，这就要求在运用组合法进行创造活动时，创造者需要从各个不同的方面或角度进行系统的分析和评价。西蒙顿提出，天才们进行的新颖组合比仅仅称得上有才的人要多。就像面对着一堆积木的顽皮儿童一样，天才会在意识和潜意识中不断地把想法、形象和见解重新组合成不同的形式。爱因斯坦并未发现关于光的能量、质量或速度的概念，而是以一种新颖的方式把这些概念重新组合起来。面对与其他人一样的世界，他却能看到不同的东西。

2. **价值**

组合是客观世界中普遍存在的现象。小至微观粒子，大到宇宙的天体、星系，到处都存在着形形色色的组合现象。1912年美国经济学家熊彼特在其德文著作《经济发展理论》中指出，"创新"是把生产要素和生产条件的新组合引入生产体系，即"建立一种新的生产函数"，其目的是获取潜在的利润。在熊彼特看来，企业家的职能就是实现创新，引进新组合；所谓经济发展就是指整个社会不断地实现新组合。

人类的许多创造成果来源于组合。以组合为基础的创新活动，在所有创新实践中占据主导地位。爱因斯坦认为，组合作用似乎是创新思维的本质特征。当今世界首创性发明是很少的，绝大多数都是组合发明。据分析，人类自1900年以来的近500项的重大创新成果中，70%左右来源于组合创新。世界著名科学家布莱斯曾说过："组织得好的石头能成为建筑，组织得好的词汇能成为漂亮文章，组织得好的想象和激情能成为优美的诗篇。"同样，发明创造也离不开现有技术、材料的组合。简单的音符宫、商、角、徵、羽五律变化却组合出了纷繁各异的美妙音乐。美国阿波罗登月火箭总设计师韦伯说："我们所用的技术，都是已有的、现成的，关键在于组合。"日本创新专家高桥浩认为，发明创造的根本原则只有一条——将信息进行分割和重新组合。

3. **实施方法**

组合创新法常用的有主体附加法、异类组合法、同物自组法、重组组合法以及信息交合法等。另有一种用于创造发明的典型技法——形态分析法。

（1）主体附加法。又称内插式组合法，是以某一特定对象为主体，通过置换或插入其他事物或技术，从而导致发明或革新的方法。它是对材料、元件、方法和技术等组合方式灵活运用的结果。在生活中，我们可以发现大量的商品是采用这一技法创造的。如铅笔上装有橡皮，电风扇中添加香水盒，摩托车后面的储物箱上装有电子闪烁装置等。这些组合既方便又实用，且兼有美观的特点。

主体附加法的特点是以原有技术、产品为主体，附加只是补充。附加的目的有两种：一是为了使主体的功能得到更好的发挥，例如在自行车上附加打气筒、车筐、车铃等；另外一种是获得一些辅助功能，例如带温度计的奶瓶、带秤的菜篮等。

主体附加法是一种创造性较弱的组合，人们只要稍加动脑和动手就能实现，但只要附加物选择得当，同样可以产生巨大的效益。

主体附加法的实施步骤：确定主体—确定新功能—确定附加件（即内插件）—确定主体与附加件的连接方式与结构—进行附加组合。

试一试：写出3种可以作为主体的事物、商品，再写出3种可以作为附加物的事物、部件、商品。把3个主体分别与3个附加物相组合，看有没有新的事物或者新奇的事物产生。

（2）异类组合法。将两种或两种以上不同种类的事物组合，产生新事物的技法称为异类组合法，会叫的童鞋、会发光的鞋子、娃哈哈的尖叫运动饮料等都是异类组合。维生素、糖果两者都是客观存在的事物，但是雅客V9将二者融合，摇身一变成了"维生素糖果"，创造了新的行业标准。

试一试：用异物组合法将你身边的任意东西组合起来，看看有什么新的创意？初步组合后看似荒唐的组合不要马上否定，要经过反复联想思考，不断地提出假设和可能性，说不定一个新的创意就会产生。

如衣服、帽子、鞋子、袜子、书包、玩具汽车、橙子、餐具、电脑、手机、青蛙……

（3）同物自组法。同物自组法就是将若干相同的事物进行组合，以图创新的一种创新技法。例如，在两支钢笔的笔杆上分别雕上双方的名字，一起装入精制考究的笔盒里，就成了馈赠新婚朋友的"情侣笔"；把3支风格相同颜色不同的牙刷包装在一起销售，就成了"全家乐"牙刷。同物自组法的创造目的，是在保持事物原有功能和原有意义的前提下，通过数量的增加来弥补不足或产生新的意义和新的需求，从而产生新的价值。

试一试：用同物自组法将你身边的东西进行组合，看看有什么新的创意？
如开关、笔头、橡皮、凳子、QQ空间、台灯、床……

（4）重组组合法。任何事物都可以看作由若干要素构成的整体。各组成要素之间的有序结合，是确保事物整体功能和性能实现的必要条件。有目的地改变事物内部结构要素的次序，并按照新的方式进行重新组合，以促使事物的性能发生变化，这就是重组组合。实施步骤包括以下三步。

第一步，分析研究对象的现有结构特点。

第二步，列举现有结构的缺点，考虑能否通过重组克服这些缺点。

第三步，确定选择重组方式。

重组组合又称分解组合法，是指在事物的不同层次上分解原来的组合，然后再根据新的目的进行重新组合。其特点是：在一个事物上进行，不增加新的事物，重组主要是改变事物各组成部分间的相互关系。日常生活中，随处可见这样的例子。例如，流行的各种可重组的儿童玩具，像变形金刚、积木等，生活中的分体组合家具等。

> **小案例 6-3**
>
> **双尖绣花针**
>
> 从古代的骨针到现代的钢针，模样都是一头针尖一头针孔。在第四届全国青少年发明创造比赛大会上，来自武汉的王帆同学发明的绣花针两头都是针尖，针孔在中间。人们在刺绣时，总是要来回调换针头的方向，而双尖绣花针可以像梭子织网一样，直进直出，刺绣的工效提高了1到2倍。一年后，日本东京大学的医生将双尖缝合针应用于整形外科手术。
>
> （资料来源：《双尖绣花针，农村实用科技》，载《青少年科学探究版》2007年第4期。有改动。）

（5）信息交合法。信息交合法是建立在信息交合论基础上的一种组合创新技法，为我国的许国泰提出，又称魔球法、要素标的发明法等。该法把物体的总体信息分解成若干个要素，然后把这种物体与人类各种实践活动相关的用途进行要素分解，把两种信息要素用坐标法连成信息标X轴与Y轴，两轴垂直相交，构成"信息反应场"，每个轴上各点的信息可以依次与另一轴上的信息交合，从而产生新的信息。

许国泰称该法为信息标与信息反应场的新思维工具，并以曲别针的用法为例进行阐述。首先将曲别针的若干信息加以排序：材质、重量、体积、长度、截面、韧性、颜色、弹性、硬度、直边、弧等，这些信息组成了信息标X轴。然后，他又把与曲别针相关的人类实践加以排序：数学、文字、物理、化学、磁、电、音乐、美术等，并将它们连成信息标Y轴。两轴相交并垂直延伸，就组成了"信息反应场"。最后，将两轴各点上的要素依次"相交合"，就会产生出人们意料之外的大量新信息。比如将Y轴的"数学"点，相交X轴上的"材质"点，曲别针可弯成1、2、3、4、5、6、+、-、×、÷等数字和符号，用来进行四则运算。同样，Y轴上的"文字"点与X轴上"材质、直边、弧"等点相交，曲别针可做成英、俄、法等国的字母。再比如，Y轴上的电与X轴上的长度相交，曲别针就可以变成导线、开关、铁绳等。

这就构成了一个宏大神奇的思维空间。

信息交合法的实施步骤如下。

第一步，选好原点（对象），画一个坐标轴。

第二步，X 轴标注对象包含属性等的信息点。

第三步，Y 轴标注与人类各种实践活动相关的用途为信息点。

第四步，X 轴、Y 轴构建成信息反应场，两轴信息点交合，引出新信息。

信息交合法能使人们的思维更富有发散性，应用范围也很广泛。这种方法有助于人们在发明创造活动中，不断地强化理性中的逻辑思维能力的培养；同时在创新教育中，作为思维训练方法，亦更具系统性和实用性。

4. **练习（组合法）**

（1）抖音的创新运用。

（2）微信的创新应用。

扩展阅读 6-2　　形态分析法

形态分析法由美籍瑞士科学家茨维基于 1942 年提出，是以系统分析和综合为基础，用集合理论对研究对象相关形态要素的分解排列和重新组合，得出所有可能的总体方案，最后通过评价进行选择的方法。形态分析法强调每一个事物（技术装置）都可以分解成若干的子系统，直至分解成不能再分的要素。这些要素重新排列组合，就会产生很多新的功能、方法或装置。此方法的实质是通过强制联想以启发思考，从而帮助决策。

形态分析法通常分为四步。

第一步，明确用此技法所要解决的问题（发明、设计）。

第二步，将要解决的问题，按重要功能等基本组成部分，列出有关的独立因素。

第三步，详细列出各独立因素所含的要素。

第四步，将各要素排列组合成创造性设想。

第二次世界大战期间，美国情报部门探听到法西斯德国正在研制一种新型巡航导弹，但费尽心机也难以获得有关技术情报。火箭专家兹维基博士却在自己的研究室里，轻而易举地搜索出德国正在研制并严加保密的乃是带脉冲发动机的巡航导弹，其运用的就是形态分析法。兹维基在当时可能的技术水平上，分析了火箭的各主要组成要素及其可能具有的各种形态，再利用排列组合提交了 576 种火箭设计方案，其中就包括了德国保密的 F-1 型巡航导弹和 F-2 型火箭。

（资料来源：MBA 智库百科《形态分析法》。有改动。）

(二) 类比法

类比也是一种推理,遵循的是逻辑思维。类比法指的是把两个不同的对象进行比较,根据对象间在诸多属性上的相似,从而根据其中一个对象具有的其他属性推出另一个对象也具有相似属性的结论。亚里士多德在《前分析篇》中指出,"类推所表示的不是部分对整体的关系,也不是整体对部分的关系"。类比推理是一种或然性推理,前提真结论未必就真。要提高类比结论的可靠性,就要尽可能发掘对象间的相同点。相同点越多,二者的关联度就会越大,结论就越可靠。

1. 概念

类比法也叫"比较类推法",是指由一类事物所具有的某种属性,可以推测与其类似的事物也应具有这种属性的推理方法。这种推理是在两个特定的事物之间,应用联想思维,将陌生的对象与熟悉的对象联系起来,从已知推及未知的创新思维。客观上,事物的各个属性并不孤立,而是相互联系和制约,这是类比法存在的基础。类比对象间共有的属性越多,则类比结论的可靠性越大。听诊器的发明就是一种有效的类比推理。医生雷内克看到孩子用大钉敲击木料一端,其他孩子用耳朵贴在木料另一端能听到敲击声音。雷内克联想到心脏的跳动类似大钉敲击的一端,厚纸筒类似木料,推理出耳中听到的纸筒另一端的声音即为心跳声,从而发明了心脏听诊器。雷内克将孩子们听声音的游戏与诊察心肺声音两件事情联系起来,异中求同,产生了崭新设想。

小案例 6-4

烧猪断案

《疑狱集》记载:有个妇女谋害了丈夫,却谎称丈夫是被房子失火烧死的。张举认为其夫口中无尘,是死后被放火烧焦,但妇女拒不承认。张举取来两头活猪,杀死其中一头,然后将两猪同时放到柴堆上点火烧焦。检查发现,活猪烧死的口中多灰,而死猪口中却无灰,从而使该妇女认罪。

(资料来源:笔者编写。)

类比法的思维过程是应用类比联想思维进行创造。利用未知事物各种因素与已知事物各种因素,通过异质同化和同质异化的两个基本创造过程,越过他们表面上的无关,把他们联系和组合起来,求得富有新意的创造性构思。

(1) 异质同化。把陌生的事物看成熟悉的事物,用熟悉的观点和角度认识陌生事物,认为陌生的事物具有与熟悉事物同样的性质、功能、构造、用途等,从而达到把陌生事物熟悉化,把陌生问题转为熟悉问题,得到关于新事物的创造构思。简单说来,指把看不习惯的事物当成早已习惯的熟悉事物。在发明没有成功前或问题没有解决前,他们对我们来说都是陌生的,异质同化就是要求我们在碰到一个完全陌生的事物或问题时,要用所具有的全部经验、知识来分析、比较,并根据这些结果,做出很容易处理或很老练的态势,然后再决定采用的方法,以达到这一目的。

(2) 同质异化。用陌生的眼光看待熟悉的事物,即用与以往完全不同的观点和角度来观察已知的事物,从而找出已知事物的新性质、新用途、新功能、新结构、新结合等。人们通常认为存在即合理,对某些早已熟悉的事物难以摆脱思维的桎梏。这时可以根据需要,从新的角度或运用新知识进行观察和研究司空见惯的对象,以产生创新构想,即将熟悉的事物化成陌生的事物看待。

小案例 6-5　视屏游戏的交互体验

视屏游戏中任天堂公司利用来自汽车领域的防抱死系统和气囊弹出技术创造了游戏中的控制杆,将体感操作化为标准配备,让平台上的所有游戏都能使用指向定位及动作感应,使用者可以挥动、甩动、砍劈、突刺、回旋、射击等各种方式来使用方向盘、剑、枪等工具,这种身临其境的交互体验让玩家爱不释手,赢得了市场的青睐。

人在思考的过程中,异质同化与同质异化常常同时应用。比如,带刺铁丝网、充气轮胎等发明。

(资料来源:笔者编写。)

类比以比较为基础,关键是发现和找出原型。美国麻省理工学院的 W. J. 戈登认为有三大类比方法。

(1) 拟人类比。这是一种感情移入式的思考方法。先假设自己变成该事物以后,再考虑自己会有什么感觉、会如何去行动,然后再寻找解决问题的方案。进行创造活动时,人们常常将创造对象"拟人化"。比如挖土机可以模拟人体手臂的动作来进行设计:它的主臂如同人的上下臂,可以左右上下弯曲;挖土斗似人的手掌,可以插入土中,将土挖起。在机械设计中,采用这种"拟人化"的设计,可以从人体某一部分的动作中得到启发,常常会使人收到意想不到的效果。现在,这种拟人类比方法还被大量应用在科学管理中。

(2) 直接类比。从自然界或者已有的成果中找寻与创造对象相类似的东西,即以作为模拟的事物为范本,直接把研究对象范本联系起来进行思考,提出处理问题的方案。例如,设计一种水上汽艇的控制系统,人们可以将它同汽车相类比。汽车上的操纵机构和车灯、喇叭、制动机构等都可经过适当改革,运用到汽艇上去,这样比凭空想象设计一种东西容易获得成功。再如运用仿生学设计飞机、潜艇等,也都是一种直接类比的方法。

> **小案例 6-6**
>
> **墨子说楚王**
>
> 子墨子见王，曰"今有人于此，舍其文轩，邻有敝舆而欲窃之；舍其锦绣，邻有短褐而欲窃之；舍其粱肉，邻有糟糠而欲窃之；此为何若人?"。王曰："必有窃疾矣！"子墨子曰："荆之地，方五千里，宋之地，方五百里，此犹文轩之与敝舆也；荆有云梦，犀兕麋鹿满之，江汉之鱼鳖鼋鼍，为天下富，宋所为无雉兔狐狸者也，此犹粱肉之与糟糠也；荆有长松文梓楩楠樟，宋无长木，此犹锦绣之与短褐也；臣以三事之攻宋，为与此同类。臣见大王之必伤义而不得。"
>
> （资料来源：笔者编写。）

　　幻想类比也是一种直接类比，指充分利用人类的想象能力，通过童话、小说、幻想、谚语等来寻找类比物，以获取解决问题的方案。如金无足赤，人无完人；铁不用会生锈，水不流会发臭，人的智慧不用就会枯萎等。

　　（3）象征类比。象征是一种用具体事物来表示某种抽象概念或思想感情的表现手法，即把问题想象成物质性的、非人格化的，然后借此激励脑力，开发创造潜力，以获取解决问题的方法。在创造性活动中，人们赋予创造对象一定的象征性，使他们具有独特的风格，这就是象征类比。如玫瑰花喻爱情；绿色喻春天；书籍喻知识。

　　象征类比应用较多的是在建筑设计中。例如：设计纪念碑、纪念馆，需要赋予它们"宏伟""庄严""典雅"的象征格调。相反，设计咖啡馆、茶楼、音乐厅就需要赋予它们"艺术""优雅"的象征格调。历史上许多名垂千秋的建筑，就在于它们的格调迥异，具有各自的象征。

> **小案例 6-7**
>
> **上海金茂大厦与8**
>
> 上海金茂大厦象征含意：其外形像竹笋——象征着节节攀升；像宝塔——富有民族气息；像一支笔——在蓝天描绘着未来。整座大厦的设计数据与中国人喜欢的"8"字相连——总高88层，中间是8角形混凝土核心、周边是8根巨型钢柱、塔式建筑的向上收缩点均位于与8有关的楼层上……以"8"象征着兴旺发达！
>
> （资料来源：笔者撰写。）

2. 价值

世界上的事物千差万别，但诸多事物之间却存在着程度不同的类似与对应，运用推理，总能由熟悉推及陌生，创造出全新的事物。难怪日本创造学先驱市川龟久弥曾感慨：现代创造理论的主流似乎正在出现类比论的全盛时期。

类比法的作用是"由此及彼"。如果把"此"看作前提，"彼"看作结论，那么类比思维的过程就是一个推理过程。古典类比法认为，如果我们在比较过程中发现比较的对象与被比较的对象有越来越多的共同点，并且知道其中一个对象有某种情况而另一个对象还没有发现这个情况，这时候人们头脑就有理由进行类推，由此认定另一对象也应有这个情况。现代类比法认为，类比之所以能够"由此及彼"，之间经过了一个归纳和演绎程序，即从已知的某个或某些对象具有某情况，经过归纳得出某类所有对象都具有这情况，然后再经过一个演绎得出另一个对象也具有这个情况。现代类比法是"类推"。

小案例 6-8　地球与火星

人类在对地球与火星的比较中，发现它们都绕太阳公转，又都绕自己的轴自转；地球上有氮、氧、氢、氦四种元素，火星上也有这四种元素；地球上有大气层，火星上也有；地球上有大气压，火星上也有；地球上有水，火星上也有少量蒸汽。既然地球上有生命存在，那么火星上也应该有生命存在。

（资料来源：笔者撰写。）

亚里士多德认为，那些能够在两种不同类事物之间发现相似之处并把它们联系起来的人具有特殊的才能。如果相异的东西从某种角度看上去确实是相似的，那么，它们从其他角度看上去可能也是相似的。贝尔把耳朵的内部构造比作一块极薄的能够振动的钢片，并由此发明了电话。

类比法的特点是"先比后推"。"类"是类比的前提，即对象之间的共同点是类比法能够施行的前提条件，没有共同点的对象之间是无法进行类比推理的。"比"是类比的基础，同类相比而后才能正确推理。自然界的珍珠是由于某种异物进入河蚌的胆囊而形成的一种胆结石，这一原理被用于人工育珠。天然牛黄是从屠宰场中碰巧获得的珍稀药材，类比人工育珠，人们将异物埋在牛的胆囊育得人工牛黄。

类比法是按同类事物或相似事物的发展规律相一致的原则，对预测目标事物加以对比分析，来推断预测目标事物未来发展趋向与可能水平的一种预测方法。类比法应用形式很多，如由点推及面、由局部类推整体、由类似产品类推新产品等。

> **小案例 6-9**
>
> **人与自然**
>
> 《黄帝内经》云:"天圆地方,人头圆足方以应之。天有日月,人有两目;地有九州,人有九窍;天有风雨,人有喜怒;天有雷电,人有声音;……岁有三百六十五日,人有三百六十五节。"
>
> (资料来源:笔者编写。)

3. 实施方式

类比法的实施过程分为两阶段:第一阶段是把不同的两个事物进行比较;第二阶段是在比较的基础上进行推理,即把熟悉对象的有关知识或结论推移到目标对象上去。

实施步骤如下:

(1) 正确选择类比对象。

(2) 将两者进行分析、比较,从中找出共同的属性。

(3) 进行联想及类比推理,得出结论。

与其他思维方法相比,类比法属平行式思维的方法。与其他推理相比,类比推理属平行式的推理。无论哪种类比都应该是在同层次之间进行。此外,要注意的是类比前提中所根据的相同情况与推出的情况要带有本质性。如果把某个对象的特有情况或偶有情况硬性类推到另一对象上,就会出现类比不当或机械类比的错误。

综摄法、仿生法、移植法、原型启发法等都属于类比法。

> **扩展阅读 6-3**
>
> **综摄法**
>
> 综摄法又称类比思考法、类比创新法、强行结合法等,是美国麻省理工学院教授戈登1944年提出的以外部事物或已有的发明成果为媒介,并将它们分成若干要素,对其中的元素进行讨论研究,综合利用激发出来的灵感,来发明新事物或解决问题的方法。戈登发现,当人们看到一件外部事物时,往往会得到启发思考的暗示,即类比思考。而这种思考的方法和意识没有多大联系,反而是与日常生活中的各种事物有紧密关系。这种事物,从自然界的高山流水、飞禽走兽,到各种社会现象,甚至各种神话、传说、幻想等,比比皆是,范围极其广泛。戈登由此想到,可以利用外物来启发思考、激发灵感解决问题,即为综摄法。
>
> 综摄法的具体操作步骤如下:

1. 准备阶段

(1) 确定会议室和会议时间。

(2) 确定参加人员约十名,参加者可以为不同专业的研究人员,但须是内行。

(3) 主持人应具备使用本方法的一切常识及关注细节问题。

2. 实施阶段

(1) 主持人向与会者介绍本方法的大意、实施概要以及三种模拟技巧、两大思考方式等。

(2) 主持人先不公开议题,而介绍与研究课题有关的更广泛的资料,引导与会者进行讨论,启发他们的灵感。

(3) 当讨论涉及解决问题时,主持人再明确提出来,并要求参加者按异质同化与同质异化两条原则和拟人类比、直接类比(幻想类比)、象征类比这三种模拟法积极构思解决问题的方案。

(4) 整理综合各种方案,寻找出最佳方案。

3. 适用范围

综摄法的宗旨是以已有事物为媒介,将它们分成若干元素,并将某些元素构成一个新的设想,来解决问题。它的最大用处在于利用其他产品取长补短,设计新产品,以及制定营销策略等。

(资料来源:[美]威廉·戈顿著《综摄法——创造才能的开发》,林康义等译,北京现代管理学院1986年。有改动。)

第二节 延 伸

创新的关键是能够发现问题,提出问题。设问法就是对任何事物都多问几个为什么,试图从提问中发掘创新的机会。创新思维的酝酿、明朗阶段,就是通过引导注意而进行的试错与有序联想,即针对某个主题或决策进一步创新。

一、检核表法

(一) 概念

检核表法最早由美国广告学专家奥斯本提出,也称奥斯本法,是一种引导主体在创造过程中利用加减乘除,及反向、替代、借用等9个角度进行对照,即思考能否他用、能否借用、能否改变、能否扩大、能否缩小、能否替代、能否调整、能否颠倒、能否组合9个方面，以便启迪思路，开拓思维想象的空间，促进人们产生新设想、新方案的方法。

示例：手电筒的创新。

能否他用？其他用途：装饰灯、信号灯。

能否借用？增加功能：增加亮度、加大反光罩。

能否改变？改一改：改灯罩、改灯形和灯色等。

能否扩大？延长使用寿命：使用节电、降压开关。

能否缩小？缩小体积：电池1号→2号→5号→7号→8号→纽扣电池。

能否替代？代用：用发光二极管代小电珠。

能否调整？换型号：两节电池直排、横排等。

能否颠倒？反过来想：不用干电池、用磁电机发电的手电筒。

能否组合？与其他组合：带手电钥匙扣、带手电的指南针等。

检核表法根据需要研究对象的特点，按照检核的方向性思路引导注意力进入思考：首先列出问题，形成检核表；然后逐一讨论、研究；最终获得解决问题的方法和创造发明的大量设想。检核表法几乎适用于任何类型和场合的创造活动，因此被称为"创造技法之母"。自从奥斯本检核表法推出以后，其他国家的创造学家们随之提出了多种各具特色的检核表法。

奥斯本检核表法从9个方面提供了引导注意力、拓展思维的具体步骤。

1. 现有对象有无其他用途

保持原状不变能否扩大用途？稍加改变，有无别的用途？

人们从事创造活动时，通常有两条途径：其一是先确定目标，然后沿着从目标到方法的途径。这是根据目标找出达到目标的方法的途径。其二则与此相反，先发现一件事实，然后想象这一事实可能起的作用。这是从方法入手将思维引向目标的途径。后一种途径是人们最常用的，而且随着科学技术的发展，势必得到越来越广泛的应用。

某个对象还能有其他什么用途？或者还能用其他什么方法使用它？……这极易使我们的想象活跃起来。比如你拥有辣木基地的资源，那么，辣木有什么用呢？食用、药用、日化……延伸下去，可能找到无数的市场机会。因此，当我们拥有某种材料，为打开市场，这种能否他用的思维方式将极其有用。比如只是普通的花生，德国有人居然想出了300种利用花生的实用方法，而仅是用于烹调就有100多种方法。再比如，针对橡胶的用处，有公司提出了成千上万种设想，如制成床毯、浴盆、人行道边饰、衣夹、鸟笼、门扶手、棺材、墓碑等。寻求其他用途的思维方式犹如一条广阔的"高速公路"，当我们将自己的想象置入其中，将会产生无数设想。

2. 能否借由别处得到启发

这包括：能否借用别处的经验或发明？外界有无相似的想法？能否借鉴？或者过去有无类似的东西？是否有什么东西可以模仿？新出现的技术或发明能否引入其他的创造性设想之中？

微信是作为即时通信工具而发明的，但现在可以用于微商、转账、支付、购物、宣传等，为人们带来了极大的便利，并因此影响了消费的场景，这远远超出起初的设想。一如伦琴发现"X光"时，并没有预见到这种射线的任何用途。通过联想借鉴，现在"X光"不仅可用来治疗疾病，还能用它来观察人体的内部情况。同样，电灯起初只是为了照明，在改进了光线的波长后，研发了红外线加热灯、灭菌灯等。技术的重大进步不仅表现在某些科学技术难题的突破上，也表现在科学技术成果的推广应用上。一种新产品、新工艺、新材料，必将随着它的越来越多的新应用而显示其生命力。比如现在的AI智能、5G技术必将极大地改变我们的生活。

3. 既有东西可以改变吗

改变一下会怎么样？可否改变一下形状、颜色、味道？是否可改变一下意义、型号、模具、运动形式？改变之后，效果又将如何？妇女用的游泳衣是婴儿衣服的模仿品；面包裹上一层芳香的包装纸，就能提高嗅觉诱力；滚柱轴承改成滚珠轴承就是改变形状的结果。

在消费品市场上，企业经常会通过老产品换新装的方式来刺激消费者，增加销量。如有时改变一下车身的颜色，就会增加汽车的美感，从而增加销售量。健力宝企业的罐装饮料在东北通常会作为春节的随手礼，企业为之设计喜庆的外包装，销量往往会大增。同一种产品，稍加改换包装，甚至可以将产品的价格档次差异化，从而满足不同消费者的需求。比如，我国中秋月饼、品牌白酒的包装与消费。

4. 如果放大、扩大当前对象会如何

现有的东西能否扩大使用范围？能否增加一些东西？能否添加部件、拉长时间、增加长度、提高强度、延长使用寿命、提高价值、加快转速？……

在自我发问的技巧中，研究"再多些"与"再少些"这类有关联的成分，能给想象提供大量的构思设想；而使用加法和乘法，更可能使人们扩大探索的领域。

能加大吗？以前橡胶工厂使用的粘合剂都是装在1加仑的马口铁桶中出售，使用后便扔掉，这造成了大量的浪费。有人建议黏合剂装在可反复使用的50加仑的容器内，这一举措节省了大量马口铁。"统一100"方便面的成功就是基于当时消费者在选择方便面时一包不够、两包浪费的心理，将方便面饼进行了扩大，从60克扩充到了100克。诸多饮料大包装的设计也是基于聚餐、宴饮的分享式消费的需要，将个人装扩大为餐饮装、家庭装。

能使之加固吗？比如织袜厂通过加固袜头和袜跟，使袜的销售量大增；BB椅就是固定好动的孩子好让他/她好好吃饭的设计。

可以改变成分吗？比如牙膏中加入某种配料：野菊花、田七、薄荷、茉莉花香料等，就成了具有某种附加功能的牙膏。这可能为企业在同质化竞争中带来差异化优势。

5. 能缩小甚至省略吗

缩小一些会怎么样？现在的东西能否缩小体积、减轻重量、降低高度、压缩、变薄？能否省略、进一步细分？……折叠伞、袖珍式收音机、微型计算机等就是缩小的

产物。没有内胎的轮胎，尽可能删去细节的漫画，也是省略的结果。

"借助于扩大""借助于增加"产生新设想，反之，"借助于缩小""借助于省略"也应该可能寻找出新设想。旅游所需的日用品如一次性牙刷、牙膏、拖鞋等都是缩小与省略思维的应用；企业生产一次性使用的日化产品如面膜、洗发液等也赢得了很多销售机会。

6. 可以找到代用物吗

可否由别的东西代替，由别人代替？用别的材料、零件代替，用别的方法、工艺代替，用别的能源代替？可否选取其他地点？

通过取代、替换的途径可以为想象提供广阔的探索领域。比如在汽车中用液压传动来替代金属齿轮；为提高钨丝灯泡亮度，用充氩气的办法来代替电灯泡中的真空。

7. 调换一下可以吗

能否更换一下先后顺序？可否调换元件、部件？是否可用其他型号，可否改成另一种安排方式？原因与结果能否对换位置？能否变换一下日程？……更换一下，会怎么样？比如，每隔一段时间，将家居布置调换位置，也会增添生活的情趣。比如孩子通常会将玩置于首位，有时因为某天活动的安排会影响玩，这时就可以建议将玩的时间调换到未来的某一天。

重新安排通常会带来很多创造性设想。飞机诞生初期，螺旋桨安排在头部；直升机则是将螺旋桨安装到了顶部；喷气式飞机则安放在尾部。通过调换的思维，单只是螺旋桨的重新安排就研发了极具实用性的性能差异化的飞机。试想一想，如果将商店柜台重新安排、合理调整营业时间，是否会带来收益的改变呢？比如 7-Eleven 便利店、深夜食堂就是通过营业时间的差异化而获得了竞争优势。再比如电视节目的顺序安排、机器设备的布局调整等，都有可能导致更好的结果。

8. 反过来会如何

对比也能成为萌发想象的宝贵源泉，可以启发人的思路。倒过来会怎么样？上下是否可以倒过来？左右、前后是否可以对换位置？里外可否倒换？正反是否可以倒换？可否用否定代替肯定？……

这是一种反向思维的方法，它在创造活动中是一种颇为常见和有用的思维方法。第一次世界大战期间，有人就曾运用这种"颠倒"的设想建造舰船，从而让建造速度显著加快。

"颠倒"思维能帮助我们从起点的另一端反向成功地识别和消除障碍。假如你要去面试，想留下一个好印象，与其问自己"哪三件事会让我看起来不错"，不如问"哪五件事会让我看起来像个智力低下的人"，即与其考虑你想要什么，不如考虑你想避免什么。或者就像有人曾经说过的，"我只想知道我会死在哪里，这样我就永远不会去那里了"。倒置并不能给你所有问题的答案，但它总是能改善你思考问题的方式。

9. 能综合吗

组合起来怎么样？能否装配成一个系统？能否把目的进行组合？能否将各种想法

进行综合？能否把各种部件进行组合？……最常见的如铅笔和橡皮组合在一起成为带橡皮的铅笔。

将几种材料组合在一起，可能制成更具效用性的复合材料。这为创新增添了无数的可能。20世纪70年代羽毛球拍采用铝合金后，引入了碳纤维、钛合金、高强度碳纤维等大量新材料。这样球拍更轻、更强、更耐用，可以吸收更多的振动与震荡，而且，让球拍制造商在球拍设计上有更大的发挥空间。

实践表明，以上各种方法中，组合在产生新的设想方面，效率胜过其他各种方法。

检核表法遵循的创意原理包括：考虑问题要从多种角度出发，不要受某一固定角度的局限；要从问题的多个方面去考虑，不要把视线固着在个别问题上或个别的方面。这种思考问题的方法，对于管理者来说，也是富有启发意义的。

（二）价值

检核表法是一种水平思维的方法，以直观、直接的方式激发思维活动，操作简便，有较强的启发创新思维的作用。

1. 通过提问强制性引导人们思考

我们的思维总是自觉和不自觉沿着长期形成的思维模式来看待事物，对问题不敏感。检核表法有利于突破思维主体不愿提问题或不善于提问题的心理障碍，而且，提出有创见的新问题本身就是一种创新。该法还可以自行设计大量的问题来提问，提出的问题越新颖，得到的主意越有创意。

2. 逐项检核，强迫人们思维扩展

创新发明最大的敌人是思维的惰性。人们有时即使看出了事物的缺陷和毛病，也懒于去进一步思索，因而也难以创新。奥斯本检核表法中的9个问题，犹如9个人从9个角度来思考，既可以将9个思考点都尝试，也可以从中挑选一两条集中精力深思。

3. 引导思维发散，产生大量的新思路

检核表法的设计特点之一是多向思维，用多条提示引导思维主体发散思考，令思维角度、思维目标更丰富。

4. 提供了创新活动最基本的思路，使思考问题的角度具体化

这可以使创新者尽快集中精力，朝提示的目标方向去构想、创造与创新。

检核表法只是一种工具，应用的效果还取决于思维主体的知识、经验等能力。这也就是说该法只是提示了思考的一般角度和思路，思路的发展还要依赖人们的具体思考，还应该结合改进对象（方案或产品）来进行思考。

检核表法的缺点在于它是改进型的创意产生方法，你必须先选定一个有待改进的对象，然后在此基础上设法加以改进。虽然检核表法不是原创型的，但也能够产生原创型的创意。比如，把一个产品的原理引入另一个领域，就可能产生原创型的创意。

> **小案例 6-10　德国奔驰公司应用检核表法进行创新训练的内容**
>
> （1）增加产品——能否生产更多的产品？
>
> （2）增加性能——能否使产品更加经久耐用？
>
> （3）降低成本——能否除去不必要的部分？能否换用更便宜的材料？能否使零件更加标准化？能否减少手工操作而搞自动化？能否提高生产效率？
>
> （4）提高经销的魅力——能否把包装设计得更引人注意？能否按用户、顾客要求卖得更便宜？
>
> （资料来源：360百科《奥斯本检核表法》。）

检核表法用于企业提高产品质量、降低生产成本、改善经营管理方面，都存在很大的潜力。如果企业领导能根据本企业存在的情况、特点和问题，制定出相应的检核单，让全体职工都开动脑筋，提设想，献计策，通过群策群力，可以取得显著成效。

（三）实施方式

检核表法的核心是改进，通过变化来改进。检核表法要求首先自行定义一个属于自己的检核表，然后在应用时，仅需要逐一针对这些检测点进行检查。

> **小案例 6-11　日本明治大学川口寅之助的检核表**
>
> （1）能否节约原料？最好是既不改变工作，又能节约。
>
> （2）在生产操作中有没有由于它的存在而带来干扰的东西？
>
> （3）能否回收和最有效地利用不合格的原料在操作中产生的废品？能否使之变成其他种类具有商业价值的产品？
>
> （4）生产产品所用的零件能否购买市场上销售的规格品，并将其编入本公司的生产工序？
>
> （5）将采用自动化而节约的人工费和手工操作进行比较，其利害得失如何？不但从现在观点看，而且根据长期的预测，又将如何？
>
> （6）生产产品所用的原料可否用其他适当的材料代替？如何代替？商品的价格将如何？产品性能改善情况怎样？性能与价格有何关系？能否把金属改换成塑料？
>
> （7）产品设计能否简化？从性能上看有无过分加工之处？有无产品外表看不到而实际上做了不必要加工的地方？这时，首先要从性能着眼，考虑必要而

充分的性能条件,其次再考虑商品价格、式样等。

(8) 工厂的生产流程有无浪费的地方?材料处理对生产率影响很大,这方面的改进还可节省工厂的空间。

(9) 零件是从外部订购合适,还是公司自制合适?要充分考虑工厂的环境再做出有数量根据的判断,从而能在大家都认为理所当然的事情中发现意外的错误。只凭常识是不可靠的。

(10) 查看一下商品组成部分的强度计算,然后考虑能否再节约材料。

(资料来源:360 百科《奥斯本检核表法》。)

检核表法的基本做法:首先,确定检核的主体(产品或方案);其次,从9个角度提出一系列的问题,并由此产生大量的思路;最后,根据提出的思路,进行筛选和进一步思考、完善。

1. 操作步骤

(1) 根据创新对象或既有决策(比如选定一个要改进的产品或方案),明确需要解决的问题。

(2) 依据检核表的问题,运用丰富想象力,针对选定的对象,强制性地一个个核对讨论,详细记录所有思考结果。

(3) 对新设想进行筛选,将最有价值和创新性的设想筛选出来。

2. 实施要点

(1) 将每一条设问看作一种单独的创新方法来运用。因而要联系实际一条一条地进行检核,不要有遗漏。找不到新的思路,才转入下一条。

(2) 要多检核几遍,效果会更好,也能更准确地选择出所需创新、发明的方面。

(3) 要借助联想、发散等思维形式,聚精会神、紧张快速搜寻。在检核每项内容时,要尽可能地发挥自己的想象力和联想力,产生更多的创造性设想。

(4) 思考过程中要敢于发问,可以单独思考,也可以集体思考,不必考虑思考结果是否正确。

(5) 核检方式可根据需要,可以一人核检,也可以三至八人共同核检。集体核检可以互相激励,产生头脑风暴,更有希望创新。

(四) 实践案例

场景简述之一:某日搬新住所,新住所里的光管有点坏了,我买了彩色条带状的饰灯,想用它来装饰简陋的新住所。表 6-1 为检核表法的应用。

表6-1 检核表法的应用

能否他用—— 其他用途	信号灯,我将它直接接入排插开关里,只要开排插该装饰灯就会亮起
能否借用—— 增加工能	加大反光罩,利用放大镜的功能,饰灯末端加装放大镜,使得灯光成倍发光
能否缩小—— 缩小体积	插头去掉直接接入排插,同时按照房间的空间对饰灯进行了折叠造型布置
能否替代—— 代用	将饰灯的彩色小灯换下来,装上一个18W的LED白色灯泡,替代平时照明使用
能否扩大—— 延长寿命	将闲置笔记本电脑充电器的电压器接入其中,增加其电压稳定性,延长饰灯寿命
能否组合—— 与其他组合	该条饰灯带可以两端接电,可将一端由音响接出,播放音响时灯光也随之闪烁

效果评价:应用后,简陋的租室因这些特别装饰有了家的温馨。生活中很多小部件都可以使用检核表法来对其进行改装,获得更多的小情趣和便利。

场景简述之二:中秋订货会开幕,由于人多事杂,考虑工作人员的分配是否有改进空间。

检核表法:

能否他用、借用、改变:人员可接受店内临时调动;策划公司需要人手可考虑帮忙——人数已经固定,不可改变。

能否扩大、缩小、替代:部分工作人员活动范围可扩大(内场外场)——人员可代替。

能否调整、颠倒、组合:熟悉的兼职人员可以运用错时随机组合——工作时间调整为5小时。

效果评价:运用了奥斯本检核表法后,原本不太清晰甚至有些迷茫的工作可以被放大,简单的问题复杂化考虑,再回归简单,减少了出错的可能性。

(五)练习(奥斯本检核表法)

(1)请对大学课堂进行创新。
(2)请对大学宿舍进行创新。

二、和田十二法

(一) 概念与内涵

和田十二法源于上海市闸北区和田路小学生的发明创造活动。该小学从 1979 年起就着手学生的创造力培养，全校成立了 9 个班级科技队，有近两百名学生参加。全校学生创造的科技产品已有 3000 件以上，有的已经被实际应用，有的已转化为商品。

和田十二法是我国学者许立言、张福奎总结和田小学生的创新活动，运用奥斯本核检表的基本原理，加以创造而提出的一种思维技法，本质上也是一种检核表法。该法包含 12 种思维方向，共 12 句话 36 个字，因此称为"和田十二法"，又称聪明十二法、思路提示法。该法已被日本创造学会和美国创造教育基金会承认，并译成日文、英文在世界各国流传和使用。

和田创新十二法指引创新者在观察、认识、改变和创造一个事物时，可以从以下 12 个方面进行思考。

1. 加一加

物品经过加厚、加高、加多、组合等，是否能变成新的东西，并且思考这种新东西有什么新功能。这种"加一加"的思维特别适合针对既有决策或对象上的延伸改善。

可以在这件东西上添加些什么吗？这是很多企业产品竞争优势的来源。比如枕头添加荞麦、决明子等材料就具有特定功能；茶饮料里面加入果汁就成了果茶，加入牛奶就成了奶茶等。

如果加上更多时间或次数会如何？历史积淀通常成为一个企业强调自己正宗的重要来源。比如当前时兴的国潮、中华老字号产品的复兴、传统白酒的声誉等。

将既有对象加高一些、加厚一些行不行？比如，大城市的医院受限于既有的面积，难以接纳更多病人，可以将现有楼盘拆除并新建高楼层建筑。城中村的改造也是基于这样的思维。

这件东西跟其他东西组合在一起会有什么结果？比如，上图画课时，既要带调色盘，又要带装水用的瓶子很不方便。如果将调色盘和水杯"加一加"，变成一样东西就好了。有人提出了将可伸缩的旅行水杯和调色盘组合在一起的设想，并将调色盘的中间与水杯底部刻上螺纹，这样，可涮笔的调色盘便产生了。

2. 减一减

将物品在重量上减轻、形态上减少某些部分、过程中减少次数后，会产生怎样的效果？由繁趋简，就是一种"减一减"的思维。很多产品由于制作工艺繁杂，逐渐被淘汰，而一些产品则借助现代技术简化工艺而得以传承、壮大。企业想要保持活力，实施末位淘汰法，这也是"减一减"的应用。

考虑可在这件东西上减去些什么。比如，拖鞋就是在普通鞋子的基础上"减一减"，减成最简单的方式，便于在房间里穿。

可以省略、取消什么东西吗？传统的电风扇通常带有三片或五片扇叶，用一段时间后，扇叶上会集聚较多灰尘且不宜清洗，高速旋转的扇叶也容易误伤到儿童手指。无叶风扇利用"减一减"的方法，将扇叶数量直减到零，彻底取消扇叶，消除安全隐患。

把它降低一点、减轻一点行不行？智能手机就是电脑"减一减"的成果。

3．扩一扩

把某样东西放大、扩展来达到想要的目的。很多产品的创新都是扩出来的。空调起初是安装在窗户上的，但在已装修好的房间上安装不太方便，而且窗体机噪声大。应用"扩一扩"，将功能分开，变成了分体式；再扩一下，变成了柜式机；再扩则成了中央空调。事物就是这样发展起来的。

将面积、距离、声音扩大后，功能和用途会有哪些扩展？双层公寓就是通过扩展空间来分隔起居功能。最初的台式风扇是放到桌子上的。如果没有桌子呢？能否"扩一扩"，替代桌子的功能？于是便出现了落地风扇。

加长一些、增强一些能不能提高速度？火箭发射的助推就是一种接力的"扩一扩"。

4．缩一缩

把某件东西压缩、折叠、缩小，思考其功能、用途会发生怎样的变化。

假如这件东西可以压缩、缩小会怎样？圆形的地球仪携带不方便，地球仪如果能压缩、变小，携带就方便了。于是人们用塑料薄膜制地球仪，用的时候把气吹足，不用的时候把气放掉。比如，出差颈枕、游泳圈等也是应用了类似缩一缩的原理。

少一些、薄一些、轻一些、小一些行不行？如随身听、个人电脑的发明实际上就是用"缩一缩"的方法。现在常用的电热杯就是热水壶的"缩一缩"。

5．变一变

指改变物品原有的形状、颜色、尺寸、音量、滋味、次序等，从而形成新的物品，主要是从事物的习惯性看法、处理办法及思维方式等方面去变化。比如，照明灯改变光线波长成为有灭菌功能的紫外线灯。

思维的"变一变"是最具价值的。有一个经久流传的故事：一个老母亲常年处于焦虑之中，因为大女儿嫁给了一个浆布的人，小女儿嫁给了一个修伞的人。雨天她担心大女儿生意不好，晴天则担心小女儿生意不好。后来有人指点她说，雨天小女儿生意好，晴天大女儿生意好，这样无论晴雨你都应该开心。在美国亨氏公司与汉斯公司番茄酱市场上的竞争中，汉斯应用的是塑料瓶，宣传一滴都不浪费而对亨氏番茄酱形成了强有力的竞争，亨氏于是提出了浓稠不易流出来强调番茄酱的品质进行应对。

6．改一改

把某件东西的缺点、不便、不足之处进行修改，以达到自己的目的。

这件东西还存在什么缺点？还有什么不足之处需要加以改进？它在使用时是否给人带来不便？例如眼镜，起初镜片是用玻璃做的，光学性能不佳，且极易碎裂；架子也是金属的，很沉，配戴极其不舒适。现在人们把把眼镜片改为更轻、更安全的树脂镜片；眼镜架的材料改为不变形且极轻的钛合金。

某件东西能否保持现状、稍许改变？企业产品生产出来后通常会面临销售的瓶颈，最有效的办法就是在不改变现状（如产品设计）的基础上，稍微修改传播内容与方式。比如王老吉将产品诉求改为"怕上火"立刻就大卖；帮宝适的诉求从"让妈妈更轻松"改为"让宝宝更舒适"也大卖；雀巢即饮咖啡因从"让主妇更轻松"变为"让咖啡更美味"而风靡世界。

7. 联一联

将某件事情的结果与原因联系起来，看是否能从中找到规律及解决问题的新办法。

某个事物的结果，跟它的起因有什么联系？能从中找到解决问题的办法吗？把某些东西或事情联系起来，能帮助我们达到目的吗？事物之间存在千丝万缕的联系，"联一联"可能是解决问题的关键所在。澳大利亚曾发生过这样一件事：在收获的季节里，有人发现一片甘蔗田里的甘蔗产量提高了50%。这是由于甘蔗栽种前一个月，有一些水泥洒落在这块田地里。研究认为，是水泥中的硅酸钙改良了土壤的酸性，而导致甘蔗的增产。由于硅酸钙可以改良土壤的酸性，于是人们研制出了改良酸性土壤的"水泥肥料"。这种将结果与原因联系起来的分析方法经常能使我们发现一些新的现象与原理，从而引出发明。比如，对于传染病的治疗医学研究者都希望找到疫病源头来进行控制与治疗。

"联一联"也是一种借势法。比如，蒙牛将航天载人火箭与蒙牛牛奶结合起来，企业请明星或专家做广告代言人以提升知名度。

8. 学一学

模仿某件事物的某些形状、结构或学习它的某些原理、方法，看能否取得更佳的效果，从而创造出新的东西。"学一学"简单来说就是要博采众长，所谓"行万里路，读万卷书"。据说福特参观猪肉罐头的制作后，将汽车生产线由13.5小时/辆的装配时间缩减到83分钟。

当遇到思维困境时，个体可以有意识地去寻找，看是否有什么事物和情形可以模仿、学习。比如从鹅的滑水动作中，王羲之悟出了楷书的笔法；从公孙大娘的剑舞中，草圣张旭悟出草书。这种寻找要运用多视角思维，比如形状、结构、功能可以模仿吗？原理、技术是什么？如果模仿又会有什么结果？

关于"学一学"，最典型的就是仿生学。例如，人们模仿企鹅的运动方式而发明了沙漠跳跃机；三角形的稳定性在建筑上广泛应用。

思维主体要善于从外行业和不同的领域内吸取营养，将其嫁接和杂交到所面对的情境之中。"学一学"带来的不同行业、不同学科、不同领域的交叉，所产生的价值常常是出人意料的。特定领域的技术突破借由学一学也可能触类旁通，带来本领域的迭代。

9. 代一代

将现有的事物用其他的事物或方法来代替,从而解决问题的一种创新思路。比如,曹冲称象就是用浮力代替秤。"代一代"可以直接寻找现有事物的代替品,也可以从材料、零部件、方法、颜色、形状和声音等方面进行局部替代。

有什么东西能代替另一样东西吗?如果用别的材料、零件、方法行不行?如用冷冻后的不锈钢材料制成的金属块替代冰块,实现对饮品的冰镇作用(用铁质材料代替水,在冰箱冷冻后即可拿出冰镇啤酒等饮料,从而有效避免冰块融化冲淡饮品的口感和生水的卫生不能保证等问题)。当自来水管用PVC代替铸铁,水管的使用年限便大大提高。

换个人做行不行?很多决策的执行强调找对的人,才能做对事。因而当事情面临困境时,换个人可能就迎刃而解了,比如经营不良的区域更换销售经理。这种"代一代"事实上就是新人新思路。

换个要素、换个日程行不行?当个体局限在特定时间、特定活动时就会陷入困境,此时可以考虑时间的改变或要素的改变。比如,人们经常会沉迷于某些活动而耽误必需的工作,这会引发焦虑。如果应用"代一代"思维,将引发沉迷的活动作为一种工作后的激励,将必需的工作列入特定的日程,这样就能很好地解决引发焦虑的行为困境了。

10. 搬一搬

将原事物或者原设想、技术转移至别处,使之产生新的事物、新的设想及新的技术。最常见的有将其他国家的建筑、公园设计搬到另一个国家。比如,日本大门碑林公园花费了15亿日元来建造体验中国文化的公园。

把这件东西搬到别的地方,还能有别的用处吗?一个在当地不见得多有特色的景致,搬到另外一个地方却是一个很好的东西。比如深圳的世界之窗等。

这个想法、道理、技术搬到别的地方,也能用得上吗?超声波一般在医学上应用比较广泛,比如用于脏腑器官的探伤及部分疾病的治疗等。采用"搬一搬",将超声波技术"搬"到厨房,利用超声波去污清洗的原理而设计一体式清洗洁具水槽,超声波清洗技术不但能将果蔬和碗碟清洗干净,而且还能节水。

可否从别处听取意见、建议?可否借用他人的智慧?拥有丰富创新思维的人,通常都善于利用涉猎多领域而来的多视角感知。这其实是一种借用与贯通其他领域的专业知识视角来解决跨领域问题的思维拓展。

生活实践表明,如果我们新进公司,此时的思维最敏捷灵活,认知增长亦最迅速。实践证明,在职场有一定转换度的人通常也会是综合能力比较强的。这提示我们不能总是局限在一个领域、一个行业或一个单位里,要走出去,博采众长。

11. 反一反

即逆向思考法,就是将某一事物的形态、功能、性质及其里外、正反、横竖、上下、前后、左右等加以颠倒,从而产生新的事物。

人的头脑中往往有些思维定势在阻碍着人们的进步和发现,因此,有人认为人的头脑中有三道鸿沟阻碍着人们的发明和发现。这三道鸿沟分别是理念、文化和能力。有人认为因为文化和能力的原因觉得自己不可能有创造性的发明，也有的人在理念上不相信自己能有发现和发明。只有跨过这几道鸿沟，才可能有发明创造。"反一反"非常有利于人们跨越头脑的思维障碍，比如把一个东西、一件事颠倒一下，会有什么结果？实践中，这种简单的"反一反"获得的反向思维是诸多发明、创新的灵感来源。

比如，动物园一般是动物在笼子里，人在外面看；野生动物园则是人在车里，动物在车外行走。农学家安瑞·帕尔曼就是用了"反一反"的方法，向法国农民成功推广了原来不被接受的土豆。他首先在一片田里种了土豆，然后由一支身穿仪仗队服装、全副武装的国王卫士白天看守这块土地，晚上则无人看守。这成功激起了人们的好奇心，一到晚上，人们都来挖土豆移栽到自己的菜园里。如此不到一年，土豆在法国得到了迅速推广。

在营销中，塑造差异化竞争优势也经常运用"反一反"策略。比如某电锯制造公司将电锯需要更换锯条的习常思维（买一个电锯有多个锯条赠送的产品设计）"反一反"，将自己的产品设计为一个锯条配备多个电锯。这与传统的包装形成鲜明对比，让用户认为该公司锯条的使用寿命最少比两个电钻还耐用，进而有力地衬托出该公司钻头与普通产品相比的耐用性。

12. 定一定

这是为某些发明或产品定出新的顺序、标准、型号，或者为改进某种事物、提高工作和学习效率及防止可能发生的不良后果制定出一些新规定，从而进行创新的一种思路。

为了解决某个问题或改进某件东西，为了提高学习、工作效率和防止可能发生的事故或疏漏，需要规定些什么吗？比如标准、原则、界限。

企业在市场的竞争，首先都会确定一个可能的位置，并在此基础上进行战略与战术的制定。比如，劳斯莱斯定位为贵族、皇室、元首用车，公司就明确规定，非目标客户有钱也没资格购买。

"定一定"，有利于检核效率与效益。为了提高生产效率，美国首先发明了流水线生产法（这就是定人定岗的思维），仅是生产方法的改变，就获得了巨大的效益。集体合作中，通过分组分工，效率将大大提高。某公司组织植树，计划下午5点前完成。上午大家合在一起干，只完成计划的1/3；下午分成3人一组，规定挖坑、培土、浇水各一人负责，结果任务提前1小时完成。各司其职后，效率较上午提高了一倍多。

此外，在经验和教训的基础上，制定一些规章制度和技术标准以及规定，以便有章可循，实行文件化、制度化，这也是"定一定"。

（二）价值

和田创造技法的每一个方法侧重于某一个思考的角度，强调某一个思维的方向，既能够训练个体的发散思维，也能够培养个体的批判思维能力。

1. **一种实用的创新工具**

和田十二法是一种创新技法。它利用信息的多元性来启发人们进行创新性设想，而且这种基于原型的加减缩变等的思维，也是一种批判性思维。和田十二法用于创新时，事实上包含了十二种方法。

和田十二法源于检核表法的原理，为创新创造提供了若干种考虑的方向。中国经济型酒店的诞生就是通过加、减、扩、缩等思维产生的。早期的国内酒店主要有两类：一类是五星级的高档酒店，这类酒店的住宿、娱乐休闲、会议用餐、停车场、商场等各类配套齐全，客房配置高档，安全性高、费用亦高；另一类则相反，为招待所，只提供简单基础的住宿，其他一应全无，安全性亦难有保障，当然价格低廉。而随着经济的发展，市场上有这样一群经常因公出差的年轻白领，他们需要的酒店类型是能提供良好的睡眠条件，有简单的早餐，提供网络能保障上网办公，安全性要好，价格要适当，交通便利。应用和田十二法的思维就是移植高档酒店的睡眠品质，如高档的床垫、干净的客房，缩减酒店的设施（如停车位、餐厅、娱乐设施），扩充招待所没有的早餐，较招待所的价格有所提高等。这就构成了现在最常见的经济型酒店。

和田十二法简洁、直观、易记、使用更方便，是一种兼顾指导性和启发性的创新技法，对万众创新的普及和推广具有十分重要的意义。

2. **一种思维训练工具**

在平时，个体有意识地应用和田十二法，按照这十二个"一"的顺序进行思考和训练，并有意识地进行总结记录，将能有效地锻炼个体的发散性思维，从而诱发自身的创造性想象，释放出内在的创造力潜能。

（三）实施方法

应用举例 6-2　电扇

检核项目	新设想名称	新设想概述
加一加	带电脑的电扇	根据温度的变化调节风量
	带加湿作用的电扇	能湿润空气，增添凉爽
	带香氛的电扇	能发出喜欢的芳香
减一减	吸顶电风扇	去掉吊扇吊杆，改为吸顶式
	无叶风扇	去掉风扇叶，减少清洁的需要与损伤
扩一扩	落地扇	扩充底盘、撑杆

（资料来源：笔者编写。）

和田十二法也是一种延伸性的创新技法，实施步骤有三。

(1) 选定对象或主题。

(2) 逐一思考。逐一写出由 12 个动词想到的方法，每个动词应该至少有 1 分钟思考时间，尽量想到更多的可能性，数量为优。注意：尽量用完所有的动词，每个动词代表一种检核方向，要尽量增添新设想，不要只满足于一个想法。

(3) 挑选。从所有方法中寻找具有价值与可行性的方案。

(四) 实践案例

场景简述之一：经典故事服装与代运营商开会研究竞争品牌的店铺页面展示优点。

使用描述：

(1) 加、变、减、缩：服装用雪纺和真丝进行拼接，既创新又降低成本。

(2) 改、变、搬、联：模仿领导者款式，改变衣服颜色和细节；改变模特，尝试不同风格的模特，聘用别家有名气的模特或明星拉高销量。

(3) 扩、定、学：完善详情页，页面添加详情图，如从羊毛生长、剪毛、加工、出产、衣服成型的细节等；打造爆款，以高品质低价格的单品引流，如纯棉 69 元开衫连帽单品。

(4) 反：根据当前时间改变页面顺序，如果现在是秋季，就要把冬季商品提前展示出来。

效果评价：针对竞争品牌的优点进行调整改善，为自己的品牌发展制定更具竞争力的策略。

场景简述之二：今天上司要求我们把某商场的优劣势列举出来，并提出改善建议。

使用描述：

加一加：增加商品的品类，比如说化妆品专柜。

减一减：将销量不好的珠宝专柜撤走几个。

扩一扩：加强商场的对外宣传。

缩一缩：缩小无效坪效的面积。

改一改：对旧专柜进行整改。

变一变：改变一下商场的优惠条件。

定一定：根据消费者性质打造商场的定位。

效果评价：针对既有商场经营进行多视角的思考，为商场的改进快速找到有效的办法。

(五) 练习（和田十二法）

(1) 策划一场大学的迎新活动。你可以针对自己经历过的迎新活动进行改进。

(2) 设计一所未来的房子。

第三节 判　　断

明朗阶段，重点需要针对具体决策的三思判断。灵感闪现带来的点子因思考的磨难极易让创新者因为喜悦而缺乏理智的思考，此时可以用 PMI 法引导思维审视判断。或者说，每个决策都值得应用 PMI 进行三思，看看能否更进一步地创新。

一、概念与内涵

试一试：关于以下观点，你的看法是怎样的？
（1）所有商品房应该限价。
（2）应该禁止中小学生课外补习。
（3）高中应该实施义务教育。
（4）应用型本科生不应该写论文。
（5）大学生应该强制锻炼身体。

任何一个意见，不同的人都可能有不同的意见。何种意见更可取？显然持不同意见的人思维视角不一样。如果想要对某个观点进行评判，我们很有必要更周详地考量这个观点。PMI 思维方法是一种对观点或建议进行全面分析的思维方法。这是德博诺创立的一种思维工具。德博诺曾说，每个人的头脑中都有一个自己建立的数据库，这就是经验。当你充分利用这个数据库时，也就拓展了自己的思维。PMI 就是一个有效利用这个数据库的工具。

P（plus）指的是这种观点或建议的优点或是有利因素。也就是说，你喜欢或赞同这种观点或建议的原因。

M（minus）指的是这种观点或建议的缺点或是不利因素。也就是说，你不喜欢或是不赞同这种观点或建议的原因。

I（interest）指的是兴趣点，即这种观点或建议让人感兴趣的方面，或者既不是优点也不是缺点的方面。

我们碰到的问题分为两种：一种是不带观点的事实，比如大雁南飞、红旗飘扬；另一种是不带观点的问题，如"不公布学生排名是一件好事吗？"。对于问题我们需要进行判断。你对禁止学生排名持什么态度呢？支持？反对？还是既不支持也不反对？你是依据什么做出判断的呢？

许多人可能都有挤公共汽车的经历。当你在公共汽车中被挤得连呼吸都有些困难而车却在拥挤的道路上缓缓爬行时，你一定热切期待快点下车。此时，倘有人提议"要是马路上公共汽车多一倍，私家车少一半就好了"，你觉得这个建议如何？也许在这种情境中，你对这个建议的判断是认同的，但在私家车里的人的认知也许是：幸好自己有车，不然挤公交车就辛苦了。显然，他不会认同你这个判断。或者公交车里也会有人觉得下次一定要自己开车，挤得太辛苦了——这类人也不会认同你的判断。这个建议是否真的就不能成立呢？是否有其他变通的方法来解决公交车的拥挤呢？这要求我们面对任何一个决策时都应该进行更全面的思考。PMI 正是这样的一个工具。

在日常生活中，人们对某个观点或事物的本能反应，往往凭直觉轻易下结论，立即表示喜欢或不喜欢，赞同或不赞同，会导致看问题的片面性。我们有必要在决策前进行 PMI 法判断。PMI 法有助于对观点进行全面分析，即要求分别从有利因素、不利因素、兴趣点来考量。该法能确保人们在对某一种观点或事物的各方面都进行充分考虑后再做决策，避免用直觉来评价一种观点或事物。

具体结构如下：

观点或主题：……

思维视角	PMI（时间）	思考要点
有利思维视角	P（1'）	这种观点的优点或有利因素，你为什么喜欢或赞同
不利思维视角	M（1'）	这种观点的缺点或不利因素，你为什么不喜欢或不赞同
兴趣思维视角	I（1'）	这种观点的兴趣点，这种观点让人感兴趣的方面

结论：……

示例：观点——用透明的塑料而不是玻璃来制造窗户。

思维视角	PMI	思考要点
有利思维视角	P	不易打碎，即使打碎了也不像玻璃那么危险
不利思维视角	M	塑料的价格比玻璃贵；塑料很容易划破，安全性不好；采光不及玻璃好
兴趣思维视角	I	如果用塑料，窗户可以变得五颜六色；也许自从使用玻璃以来，人们就一直认为玻璃是最好的

结论：在不考虑安全性、不对采光有要求的场所，用塑料做窗户可以起装饰作用。

二、价值

我们在面对一种观点或建议时，不应凭直觉表示喜欢或不喜欢，不应轻易下结论，而是应该运用 PMI 思维法对其进行分析，可以更全面、更有技巧地考虑问题。

也就是说，我们应先确定这种观点或建议的优点，然后再确定它的缺点，最后再找出既不是优点也不是缺点但却吸引人的特点。经过权衡利弊后，你才有理由说，我赞同或是不赞同这种观点或建议，或者给出更完善的建议。

PMI法并不是阻止对观点或建议作出判断，它最大的一个优点就是能够帮助思考者跳出自己思维的条框，摆脱自我中心主义的牵绊，客观公正地看待一个问题。不运用PMI，个体就不大容易认识自己非常喜欢的一个观点的不足；而实践中，这个不足很可能使自己遭受挫折。PMI法要求思维主体充分利用经验，更全面、更有技巧地考虑问题，从而能抓住更多的机遇。

PMI法强调的是一个观点或建议不只有好坏，它还能引出观点。这一点意义重大，不要轻易否定任何一个观点，这是"兴趣点"的价值，即不要拒绝一个第一眼看上去不好但实际上很可能有价值的观点。能否以一种新颖而意外的视角看待问题通常是能否有所创造的关键，因为这不是运气，而是在更高层次上富有创造性的洞察力。亚历山大·弗莱明不是第一位研究致命的细菌并观察到暴露在空气中的培养基上会生出霉菌的医生，但弗莱明却认为这"很有趣"，并且想知道这种现象是否有利用的可能——这最终发现了青霉素。美国心理学家伯尔休斯·斯金纳强调：当你发现某样有趣的事物时，放弃所有其他的事情，专心研究这个事物。太多的人没能理睬机会的敲门，因为他们不愿搁置事先做好的计划。天才们不会等待机会的馈赠，而是去主动地探索偶然的发现。有趣的背后实则是一种好奇心在驱使，而好奇心是创新思维者的重要特质。

PMI法是一种很重要的工具，是人类所具有的创造力的基础，没有这个基础，人类会失去绝大部分创造力。掌握PMI法很重要，更重要的是要在实践中自觉地运用这种思维方法。这种思维方法将提高你对事物的决策能力，并促使你将这些正确的决策运用到实践中。

三、实施方法

PMI是针对既有决策的判断，其实施步骤如下。

首先，确定主题或观点，这个主题应该尽可能具体而明确。

其次，围绕该主题或观点进行PMI的思考。

P方面。该主题有利的方面。要特别留意不要偏离，比如提前去想M或I。

M方面。该主题或决策不利的方面。注意此时不能再跳回P的思考。

I方面。该主题的直觉或兴趣思考。将既非P亦非M的方面放在此部分。

> **应用举例 6-3**
>
> **观点：把公共汽车上的座位都拆掉。**
>
> 首先，确定观点：公共汽车上不设座位。
> 其次，进行 PMI 思考。
>
> | 思维视角 | PMI | 思考要点 |
> | --- | --- | --- |
> | 有利思维视角 | P | ①每辆车上可以装很多人；
②上下车更容易；
③制造和维修公共汽车的价格会便宜 |
> | 不利思维视角 | M | ①如果公共汽车突然刹车，乘客会摔倒；
②老人和残疾人乘车时会遇到很多麻烦；
③携带挎包或照看小孩者会有诸多不便 |
> | 兴趣思维视角 | I | ①可产生两种类型的公共汽车，一种有座位，另一种没有座位；
②同一辆公共汽车可以有更多的用途；
③公共汽车上的舒适度并不重要 |
>
> 最后，得出结论：上班高峰期的公共汽车可拆除座位。

最后，得出结论。这个结论有可能是个全新的结论，亦有可能是在既有观点上增加了一些补充条件，或者仍然是维持原观点。总之，是经过了更为全面的思考后得到的结论。

在泰国，上班高峰期开来的公共汽车是无座的，目的是多拉一些乘客，因为此时人们最迫切的需要是按时上班而不是舒适程度，路程近的人更是如此。其他时间的公共汽车是有座位的，以方便老人、妇女和小孩。那些无座的公共汽车此时则被当成卡车来使用。基于这种观点，也可以设置可以由司机自动收放座位或者部分有座的公共汽车。

四、实践案例

场景简述之一：我司有一款衣服在某网站上卖得不错，但是这款衣服是 2017 年上市的，属于老款。经理想更改标题为 2019 年款式，该网站的标题是我们可以直接改的，但款式上架的时候后台会自动匹配一个上线年份，上市年份是不可更改的。如果直接改会导致两个信息不一致，万一有顾客投诉会比较麻烦。

PMI 法：

观点：更改款式的标题。

（1）先思考 P（优点）：如果更改标题，可能会进一步增加浏览量，提升单品销量；后台更改标题操作很容易；销量增加，可以减少老款库存。

（2）再思考 M（缺点）：如果有顾客投诉，可能会被直接下架。

（3）最后思考 I（兴趣点）：不提年份如何？比如就叫经典款式。

结论：去掉老款的年份信息，直接改为经典款式。

场景简述之二：冰箱地址应用微信定位的建议可行性。背景：冰箱查核一直是根据 ECRC（Eletronic Commerce Resource Center，电子商务资源中心）上回传地址进行现场查核的，随着时间的推移，冰箱地点会出现变动，地图 App 也在不断更新，因此查核时常常会找不到该地点或者花费较长时间。因此，考虑可否通过业务员的微信定位来确定冰箱位置。

PMI 法：

观点：用微信定位来查核冰箱。

（1）有利因素：可以提高查核的效率，从而提高查核的家数，提升数据的准确性。

（2）不利因素：会否增加工作量、增加业务员负担？准确度有多高？

（3）有趣点：是否必要？是否属于无端遐想？

结论：新的技术带来工作效率的提升是必然的趋势，有利于提升工作效率。

五、练习（PMI 法）

（1）大学四年应该让大学生在大二上学期、大四下学期实习。

（2）主管提问：对于管培生轮岗到省内出差几周如何看待？

本章小结

创新思维的酝酿期、明朗期的关键在于拓展感知的要素引导注意力离开准备期引致的思维障碍或定势。头脑风暴法及随机输入法等思维工具有助于突破思维困境；组合、类比法有利于找寻新的思维视角；检核表法及聪明十二法则有利于针对形成的思维定势进行拓展；PMI 则是针对初定决策的三思，即通过正面、反面、直觉进行再思考。总之，这个阶段的思维工具强调对注意力引导形成新的感知—反应，核心目的在于尽可能寻找到更多的策略。

思考题

1. 运用头脑风暴法提出可能的创业创意。
2. 运用检核表法对下列产品或事物进行分析并提出解决方案。（任选一题）

（1）对枕头的改进。
（2）对眼镜的改进。
（3）对手机的改进。
（4）对空调的改进。
（5）对残疾人专用品的改进。

要求：根据整合而成的解决方案写出分析报告。

（1）确定检核主题。
（2）从9个角度提出一系列的问题，并由此产生大量设想。
（3）筛选和完善。
（4）确立方案（不少于500字）。

3．运用PMI法对下列决策进行判断分析并给出结论。（任选一题）

（1）学校在"双十一"晚上不应断网。
（2）大学应该取消考试。
（3）每个大学生应每年花三个月的时间来实习体验。

要求：按照PMI顺序分别想够一分钟，写出分析报告。

（1）P、M、I显示（每项至少有3点）。
（2）确立结论。

4．运用主体附加组合围绕"春节晚会"进行创新创意。

课前动脑答案

1．放掉车胎部分气；2．送血车；3．以板子为踏板，同步踩移；4．订一车模具来北方，返程运木材。

第七章 验证期：全面理解的思维工具

学习目标
1. 理解六项思考帽的应用机理。
2. 知道 PDCA 工具的应用方式。
3. 了解甘特图的使用。
4. 掌握解决异议的 ADI 工具。

课前动脑
1. 一架绳梯悬挂在轮船弦侧，有 1 丈①露在海面上，潮水上涨时速为 6 寸②，问多少时间后绳梯只有 7 尺③露在海面上？
2. 在荒无人迹的河边停着一只小船，这只小船只能容纳一个人。有两个人同时来到河边，并且这两个人都坐着这只船过了河。请问：他们是怎样过河的？
3. 停电了，小寒点燃了 8 根蜡烛，但外面有一阵风吹来，有 3 根被风吹灭了。过了一会儿，又 2 根被风吹灭了。为了防止蜡烛再被吹灭，小寒赶紧关上了窗户，之后，蜡烛就再没被吹灭过。你知道最后还能剩下几根蜡烛吗？
4. 某药店收到 10 瓶药，每瓶中装有重 100 毫克的药丸 1000 粒。药店后被告知其中一瓶药发错了，错药的形状、颜色及包装均与其他 9 瓶药完全相同，只是每丸药重 110 毫克，你能用天平一次就称出错药吗？

导入案例

理解世界的思维模式

这是史蒂芬·柯维的一段亲身经历。

周日清晨的纽约地铁里，乘客安静地坐着。这时上来了一位带着几个孩子的男子。孩子们一上来就四处奔跑，撒野作怪；而这个男子安静地坐着，就像没看见一样。

大家非常不满。史蒂芬也很生气，忍不住说道："先生，可否请你管管你的

---

① 1 丈 ≈ 3.33 米。
② 1 寸 ≈ 0.03 米。
③ 1 尺 ≈ 0.33 米。

> 孩子们？"
>
> 男子抬起眼来，仿佛如梦初醒般地轻声说："是啊，我想我是该管管他们了。他们的母亲一小时前刚刚过世，我们刚从医院出来。我手足无措，孩子们大概也一样。"
>
> 史蒂芬瞬间怒气全消，甚而非常自责，同情与怜悯之情油然而生："啊，原来您的夫人刚刚过世？我感到很抱歉！我能为您做些什么？"
>
> 面对同一件事，只因为缺乏对表象背后的细节关注与思考——是"'熊孩子'背后有个'熊家长'"，还是"孩子无状的行为是因为他们遭遇了不幸"——人们对事情的解释或理解就大不相同。
>
> 有时候，错的不是世界，错的，是我们理解世界的思维模式。
>
> 每个人都在以他的理解和经历构建自己的思维模式，然后再用这个思维模式理解这个世界。要想全面理解某件事，我们有必要关注更多的细节，这样可以有更多理解这件事的思维模式，解决问题的措施将更适合。
>
> （资料来源：[美] 史蒂芬·柯维著《高效能人士的七个习惯》，高新勇、王亦兵、葛雪蕾译，中国青年出版社 2013 年版。有改动。）

明朗期产生的思维成果很容易引发大脑的兴奋，人的注意力都落在了成果的创新性，极易忽略对成果细节的推敲。由于成果只是灵光一闪的点子，要落实到问题的解决上还必须小心验证。

作为思维的过程，创新思维验证期可嵌进思维过程中的知觉解释或理解阶段中。在思维的此一阶段，需要深入、系统地引导感知，对决策进行正确解释，从而形成更全面系统的理解，以求进一步完善创新。一个决策在刚开始及刚结束时，决策者通常会产生诸多不完美感；策划者经常会在决策执行后有悔不当初、期望重来一遍的冲动；执行者也经常会在执行过程中抱怨应该这样不应该那样；人们在总结经验时也常会提出以期未来的改善建议。这些细微的细节其实都是最佳的创新思维产物，倘若我们能提前预判的话，决策将会更完美。因而，当我们产生了可选方案后，要对所有方案进行筛选，按照需求、价值、资源、成本、可行性、法律等特定的要素进行评价，小心验证，并形成全面的解释或理解。

"魔鬼藏在细节里"，验证期寻求从多个维度对初选出来的方案进行分析，寻求进一步的创新完善。这可以从三个方面进行：第一方面，复核与回顾现有决策；第二方面，推演决策，重点是考量团队的配合、时间及资源的统筹与分配及决策可能的长期后果评估等；第三方面，经验梳理或试点总结。

本章介绍为获得对决策进行更全面的解释的感知思维工具，目的是关注到更多的细节。

第一节　回顾与复核

盲人摸象时每个人描述的都是真实的大象，但每个人的看法却不一样，假如这些人将想法综合起来，对大象的描述将更真实与完整。这就如站在不同位置的多个记者同时对同一对象拍摄，就能得到同一对象的多种角度的照片。也就是说，针对一个对象，我们依次从不同的视角审视，将会得到不同的认知，对事情的看法将更全面。这就是六顶思考帽的思维。

美国商人彼德·尤伯罗斯于1984年首次个人成功承办奥运会并获得1.5亿美元巨额利润，开创了各种体育盛会的赢利模式。他将自己的成功归于水平思考法引发的新观念和新想法——他曾参加了德博诺举办的六项思考帽培训班。六项思考帽已被美、日、英、澳等50多个国家政府设为学校教学课程。

一、概念与内涵

试一试：现代不婚不育者日益增多，一个重要原因是房价太高，有人建议房子按需分配。你觉得如何？

不同的人会有不同的看法：有人觉得很好；有人认为荒诞；有人觉得可试试；有人认为存在风险；有人说在有的国家房子就是按需分配的；有人说这不是根本原因。如果你想要全面评价这个观点，就应该去了解不同看法的人的想法，这就是六项思考帽的思维。

六项思考帽是指使用六种不同颜色的帽子代表六种不同的思维模式。这是德博诺开发的一种思维训练模式，也是一个全面思考问题的模型。它是一种"平行思维"的工具，可以让每个人的观点都能被认真对待，而不是争论谁对谁错。它强调"能够成为什么"，而不是"本身是什么"，目的是寻求一条向前发展的路。

（一）白色思考帽

白色是雪样的纯净，代表客观事实。白帽是中立而客观的，只陈述事实或提供数据。白色帽子的表述语言：我们掌握了哪些信息？

（二）黄色思考帽

黄色是顶乐观的帽子，代表价值与肯定、与逻辑相符合的正面观点。黄帽从正面考虑问题，表达乐观的、满怀希望的、建设性的观点，帮助人们识别事物的积极因素与发现机会。黄色帽子的表述语言：这个想法的优点是什么？

（三）黑色思考帽

黑色是夜晚的颜色，代表警示与批判，寻找逻辑上的错误。黑帽运用负面的分析，表达冷静、反思或谨慎的观点，通过否定、怀疑或质疑，以探索事物的真实性、适应性、合法性为焦点，帮助人们控制风险。黑色帽子的表述语言：这个方案的风险是什么？

（四）红色思考帽

红色是太阳的色彩，代表感觉、直觉和预感，偏感性的思考。红帽为人们的情绪和感情的表白提供了机会。红色帽子的表述语言：你感觉是怎样的？

（五）绿色思考帽

绿色是茵茵芳草的颜色，象征着勃勃生机，代表创新创意。绿帽是用来进行创造性思考的，重点在于"新"。创造性思考意味着带来某种事物或者催生出某种事物的建议或提议；意味着新的创意、新的选择、新的解决方案、新的发明。绿色思考帽者不必为自己的建议或主意提供逻辑理由，只要提出主意即可。绿色帽子的表述语言：让我们看看是否有其他的方法。

（六）蓝色思考帽

蓝色是天空的颜色，想象飞翔的你正俯瞰一切，意味着超越。蓝帽就像是乐队的指挥一样，戴上其他五项帽子，我们对事物本身进行思考；但是戴上蓝色帽子，我们对思考进行思考。这包括规划和管理整个思考过程、负责控制思考帽的使用顺序、对思考过程的回顾和总结，一般用于开始与结尾等。蓝色帽子的表述语言：我们的结论是……

综上所述，六项帽子的基本功能为：白帽罗列出信息；红帽允许我们表达感觉；黑帽和黄色帽处理逻辑判断；绿帽提出建议；蓝帽指挥与总结。

学习六项思考帽，前提是要熟练掌握六帽代表的语意或内涵。

试一试：

1. 指出以下语意所代表的帽子。
（1）象征着思维中的控制与组织。
（2）客观、全面收集信息。
（3）从感情、直觉、感性地看问题。
（4）寻找事物的优点及光明面。
（5）从事物的缺点、隐患看待问题。
（6）寻求创新思考问题。
2. 以下说话者运用了什么颜色的帽子？

(1) 我们不要吵了，让我们想想其他的办法。
(2) 我们有多少种发出不同声音的方式？
(3) 我看这个办法挺好的，它挺形象的。
(4) 你说的这个不行，因为这个办法太复杂。
(5) 我觉得你说的方法根本不可行！
(6) 可不可以用公鸡打鸣的声音来做警示呢？

二、价值

思考最大的问题在于混乱，人们总是试图一次解决太多问题。六项思考帽的工具性主要表现在两方面：第一，让思考者每次只处理一件事，以简化思考过程。思考者不需要同时应对情感、逻辑、信息、希望和创新，而是逐一应对上述种种。第二，允许在思考过程中进行转换。比如，针对消极者可请其摘下黑色思考帽，并请其戴上黄色思考帽。这事实上提供了一种不会侵犯他人的用语方式，并引导转入某种角色扮演甚至游戏中，且明确要求进行某些特定类型的思考。

> **小案例 7-1　名企与六项思考帽**
>
> 西门子公司有37名内部培训人员专门教授六项思考帽法，每个部门都有基于该方法建立的专门的"创新小组"。杜邦公司的创新中心设立了专门的课题，探讨用德博诺的思维工具改变公司文化，并在公司内广泛运用"六项思考帽"。
>
> （资料来源：笔者撰写）

（一）作用情境

六项思考帽可作用于企业的会议、决策、沟通、报告甚至影响个人生活。很多企业评价六项思考帽的推行改善了企业文化、极大地提高了管理效能。作为思维工具，六项思考帽被世界许多著名商业组织用作创造组织合力和创造力的通用工具。这些组织包括：微软、IBM、西门子、诺基亚、摩托罗拉、爱立信、波音、松下、杜邦以及麦当劳等。

六项思考帽在团队应用中的最大情境是会议，尤其是真正的思维和观点的碰撞对接的讨论性质的会议。这类会议往往难以达成一致，不是因为某些外在的技巧不足，而是由从根本上对他人观点的不认同造成的。应用六项思考帽，所有人要在蓝帽的指引下按照框架的体系组织思考和发言，不但可以有效避免冲突，而且可以就一个话题讨论得更加充分和透彻；不仅可以压缩会议时间，还可以拓展讨论的深度。

在多数团队中，团队成员被迫接受团队既定的思维模式，影响了团队的配合度，不能有效解决某些问题。运用六项思考帽模式，团队成员不再局限于某一单一思维模式，思考帽代表的是角色分类，是一种思考要求，而不是代表扮演者本人。

比如，在团队中，用帽子说出你的意见。

（1）接下来几分钟，我们都使用红帽吧。

（2）希望你能放下黑帽。

（3）黄帽思考得不错，接下来我们使用白帽。

（4）我觉得我们需要一点绿帽思考。

（5）或许我们在这个问题上应该启用黑帽思考。

（6）这个想法看来根本没什么前途，不过我们不妨对它来点黄帽思考。

六项思考帽对于个人应用同样拥有巨大的价值。个体在解决某个问题或执行某个任务时，最不愿面对的状况有两个：一个是头脑之中的空白，他不知道从何处开始；另一个是他头脑的混乱，过多的想法交织在一起造成的淤塞。六项思考帽可以设计一个思考提纲，按照一定的帽子次序思考下去，这样可以让头脑更加清晰，思维更加敏捷。

六项思考帽也可以作为书面沟通的框架，利用六项思考帽的框架结构来组织报告书、文件审核、管理电子邮件等。除了把六项思考帽应用在工作和学习当中，我们在家庭生活当中使用六项思考帽也经常会取得某些特别的效果。

（二）作用效果

六项思考帽区别于批判性、辩论性、对立性的方法，是一种具有建设性、设计性和创新性的思维管理工具。它使思考者克服情绪感染，摆脱习惯思维的束缚，剔除思维的无助和混乱，以更高效的方式思考。六色帽子这种形象化的手段使我们非常容易驾驭复杂的思维。

1. 集思广益

> **小案例 7-2**
>
> **拯救 ABM**
>
> 1996 年，欧洲最大的牛肉生产公司 ABM 由于疯牛病引起的恐慌一夜之间丧失了 80% 的收入。借助六项思考帽，12 个人用 60 分钟想出了 30 个降低成本的方法和 35 个营销创意，将它们用黄帽和黑帽归类，筛选掉无用的后还剩下 25 个创意。靠着这 25 个创意，ABM 公司度过了 6 个星期没有收入的艰苦卓绝的日子。
>
> （资料来源：[英]爱德华·德博诺著《六项思考帽》，冯杨译，北京科学技术出版社 2004 年版。有改动。）

现在绝大多数重要的创新都是依靠团队的智慧和经验共同完成的。运用六项思考帽，团队中所有成员的智慧、经验和知识都可能得到充分利用，而且每个人同时从同一角度看问题，朝着同一个方向努力，问题解决起来会容易得多。

2. 节省时间

运用六项思考帽，让团队中每个成员能从六个方向思考问题，每个人都有机会站在他人立场上思考，也有机会表述出自己的真实想法，所有的想法都被平等地提出。团队成员能对当前主题进行充分考察，避免了成员因固守自己想法或顾忌他人想法而耗费时间在争论或回应上。

> **小案例 7-3**　　**省　时**
>
> 　　ABB集团进行跨国项目的团队讨论时，过去要花30天时间，应用六项思考帽只需短短两天就能完成；IBM实验室运用六项思考帽将其开会时间缩短到以前的1/4；挪威国家石油公司的一个钻油塔曾经出现问题，导致每天损失约十万美元，引入六项思考帽的方法，问题在12分钟内就得以解决；德国西门子公司有37万人学习德博诺的思维课程，随之产品开发时间减少了30%。有两个相似的案例，其中一个，陪审团花了3个多小时才做出裁决；另一个引入了六项思考帽方法后，只用了15分钟就做出了裁决。
>
> （资料来源：［英］爱德华·德博诺著《六项思考帽》，冯杨译，北京科学技术出版社2004年版。有改动。）

3. 摒弃自我中心

个体通常会利用思考来展示自我；思考常被作为说服或攻击他人、达成自己目的的工具。六项思考帽促使个体中立客观、全面考察当前议题，避免自负和片面性。

> **小案例 7-4**　　**摒弃自我**
>
> 　　麦当劳日本公司让员工参加"六项思考帽"训练，取得了显著成效——员工更有激情，坦白交流减少了"黑色思考帽"的消极作用。全球最大的保险公司英国保诚保险有限公司（Prudential）总部的地毯就是用彩色的"六项思考帽"图案编织而成。该公司运用德博诺的思维方法把传统的人寿保险约定保险公司在投保人死亡后才支付保险金改革为投保人被确诊为绝症时即可拿到保险金。这种方法被认为是人寿保险业120年来最重要的发明。
>
> （资料来源：笔者撰写。）

4. 逐一思考

混乱是高效思考的最大敌人。人们无法在多个方向上保持敏感，六项思考帽让人们的思考一次只专注一个方向，而不是一次解决所有问题。首先人们可以集中考虑风险因素，其次是利益，然后是感受。各种不同的想法和观点能够很和谐地组织在一起，经过深思熟虑的过程，最后寻找到答案。

5. 有效沟通

生活、工作中绝大多数问题都是沟通不畅引起的，六项思考帽的不同帽子顺序为解决不同情境中的问题提供了有效的沟通方法。人的思维是通过提问来引导的，高效沟通的根本在于有价值的提问，从而引导对方厘清自己的想法，进而发现双方的真正分歧，消除误解。这些问题背后其实就是依从既定的六帽顺序，逐一引导对方转换视角，进行思考。因而发问很关键，要讲究灵活性，问题不能让别人有压力，或者不耐烦。

小案例 7-5　　　　辅导员与卸任班委的沟通

问题一：你能对自己做一个简单的自我评价吗？你担任这个班干部以来自我感觉如何？（红帽思维）

答：感觉还可以。觉得大家还是比较满意和认可的。

问题二：你能举些例子或者数据来证明你的感觉是对的吗？试举出3个例子好吗？（白帽思维）

答：第一，有2个同学当面来鼓励，表扬我比以前的班干部做得好；第二，我有好几次在活动中带动了更多同学参与，我看得出来他们是真心认同我的；第三，卸任后，还有6～7名同学主动微信联系我，感谢我的帮助。

问题三：你觉得这次任职，对你个人来说产生了哪些积极的影响（好处）？对你有哪些帮助？（黄帽思维）

答：好处有很多，比如锻炼了我的组织能力、语言能力、活动能力，还有情绪控制能力。

继问：你觉得表现好的地方在哪里？换句话说，哪些地方是可以传承和发扬的？（黄帽思维）

答：我主持的班务活动流程很有系统性与创新性，挖掘了同学们的需求，调动了他们的积极性和参与性；其次，我在与同学沟通时，能很快让对方放松，拉近了距离，有时效果超出了我的意料；还有，担任班委对自己的自律性也是一次很好的促进。任职以来我从来没有迟到、旷课，担任班委让我知道坚持做一件事不容易，但如果能做到坚持，对自己能有很好的激励作用。

问题四：同样地，你觉得还有哪些地方是欠妥的，或者说是需要改进的？

> 你不妨好好回忆一下。（黑帽思维）
>
> 　　答：（思考了大概 5 分钟）我觉得自己不足的地方主要是激情还不够，似乎没有达到巅峰状态；还有平时，没有有意识地主动和同学接触，还有……
>
> 　　问题五：这样会给同学造成什么感觉呢？如果你是同学，你有什么感觉？（黑帽思维）
>
> 　　答：我可能感觉这个班委积极性不够，还有就是时间管理不善。
>
> 　　问题六：那如何改进以上问题呢？你有什么好的方法吗？（绿帽思维）
>
> 　　答：激情方面，我要学习一下自我激励的方法，再找一个学习的榜样；第二个很好解决，下次主动出击，积极沟通。在时间管理上，我不能自以为是，主持前演练一遍，找室友把把关，在流程上把时间分配得更好。
>
> 　　问题七：如果时光可以倒流，可以让你重新担任这个班委的话，你认为如何做才能够做得更好？（蓝帽思维）
>
> 　　答：我会建议班长，或者自己主动召集，经常开班委会，把每次活动分工再明细一点，尤其要注意细节。班委之间要多交流，彼此多提一些宝贵意见，这样班委的整体工作品质就会更好！
>
> （资料来源：笔者编写。）

三、实施方式

帽子顺序非常重要。我们可以想象一个人写文章的时候需要事先计划自己的结构提纲，才不会写得混乱；一个程序员在编制大段程序之前也需要先设计整个程序的模块流程。思维同样是这个道理。六项思考帽不但定义了思维的不同类型，而且定义了思维的流程结构。

（一）用于梳理复核/回顾

六项思考帽是一个全面梳理思维、对决策进行回顾的工具，可遵循如下顺序思考。

（1）白色——客观信息（对思维对象客观信息包括决策的整理）。

（2）黄、黑、红色——PMI 三思判断（对于决策的三思判断）。

（3）绿色——激发思维（对问题解决的其他可能的决策方案的寻求）。

（4）蓝色——结论（给出结论）。应用六项思考帽对一个决策进行快速梳理复核时，理论上这个过程不应超过 5 分钟。

（二）用于寻找决策的全面思维

六项思考帽涉及思维的全过程。当我们面临一个需要解决的问题时，首先会搜集整理信息，然后寻找创意、进行判断，最后得出结论。比如，组织团队会议时的顺序如下：

(1) 陈述问题（白帽）。运用"白色思考帽"来思考、搜集各环节的信息，收取各个部门存在的问题，找到基础数据。

(2) 提出解决问题的方案（绿帽）。戴上"绿色思考帽"，用创新的思维来考虑这些问题。不是一个人思考，而是各层次管理人员都用创新的思维去思考，大家提出各自解决问题的办法、建议、措施等，也许很多方法不正确甚至无法实施，也不必急于否定，因为运用创新的思考方式就是要跳出一般的思考模式。

(3) 评估该方案的优点（黄帽）。

(4) 列举该方案的缺点（黑帽）。分别戴上"黄色思考帽"和"黑色思考帽"，对所有的想法从"光明面"和"良性面"进行逐个分析，对每一种想法的危险性和隐患进行分析，找出最佳切合点。"黄色思考帽"和"黑色思考帽"这两种思考方法，就如同孟子的性善论和性恶论，都能进行否决或肯定。

(5) 对方案进行直觉判断（红帽）。戴上"红色思考帽"，从经验、直觉上，对已经过滤了的问题进行分析、筛选，并做出决定。

(6) 总结陈述，做出决策（蓝帽）。在思考的过程中，还应随时运用"蓝色思考帽"对思考的顺序进行调整和控制，有时甚至还要刹车。因为，观点可能是正确的，也可能会进入死胡同。所以，在整个思考过程中，应随时调换思考帽，进行不同角度的分析和讨论。

（三）其他应用方式

六顶思考帽可以按不同的顺序使用，可以重复使用某个帽子，也可以依据情境有选择性地使用一个或多个帽子。比如你希望做某个职业，当你参加招聘会时，发现应聘的人很多，竞争很激烈，你该怎么办？请你按照下面的思考帽程序对这个问题进行分析。

第一，白色帽子；第二，黄色帽子；第三，黑色帽子；第四，绿色帽子；第五，红色帽子；第六，蓝色帽子。

请思考以下问题。

(1) 为什么是这样的顺序呢？

(2) 你会选用哪些帽子、使用怎样的顺序来思考？

六顶思考帽也可以在进行简单的短序列组合后使用：如白帽和红帽、黑帽和黄帽、绿帽和蓝帽。这三对帽子中每对都可以看作是背道而驰的思维。

(1) 白红应用。白色是客观的，红色是主观的。当我们需要快速决策时，就可以先了解事实现状，再依直觉确定。这其实也是一种思维定势的过程，经常在我们的生活中使用。

(2) 黄黑应用。当你对一件事情犹豫不决时，便可以直接应用黄黑两种帽子。先黄色，再黑色，将这件事情的优缺点摆出来，再行决策。

(3) 绿蓝应用。绿色思考帽十分自由活跃，而且可以天马行空；蓝色思考帽旨在控制和指引思考过程的方向。前者属于思维的发散，后者则是思维的收敛。两者配合使用可以将发散后的思维收敛于可能解决问题的决策上。这正是创新思维的必然过程。

对六顶思考帽理解的最大误区就是仅仅把思维分成六个不同颜色,其实应用的关键在于使用者用何种方式去排列帽子的顺序,也就是组织思考的流程。需要牢记如下原则:没有绝对正确的使用序列;六种帽子在序列中可多次使用或不使用;充分使用简单的短序列。只有掌握了如何编织思考的流程,才能说是真正掌握了六顶思考帽的应用方法,不然往往会让人们感觉这个工具并不实用。

六顶思考帽其实是将复杂的思考过程划分为五个方面,从而使思维简化。这五个方面分别为:赞同、反对、感觉、事实和创新。至于蓝色思考帽,正如管理之于资源,是为了让各种思考的过程通过合理的分配达到效率的优化,因而也是最难掌握的。如果说红黄白绿黑都是属于技术性的,只要经过训练都能熟练掌握,那么蓝帽则需要长期实践,不断总结积累才能掌握。

(四) 实践案例

场景简述之一:公司开会讨论如何建立商场的客户粉丝群。

六顶思考帽:

(1) 陈述问题(白帽)。公司开业初期没有建立会员制度,现因经营需要逐步建立商场自身客户粉丝群体,将客群稳定下来。

(2) 提出解决问题的方案(绿帽)。建立会员系统,实行会员制度的成本高、支出大。是否可以建立客户微信粉丝群体?

(3) 评估该方案的优点(黄帽)。微信粉丝群体成本低;容易吸引顾客互动;效率高;商户可以在群上和顾客们直接互动,增加两者之间的依赖性。

(4) 列举该方案的缺点(黑帽)。微信粉丝群门槛低,进来的顾客信息不容易把控;顾客素质不一,难以管理;微信群成员数量有限,不便于一次性吸纳大量的顾客;微信群可以随意发信息,容易造成刷屏,易使顾客流失,且易使重要信息通知不到位。

(5) 对该方案进行直觉判断(红帽)。短时间内可使商场人气增加,带来一定的成效。

(6) 总结陈述,做出决策(蓝帽)。目前处于元旦前期,急需集聚商场人气,带来客流;临近春节,也可以将商场最新优惠及时推送至微信粉丝群,促进销售。此外,微信粉丝群运营成本也低,故最终决定使用该方案。

(7) 效果评价。六顶思考帽便于团队集思广益,沟通顺畅;有利于提高团队智商,让会议更高效。

场景简述之二:针对欧洲安全法政策进行解读并给出具体的解决措施。

六顶思考帽的应用如下:

白帽:了解欧洲安全法要求,寻找相关同行的解决方案予以借鉴。

绿帽:提出两个方案。一是和欧盟代理人进行合作,让他们帮忙处理有关 CE 认证等证书、产品检测等事务；二是寻找可靠的欧盟进口商合作。

黄帽：寻找欧盟代理人能方便有效地解决欧洲安全法及 CE 认证，尽量缩短主体账号审核、冻结时间，尽快让账号恢复正常并进行销售，而寻找欧盟进口商可以与其进行长期合作，提高解决欧洲安全法问题的稳定性。

黑帽：欧盟代理人具有不可控性，只能治标不能不治本。对于欧盟进口商我们缺乏可靠的人脉资源，难以寻找到可靠的企业。

红帽：我们目前最合适的方法还是寻找欧盟代理人，能有效快捷地解决欧洲安全法的问题。

蓝帽：经过对这两个方案的评估，决定与欧盟代理人合作，尽快解决欧盟安全法的问题。

效果评价：运用六项思考帽能够分清楚每个人的工作角色，会议主持者能清晰有效地把控整个讨论的重点与进程，给出有效的解决方案，快速准确地处理问题。

（五）练习（六项思考帽：选帽子及运用的顺序）

（1）作为班上的组织委员，你打算组织一场班级活动，目前有两个选择：两天游或一天的户外拓展。请你主持小组讨论。

（2）假如有一场相对你的学校来说级别比较高的校园招聘会，你犹豫是否要去。请写出你运用六项思考帽决定是否参加的过程。

第二节　推　演

所有的行动都要在决策框架下完成。一个决策要真正落地离不开团队的协作，其间存在大量人、事、物的配合。人们常说魔鬼藏在细节里，任何一个细节的疏漏都有可能影响整个决策实施的效果。而事实上，在对细节的关注中便极有可能拓展出决策的创新性：关注能提供具有帮助作用的细节或规避可能的障碍。对团队的考量离不开决策中他人的态度、决策的时间及后续安排等，这些可以通过甘特图展现出来。

一、团队：他人、时间及后果

小案例 7-6　双赢的策略

健力宝饮料常年作为春节随手礼，因而春节的销售举足轻重。而且春节作为一年伊始，春节的销售对团队士气也有很重要的影响。该公司实施经销商制，

> 资料显示往年的重要举措就是召开经销商订货会。总部策划者在与各区经理沟通时，发觉很多人都害怕开订货会，甚至往年召开的订货会场次存在虚报；各区经理也不愿意被动接受总部分配的订货任务，总觉得任务太高，但也都认同春节有机会大做一把以赢得高额奖金。根据这些信息，总部决定针对大区总监、销售经理召开一次内部订货会，并将每个销售公司的任务分成五级让区域自己选择，每级配合不同的激励措施。这样，一方面现场演示能指导区域经理如何召开订货会；另一方面将任务决定权交给了销售经理。这种创新策略极大地鼓舞了团队士气，最终实现了总部与区域的双赢。该成功决策就源于 ADI 工具的应用中对不同意见的关注与创新。
>
> （资料来源：笔者撰写。）

决策时必须保有团队意识，要关注到团队成员、时间安排、决策的后果等。

（一）他人的看法：ADI 工具

在推行计划或提出行动建议时都会涉及人的因素，因此就需要考虑授权、指令和沟通等问题。决策中他人的看法，不仅包括对决策起决定作用的上层管理者，还包括参与者（或配合者）及活动的执行者。一项决策涉及多方面的配合，参与者的价值在于确保决策的有效落地。因而凡决策中涉及的他人的看法，都应该关注。只有了解他们的动机，才能够挑选到合适的人选并达成行动的共识。

1. 必须顾及别人的感受

决策者要充分分享自己的想法，并相信团队成员能给出改善的建议。不能想着自己就是为了将事情做好就占道理。事在人为，因而人应该要比事重要。虽然我们考虑问题首先要从整体长远出发，强调凡事顾全大局，但事要周全，就必须让大家在心平气和的状态下办事，才容易成功。一个好的决策多是基于策划者的深思熟虑，因而最易进入的误区就是认为自己考虑尽了所有要素，听不进任何异议，这种心理将令周围的人难以真正参与进来。因人成事，决策者必须找准意见领袖，与其真诚沟通；了解其真实的想法，并将之作为策略制定的出发点与重要调整点。

比如公司推出新包装的 A、B 两种口味饮料，负责审核生产计划的生产部经理认为过往的 B 口味售卖不佳，因而自作主张缩减了 B 口味的生产，结果执行新装上市计划的销售部门缺货。谁也不曾想到，居然是生产部经理的认知破坏了新品上市计划。因而，作为决策者，与所有影响决策落地的参与者都应该进行沟通与宣传。

2. 多自省，少固执

尊重团队成员的想法，并尽量从改善其想法的角度进行思考，这更容易获得认同。讲道理其实是在争"对错"。从不同视角来看，做事没有绝对的"对错"，坚持自己的道理其实对于事情的成功是没有帮助的；勇于及主动认错，坦诚说出自己的看法，更易得到执行者的认同与真心的建议。不同的人做事时，往往因为他们的年龄、职位、层阶等的不同,所以观点肯定不同。他们做事不可能让人人满意,只能从维护集体长远大局出发选择"相对满意解"。因此,多尝试从别人的立场来看待问题,对自我也是一种提升与修炼。

3. 要善于与不同观点的人沟通

对于不同的观点保持乐观、包容的心态,并仔细辨析与审视真正的分歧。ADI 是一个很好的辅助工具:A 指的是相同的看法,D 指的是不赞同的看法,I 指的是不相干的看法。ADI 工具的价值在于将持不同意见的人的观点厘清,区分出三方面的看法。在此基础上,确认相同的部分,摒弃不相干部分,重点针对不同的部分进行创新,以达到沟通目的。

比如在前述健力宝春节销售策划中,渠道策划者发现主要的执行者(总监、销售经理)存有三种看法,符合 ADI 三方面。

(1) 春节应该有高额奖励(观点相同)。

(2) 目标高,不合理,都是总部说了算(分歧点)。

(3) 竞品春节促销力度大(不相干)。

针对分歧点(目标高,总部说了算)进行创新。将奖励目标分成由低至高五个等级,由区域自选,越高者奖励越高,并提前发放一半奖金。针对分歧点的创新结果调动了区域的积极性,由总部"要我做"变成区域的"我要做",并且人人都力争更高的奖励等级。

练习(ADI 工具):

(1) 大学英语四六级考试应取消,考试证书缺乏实用性,也无法证明学生实际英语水平。

(2) 大学生不应该急着去实践,而应该努力利用大学时光打好知识的基础。

(二)时间规划:四象限法

小案例 7-7

工作分类法

用一个笔记本,将所有事项列为五个类别。第一类是"垃圾",不应该浪费时间在其上,但在转换大脑时可以去想的,可以是会议记录或暂时未确定是否要执行的工作;第二类是"委托",事情比较急但可以授权让他人去完成的;第三类是"有一天",指有闲时即处理的事情;第四类是"下一步",即接下来就会进入项目的事情,因而要提前规划执行,确保跑在时间的前面;第五类是"项目",指眼前即刻需要处理,且比较重要的事情。这种工作分类法体现的其实就是四象限的原理。

(资料来源:笔者编写。)

决策实施的时间规划，要厘清主次，从而将时间用于最重要的事情上，以创新高效完成任务。时间在决策中的价值表现在以下几点：

（1）思维主体需要将自己的时间放在重要的事情上，以确保决策充分地被思考，从而更有效。

（2）思维主体需要将与决策关联的多个事项的先后关系进行梳理，以确保决策有条不紊地执行。

这两者在执行之前都在思考者的头脑中，因而必须以思考者为中心进行时间的规划。这可以应用四象限法工具来实施。

"四象限时间管理"是美国的管理学家科维提出的关于时间管理的理论，是指将工作按照重要和紧急两个纬度进行划分。这样就将所面临的事件分为四个"象限"：既紧急又重要（如即将到期的事件）、重要但不紧急（如撰写论文）、紧急但不重要（如接听电话等）、既不紧急也不重要（如查看微信朋友圈等）。（见图7-1）

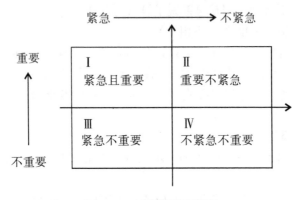

图7-1 时间管理四象限

四象限法作为一种时间管理矩阵，遵循的原理是重要的事情通常不紧急，紧急的事情通常不重要。因而人们处理这些事件的顺序应该是：首先是既紧急又重要的，接着是重要但不紧急的，再到紧急但不重要的，最后才是既不紧急也不重要的。据此，这些事件构建成四象限矩阵。

第一象限：既紧急又重要。要获得优秀的表现，它们应该占用20%左右的时间。例如：处理来自重要客户的抱怨、即将到截止时间的项目、住院开刀等。这个象限中很多重要的事都是因为一拖再拖或事前准备不足，而变成迫在眉睫。本象限的本质是因缺乏有效的工作计划而从本处于"重要但不紧急"的第二象限的事情转变过来的，这也是传统思维状态下管理者的通常状况——"忙"。

第二象限：重要但不紧急。要获得优秀的表现，它们应该占用70%左右的时间。例如：重要会议或项目的陈述、计划、建立重要的关系、战略发展、构想的建立与实施等。荒废第二象限将使第一象限日益扩大，人们将承受更大的压力。该象限的事情不会对人们造成压力，但要求做好事先的规划、准备与预防措施，必须主动去做。这是发挥个人领导力的象限。这也是传统低效管理者与高效卓越管理者的重要区别标志，做好本象限，将使第一象限的"急"事无限变少，不再瞎"忙"。因而，四象限法也有称二象限法，强调只有做好第二象限的事，才有可能减少第一象限的事，从而提高做事情的效率。

第三象限：紧急但不重要。要获得优秀的表现，它们占用的时间不应超过10%。例如：大部分会议、干扰、电话等。"四象限法"的关键在于第二和第三类事的顺序问题，必须非常小心地区分。尤其要学会辨别本象限与第一象限的差别，因为表面看，本象限的事很像第一象限的事，迫切的呼声会让人们产生"这件事很重要"的错觉——其实就算是重要的事也是对别人而言。区别的关键在于第一象限的事件能带来价值，实现某种重要目标，而第三象限的则不能。如果花过多时间在这些误以为属于第一象限的事件上，就会仅止于在满足别人的期望与标准。

第四象限：既不紧急又不重要。要获得优秀的表现，它们占用的时间不应超过1%。例如：消磨时间的微信刷朋友圈、追剧、上网浏览信息、游戏等。本象限的价值在于当我们在第一、第三象限来回奔走，忙得焦头烂额后，可以到本象限去"疗养"一番再出发。很多创新源于休闲，但不包括阅读令人上瘾的无聊小说、看毫无内容的电视节目、办公室聊天等。这样的休息后只会令人更空虚，造成对身心的毁损，影响前行的路。在本象限可以选择一些值得反复精读的名著如《红楼梦》，或听《百家讲坛》等专业性的有声读物，或一次性完成的事项如练字等，将处于紧张工作的大脑快速放松下来。这样即实现了放松，也可能提升了自我素养。

利用时间矩阵，人们能迅速删掉大量垃圾信息。有意识地根据重要程度筛选所有干扰，就能少做很多不重要的事情，工作效率也会大幅提高。最开始的时候，对工作的评估时间可能略多于5秒钟，不过一段时间以后这会变成本能，速度也会变快。

将事项按四象限法编排后，接下来要决定在什么时间做什么事情。

（1）紧急而重要的任务：马上完成。
（2）重要但不紧急的任务：在日程表上划定不受打扰的时间。
（3）紧急但不重要的任务：直接拒绝、授权别人或是在做完重要的事情后再处理。
（4）不紧急也不重要的任务：少做。

四象限法的事件分布有利于团队的协同，人人有事做，事事能追责；需要时既能集体参与，也能心中有目标地独立完成某些事项。事情的时间计划可以让思维主体保有凡事在控制之中的心态，从而能更放松地进行创新性思考。

实践案例：

场景简述之一：到卖场轮岗当导购，商场主管要求盘点，公司要求卖货和导出数据，同事要求加货和理货。工作量大且无法同时满足，这时如何高效作业是关键。

四象限法：

（1）重要且紧急：公司需要商场的数据支持，并且数据支持的完整度会影响公司的办公效率，因此导出数据并反馈给公司是重要且紧急的工作。

（2）重要但不紧急：盘点。清点库存是商场的重要工作，但盘点需要的时间长而且需要认真谨慎,不能分心,因此需在人流量不大的时间段进行。一般商场会留足够的时间给我们盘点,因此盘点是重要但不紧急的工作。

(3) 紧急但不重要:加货。堆头已卖完,货架很空,需要马上加货,时间紧迫性较强。

(4) 不紧急也不重要:卖货和理货。相对前面的工作,这两个显得没那么重要,并且卖货和理货是可以同时进行的。

效果评价:把工作分好等级,就能有效解决问题。清晰安排好工作次序,有助于不慌不乱、高效率地完成任务。

场景简述之二:工作、生活事项繁多,处理不当极易引起情绪失当从而影响工作效率。包括:负责任务梳理及人员分配,调整及打印价格表;熟记中秋订货会的优惠价格,以能与客户做面销交流,促成购买;制作日程表,安排上级的工作日程;制作入职申请表,新人面试时使用;解决自己日常生活的需要,买一双新鞋和一个空气炸锅;完成创新实践的作业及每周的实践报告。

四象限法:

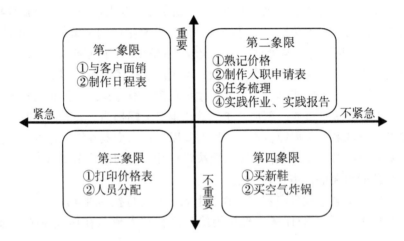

效果评价:运用了四象限法后,可以把事情按照重要和紧急的程度快速划分,便于自己区分目前最主要的工作,不至于慌乱无章。比较难的部分是紧急但不重要的任务,这部分任务在处理的时候可以授权他人完成,但实际工作中,自己处理比较多,更多时候会把这类工作归到重要且紧急的任务中去,这样其实相当于少了一个象限。由于不会合理授权,以致工作有时仍会忙乱。

练习(四象限法):

作为总经理秘书,你提前15分钟上班并列出了今天上午需要做的清单。

(1) 总经理今晚宴请部门经理,需查看餐馆环境并订餐。

(2) 给A公司小张打电话,约定你们今晚的活动。

(3) 给远在杭州的B公司副总发一封邮件。

(4) 准备今天上午10点的部门会议。

（5）完成负责项目的书面报告，并打印成文。
（6）安排老板与重要客户会面。
（7）给自己买一台风扇。
（8）给妈妈打电话祝福生日。
（9）为老板报销出差费用。
（10）完成今天的会议记录并呈交总经理审阅后外发。

> **扩展阅读 7-1**
>
> **ABC 时间管理法**
>
> 管理学家艾伦·莱金提出的 ABC 时间管理法，即事务优先顺序法，是以事务的重要程度为依据，将待办的事项按照重要性由高到低划分 A、B、C 等级，按等级来完成任务的做事方法。
> （1）列出目标：当天工作前列出任务。
> （2）目标分类：任务分类。
> （3）排列顺序：根据重要性、紧急程度确定 ABC 顺序。
> （4）分配时间：按 ABC 级别顺序定出工作日程表及时间分配情况。
> （5）实施：集中精力完成 A 类工作，再转向 B 类。C 类工作应减少或授权他人完成。
> （6）记录：每一事件消耗的时间。
> （7）总结：评价时间应用情况，以提高利用时间的技能。
>
> （资料来源：百度文库《ABC 时间管理》。有改动。）

（三）后果

任何决策都必须考虑其后果。如果说决策结果是知其然，那么我们想达到的决策后果（目的）则是知其所以然。明晰后果，才能正确决策；决策得当，后果方如愿。

1. 决策者必须秉持"以终为始"的信念

只有心中有了"终"的样子，才知道如何进行"始"。或者说，知道了"终"，对于"始"才有了创新的空间。比如饮料行业新产品上市时经常针对零售终端进行纸箱回收，目的是让零售店主尽快摆新品入冰箱或货架，从而让消费者看到并消费。当纸箱变成塑封，回收就变得不易辨认。但如果我们知道"终"的目的，并不是像零售店主所认为的公司是要回收利用，那么就可以有其他的创新手段了。比如在塑封处贴个 2 元的贴纸，通过回收贴纸同样能达到"终"的目的。某品牌曾获极大成功的"再来一瓶"，就是用高额的中奖诱导消费者形成消费习惯后，再将其他企业在旺季前就要费大力气处理的跨年度产品正常销售，从而获得了市场、利润的双丰收。这是一种更高层次的"以终为始"。

2. 必须考虑中长期后果

因为任何决策的后果均有利弊，因此决策者必须考虑长远。每一个行动都会产生一个后果，而每一个后果都有进一步的其他后果。换句话说，这意味着考虑这些影响可能产生终极影响。因为事情并不总是像它们看起来的那样继续发展，当我们解决一个问题时，往往会不经意间带来另一个更糟的问题。比如招商引资，就可能会存在典型的短期回报与中长期损害环境的决策矛盾。在做出错误决定之前，让我们审视决策可能带来的长期后果是必要的。比如，几十年来，我们一直在给牲畜喂食抗生素，以使肉类更安全、更便宜。直到最近几年，我们才开始意识到，这样做的结果就是创造了我们无法抵御的超级细菌。换句话说，我们不仅没有让肉类变得更安全，反而培养了一支危险的、具有抗药性的细菌大军，而这些细菌已经成为我们食物链的一部分。这些可以避免吗？当然可以。任何一个对生物学有基本了解的人都知道生物体处于不断进化和适应之中，而生命周期较短的生物则能更快进化与适应。因此，如果我们考虑了长期后果，这种情况是可以避免的。

俗话说，人无远虑，必有近忧。如果缺乏远虑，决策也势必难以真正有效。某理发店新开张时，为了与周边的理发店差异化，就打造了"女性短发专门店"的招牌。虽然这吸引了人们的眼球，但是女性短发者并不多，或者留短发的女性并不太信任其专业性，结果不到一个月这家店就倒闭了。

3. 必须预估可能失败的风险

任何决策之前都要做好失败的准备，没有达成预定目标，就必须考量是否能承担失败的后果。这也要求决策者提供备选与补救方案。很多的决策都是环环嵌套的，每一环的结果为下一环提供思维的前提与条件。比如在前述某品牌春节策划案中，就必须考虑如果选择高奖励层级者未做到、退回奖励而引致的士气低落问题。这样，就必须提前考虑在下一个决策中如何解决这个问题。

二、甘特图

在快节奏的世界里，我们制定的各种计划经常会是错误的，也就是说我们的决策时常会存在失误。由于人们总是根据现状和趋势推断来做规划，而现状与趋势常会发生变化，未来并不仅仅按照现有的趋势向前发展。而且决策在实施中涉及的如前所述的团队、时间、后果等要素的关联都对结果有着千丝万缕的影响。任何一项决策都需要考虑变化的可能性，并且对这种变化的预判愈多，成功的可能性愈大。那么，是否有工具能将这些要素组合在一起，并推演决策实施过程中可能面临的问题呢？甘特图正是这样一个将决策中的要素细化并且使进度追踪明了的计划工具。

（一）概念与内涵

甘特图（Gantt chart）又叫横道图、条状图，（见图 7-2）是亨利·劳伦斯·甘特在 1917 年第一次世界大战时期制定的一个完整地用条形图表示工作进度的标志系统，它被认为是管理工作上的一次革命，被社会历史学家视为 20 世纪最重要的社会发明。甘特图具有简单、醒目和便于编制等特点，在企业管理工作中被广泛应用。甘特图按反映的内容不同，可分为计划图表、负荷图表、机器闲置图表、人员闲置图表和进度图表等五种形式。

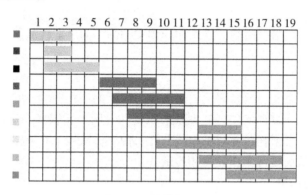

图 7-2　甘特图示例

甘特图是通过分析项目过程中哪个活动序列进度安排的总时差最少来预测项目工期的网络分析。其通常做法是：①将项目中的各项活动视为有一个时间属性的结点，从项目起点到终点进行排列；②用有方向的线段标出各结点的紧前活动和紧后活动的关系，使之成为一个有方向的网络图；③用正推法和逆推法计算出各个活动的最早开始时间、最晚开始时间、最早完工时间和最迟完工时间，并计算出各个活动的时差；④找出所有时差为零的活动所组成的路线，即为关键路径；⑤识别出准关键路径，为网络优化提供约束条件。

其特点：①关键路径上的活动持续时间决定了项目的工期，关键路径上所有活动的持续时间总和就是项目的工期。②关键路径上的任何一个活动都是关键活动，其中任何一个活动的延迟都会导致整个项目完工时间的延迟。③关键路径上的耗时是可以完工的最短时间量，若缩短关键路径的总耗时，会缩短项目工期；反之，则会延长整个项目的总工期。但是如果缩短非关键路径上的各个活动所需要的时间，也不至于影响工程的完工时间。④关键路径上的活动是总时差最小的活动，改变其中某个活动的耗时，可能使关键路径发生变化；可以存在多条关键路径，它们各自的时间总量肯定相等，即可完工的总工期相同。⑤关键路径是相对的，也可以是变化的。在采取一定的技术组织措施之后，关键路径有可能变为非关键路径，而非关键路径也有可能变为关键路径。

甘特图内在思想简单，以图示的方式通过活动列表和时间刻度形象地表示出任何特定项目的活动顺序与持续时间。它基本是一个线条图，横轴表示时间，纵轴表示活动（项目），线条表示在整个期间内计划和实际的活动完成情况。它直观地表明任务计划在什么时候进行以及实际进展与计划要求的对比。管理者由此可便利地弄清一项任务（项目）还剩下哪些工作要做，并可评估工作进度。

一个待执行的计划应该在可以评估未来情况的地方设立一些监测点，或者设定一些阶段性目标标准，这样才能对计划的进度进行监控。此外，计划还应该有截止点，出现错误时可以放弃。计划中的关键事项也能很显明地呈现出来。这些都可以通过甘特图进行安排。

甘特图的特性体现在两方面：其一，表明工作计划中各"事件"之间在时间上的相互关系；其二，强调时间、成本在计划和控制中的重要性。

（二）价值

甘特图是现代企业项目管理领域运用最为广泛的一种图示。甘特图能确保层层目标分解、职责细化、责任落实。解决原来职责和时间上易模糊、遗忘这一工作问题，能让重点工作、日常工作、临时工作区分开，使工作从被动变成主动，帮助管理者清晰地掌握进程，从而提升工作效率和质量。

1. 甘特图的作用

甘特图由于优点多、用法简单，在企业中，不论在作业安排上或计划编制上都已得到广泛的应用。在项目管理中，甘特图有如下一些具体应用：计划项目活动，设计关键路径，提供日程建议，配置项目资源，沟通项目活动，协调项目活动，监测项目进度等。

（1）项目管理。在现代的项目管理中，甘特图被广泛地应用。这可能是最容易理解、最容易使用且最全面的一种。它可以让你预测时间、成本、数量及质量上的结果并回到开始；它也能帮助你考虑人力、资源、日期、项目中重复的要素和关键的部分。在项目管理中，甘特图通过图形的方式更直观地表现出任务安排以及任务之间的关联性、进展情况、资源的利用率等。

（2）其他领域。如今甘特图不单单被应用到生产管理领域，随着生产管理的发展、项目管理的扩展，它被应用到了各个领域，如建筑、IT、软件、汽车等。

规划一个项目，规划和做项目的人很难发现是否漏掉了任务，以及其中的一个或者多个任务是否可以继续拆分。在为每一个任务设定时间的时候，任务一旦增多，很难把控每个任务的具体时长，也难以发现哪些任务可以同时做，哪些任务先做这个再做那个，前置任务按时完成。即使设置了任务优先级，但是对于同级的任务谁先做谁后做，有时却无法把控。甘特图的价值在于以下4点。

（1）确定每一个任务的开始时间和结束时间。
（2）确定任务的依赖关系。
（3）分离可以同时运行的任务。
（4）确定不同人任务间的时间关系。当根据以上的规则绘制好甘特图后，你会发现有些地方是可以继续调整的，但是这种调整，在你没有画图之前是不能发现的。于是你会在调整甘特图的过程中，让项目的规划越来越清晰。这将有助于个体在决策中发挥创新思维。

2. 甘特图的创新应用

（1）参量的扩展。甘特图中往往用纵轴表示项目（工作），为满足不同的管理需要，可以将甘特图纵轴的参量用职位、岗位或者具体人员来表示。

（2）线段的表示。传统的甘特图是用相同的线段表示工作进程，但不能反映出每项工作的重要程度。通过用粗细不同的线段可以有效地表明某项工作在不同时间的重要性。

（3）间断线的表示。甘特图中一般用线段表示，且往往都是连续的线段，这只能表明该项工作在一段时间内是连续进行的。但实践中的每项工作会有间断进行的情况，因此可以在甘特图中用间断的短线表示工作开展的计划。短线可以只是一点，间断的距离可以有长有短，这样可以有效地表示出工作持续时间及间隔时间。

（4）箭头线的表示。一项工作中可能会涉及不同的人、不同的部门，只有通过箭头线的衔接，才能充分形象地表现出不同人、不同部门、不同任务之间的逻辑关系。

（5）特殊标记的使用。每项工作的完成可能对整个项目具有不同的意义。在甘特图中，具有里程碑意义的工作完成后采用不同的特殊标记，可以清晰地表示出该项工作在整个宏观项目中的重要程度。

（6）甘特图的跟踪。一般情况下，甘特图多为计划所用。管理行为中，总要通过跟踪方式对计划进行有效控制，直接应用甘特图进行跟踪，既简便又直观，还可增强对比度。

甘特图虽然简单易行，但对于涉及关系较复杂、涵盖内容较多的管理活动还是具有局限性的。在甘特图不断完善和创新的过程中，其应用范围也在不断地扩大。如果能将更多的参量加入，使甘特图表现为二维、三维的立体图，就能让其更加丰富完善，表现更为直观和形象。这样，甘特图可以大大缩减项目管理工作时间，完成各项复杂管理活动关系的排版分析，促进工作效率。

（三）实施方式

甘特图的制作可以应用 Excel，也有专门的软件，绘制过程大同小异，一般包括如下步骤：

（1）明确牵涉的各项活动、项目。内容包括项目名称（包括顺序）、开始时间、工期、任务类型（依赖/决定性）和依赖于哪一项任务。

（2）创建草图。将所有的项目的开始时间、工期标注甘特图上。

（3）确定项目活动依赖关系及时序进度。使用草图，按照项目的类型将项目联系起来，并安排项目进度。此步骤将保证在未来计划有所调整的情况下，各项活动仍然能够按照正确的时序进行，就是确保所有依赖性活动能并且只能在决定性活动完成之后按计划展开，同时也避免关键性路径过长。关键性路径是由贯穿项目始终的关键性任务所决定的，它既表示了项目的最长耗时，也表示了完成项目可能的最短时间。对进度表上的不可预知事件（非关键性任务）要安排适当的时间。

(4) 计算单项活动任务的工时量。
(5) 确定活动任务的执行人员及适时按需调整工时。
(6) 计算整个项目时间。如果只是用于简单决策的推演,你也可以进行个性化手绘。

(四) 实践案例

场景简述之一:某品牌的衣服 8 月份在网络购物平台都有多场活动,各平台的活动不能相撞,需要避免排期冲突。甘特图应用如表 7-1 所示。

表 7-1 甘特图应用 (1)

8月7日	8月8日	8月9日	8月10日	8月11日	8月12日	8月13日	8月14日	8月15日
周三	周四	周五	周六	周日	周一	周二	周三	周四
	88 正式开始							
	2019-08-08 00:00:00	2019-08-09 23:59:59						
主题团正式开始						主题团正式开始		
2019-08-07 10:00:00			2019-08-10 08:59:59			2019-08-13 10:00:00		2019-08-15 08:59:59
				疯抢 (72 小时)				
				8 月 11 日 10:00 正式开始				

效果评价:甘特图有助于执行人员更直观地查看任务计划在什么时候进行,同时图表亦有利于大脑发散思维,从而令执行人员发现档期间隐藏的机会。

场景简述之二:公司新产品上市,一应事项烦琐,需要避免疏漏,掌控进度。甘特图应用如表 7-2 所示。

表 7-2 甘特图应用 (2)

实施项目	负责人	时间进度 (月)										
		1	2	3	4	5	6	7	8	9	10	11	12
提出新产品价格方案		----------										
产品制作目录			----------									
销售手册 (Sales Aid) 制作				----------								
销售指引制作					----------							

续上表

实施项目	负责人	时间进度（月）											
		1	2	3	4	5	6	7	8	9	10	11	12
业务人员训练						----------							
新产品发表会							----------						
销售竞赛办法								----------					
服务手册制作									----------------				
技术服务训练									----------------				
新产品广告计划								-------------------------------					
经销商促销活动									----------------------------				

效果评价：甘特图有助于将新产品上市涉及项目表述在一张表上，负责人能更直观地查看项目的前后进度关系及核心项目的进度状况，便于及时高效完成相关工作。

（五）练习（甘特图工具）

（1）班委打算进行一次冬至为全班包饺子与送温暖的活动，预算费用 500 元，请规划该活动的具体事项、分工及筹备时间［包含负责人、事项顺序（核心项目及非核心项目）、费用分配、借用厨房、现场布置、节目表演等］。

（2）班委计划给辅导员制作一份以宿舍为单位的照片与留言册作为毕业纪念。

第三节　总结：经验与试点

PDCA 管理循环理论是由英文 plan（计划）、do（实施）、check（检查）、action（处理）四个词的第一个字母组成的缩写词。PDCA 管理循环是一个可以用于经验总结、指引未来的有效思维工具。天下事没有十全十美，每一次事后的及时总结都为更好的未来提供最佳的支撑。正如富田和成在其《高效 PDCA 工作术》的结束语所言，"为人不可安于现状，为人不可不思进取"。

人的价值决定于"未来"，但未来又不能脱离过去与当下而存在。当过去的事情已经过去，最重要的便是总结经验、吸取教训，开启更美好的未来。一如我国圣贤的认知与提示：世间万物处于循序渐进、泥古创新、一元复始的滚动发展中。PDCA 就是这样一个连接过去、现在与未来的循环而上的管理工具。PDCA 启动的不只是一种思维的工具，而是自我迭代的驱动之轮。瑞·达利欧所著的《原则》认为，原则进行自我迭代的路径分五步：大胆的目标→失败→学习原则→提高→更大胆的目标。这五步就遵循着 PDCA 循环。

一、概念

试一试：航空竞赛——飞行最平稳、最持久的飞机

每组代表一家航空公司，以手头材料折纸飞机。要求：赛前每组只准在指定时间内试飞一次，否则淘汰。赛程：每组派一人，"驾驶"一架纸飞机。第一轮，以落姿淘汰（平稳者留，坠毁者淘汰）；第二轮，以落姿、时长选出前四；第三轮，前四者决赛。由于试飞限制及赛事规则，各组参赛前进行了充分的讨论与调整。该过程其实遵循了计划—实施—检查—处理的 PDCA 管理循环。

PDCA 管理循环由美国质量管理专家戴明博士提出，故又称"戴明环"。戴明环起源于 20 世纪 20 年代，"统计质量控制之父"沃特·阿曼德·休哈特引入了"计划—实施—检查（Plan – Do – See）"的雏形；后来，戴明将休哈特的 PDS 循环进一步完善，发展成为"计划—实施—检查—处理（Plan – Do – Check – Act）"的持续改进模型。（见图 7 – 3）戴明循环包括持续改进与不断学习的四个循环反复的步骤，是一个包含质量计划的制订、不停顿地周而复始地运转、以达到质量提高为目的的循环过程。后来，PDCA 从单纯的质量管理逐渐拓展到一切循序渐进的管理工作，范围广泛。

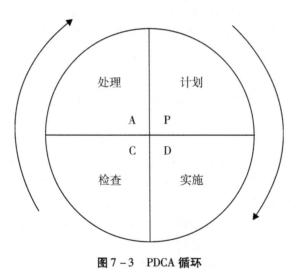

图 7 – 3　PDCA 循环

（一）PDCA 循环的三个特点

1. **大环带小环**

如果把整个企业的工作作为一个大的戴明循环，那么各个部门、小组还有各自小

的 PDCA 循环，就像一个行星系一样。或者如果说某个决策是一个大循环，那么要促成决策的完成就蕴含着诸多小事件的循环。

2. 阶梯式上升

PDCA 循环不是在同一水平上循环。每循环一次，就解决一部分问题，取得一部分成果；工作前进一步，水平就提高一点。到了下一次循环，又有了新的目标和内容，水平就更上一层楼。这种新的目标和水平是决策创新的重要来源。

3. 科学管理方法的综合应用

PDCA 循环是工作进行中发现、解决问题的有效工具。提出问题是解决问题的先决条件。遇到难题，不管最终要怎样解决它，成功的前提是看清难题的关键在哪里，认清问题就等于解决了问题的一半。

（二）PDCA 循环的具体内容

1. P（计划）

根据要求和组织方针，建立目标和行动计划。分析现状，找出存在的问题，剖析原因，制定改进的目标，确定达到这些目标的具体措施和方法。

2. D（实施）

实施行动计划。按照制定的计划要求去做，以实现目标。

3. C（检查）

监视和测量，报告结果。对照计划要求，检查、验证执行的效果，及时发现改进过程中的经验及问题。

4. A（处理）

新标准化。巩固成绩，克服缺点：把成功的经验加以肯定（改善的对象可以是政策、流程或人员），制定标准、程序、制度（失败的教训也可纳入相应的标准、程序、制度）。针对未达成的目标制订新计划，进行再循环。

比如在项目管理中，P 指的是根据项目的定义和要求，制定项目的计划和实施方案；D 是指围绕计划开展相关的活动；C 是指在项目开展期间，项目管理者通过检查，对照预定标准等方式，发现项目实施过程中的不足之处；A 是指根据项目存在的不足，进行修正，并准备下一阶段的 PDCA 循环。

二、价值

PDCA 循环看起来很简单，但它的应用是一个永无止境的过程，因为无论是组织体还是个体，自身的成长永无止境。PDCA 适用于所有问题、所有对象：小到人际关系、恋爱关系；大到培养兴趣爱好、处理上下级关系、时间管理……PDCA 都能发挥出巨大威力。PDCA 看起来是一个环，但实际上是层层嵌套的"大环套小环"的结构，能产生巨大的"规模效应"——所有 PDCA 不仅包含自身上一层面的 PDCA，同时也包含把自身细化的下一个层面的 PDCA。

PDCA 循环，可以使我们的思路和工作步骤更加条理化、系统化、科学化。基于 PDCA 循环理论的特点，给决策提供契机和理论支撑，助推决策创新和效果。

（一）适用于日常管理

适用于个体管理与团队管理。每天开始工作前问自己：今天我（部门）主要的工作是什么？我要检查（部门）什么？要计划什么？最容易出问题的地方在哪里？最容易出问题的人有哪些？全部想完后，就开始布置与展开工作。工作中要注意检查。如此运用 PDCA，将有利于规避工作中的大部分问题。团队进行 PDCA 管理时，可以采用"半周会议"的方式，即每隔三天召开一次团队会议，每次三十分钟。

孙正义依靠 PDCA 解决所有工作难题，"华尔街投资大神"瑞·达利欧将 PDCA 视为人生原则。PDCA 工作术可以帮助终结"低等勤奋陷阱"。

（二）适用于项目管理

一个项目从设立、实施再到持续迭代更新需要历经一段时间，PDCA 就是一个对项目进行系统管理的有效工具。比如某企业新设立销售管理部，这个部门主要作用是稽核、督查销售部工作的真实性。既然要稽核就得有标准，有标准才能确认工作是否存在偏差及偏差程度。因而部门的第一件事是拟定各项销售工作的流程规范；接着是推行这些规范；再检核执行中的偏差状况——如果偏差普遍且大则说明要修改并完善规范与标准；最后将新规范纳入下一轮循环中的计划环节。

（三）有助于持续改进、提高与创新

PDCA 循环的过程就是发现问题、解决问题，从问题中发现决策的漏洞，从而创新。创新是把一种认识转化为实践的过程，其中存在较大的思维发散空间。运用 PDCA 循环能够使创新过程系列化，从而保障了创新全过程的综合质量。

思考：很多民企不乏优良的计划（P），员工的实施力亦不可谓不强，但因为缺少督查机制，以致结果往往不好。为什么？

扩展阅读 7-2

戴明环与五行相生

戴明环（PDCA 循环）作为管理学中的一个通用模型，较受诟议的就是其没有考虑外在的环境影响。企业管理工作的最终目的是实现企业的终极价值，即必须能满足消费者的价值需求。PDCA 循环的结果只是内部审视，缺乏外在市场的检验。PDCA 是一个进行中的工作管理，但这件事情或项目是否有价值性，首先应该予以确认。而这种价值性离不开对环境的审视。任何项目的推展首先应该评价其在环境中的价值性。

> 中国五行学说认为天下万物皆由水、火、木、金、土五类元素构成，且存在相生相克的循环关系，该循环能解释世间万物。五行观是华夏文明的重要体现，相生的木、火、土、金、水能解释世间一切的循环，那么，与 PDCA 的管理循环一定存在共通之处。
>
> 按照金、水、木、火、土相生顺序：金曰"从革"；水曰"润下"；木曰"曲直"；火曰"炎上"；土曰"稼穑"。与 PDCA 对应理解。"从革"（革新）的金有计划之意；"润下"的水可引申为实施、执行；"曲直"的木代表检核、判断；"炎上"的火喻除旧、改善，即先革新（计划），再润下（实施），其后曲直（检查），最后炎上（处理、纠编）。这样，金、水、木、火对应 PDCA。多出来的土（稼穑）又代表什么呢？稼为种、穑为收，稼穑生长的根基是"土壤"，为稼穑的环境。如果我们将这个环境置于 PDCA 的循环中，会有什么样的启示呢？"土"为 PDCA 循环中处置 A 的依据，即需要置于市场（Marketing）中审视。而管理的权变理论要求任何管理都是在一定的环境中实施的，环境改变，管理的方法与手段也要调整，管理的成效也将发生变化。这构成了一个新的循环 M - P - D - C - A，即任何一个 PDCA 的开始与结束都必须考虑市场环境的因素，前者考虑必要性，后者考虑价值并塑造新的环境要素，即 MPDCA 的管理循环。
>
> （资料来源：笔者编写。）

三、实施方式

PDCA 管理循环在应用时首先要明确工作或项目的价值与意义，在此基础上再按照四个阶段八个步骤展开实施。（见图 7-4）

（一）收集资料

分析现状，找出存在的问题，包括产品（服务）质量问题及管理中存在的问题。尽可能用数据说明，从可行性、价值性及迫切性等确定需要改进的主要问题。

（二）分析原因

分析产生问题的各种影响因素，尽可能将这些因素都罗列出来。

明确了研究活动的主题后，需要设定一个活动目标，也就是规定活动所要做到的内容和达到的标准，这是围绕引致问题的各种可能原因的探究阶段。

（三）目标确认

比较并选择主要的、直接的影响因素，这个因素将对问题的解决起到关键的作用。目标制定应该符合 SMART 原则。目标可以是"定性+定量"化的，能够用数量

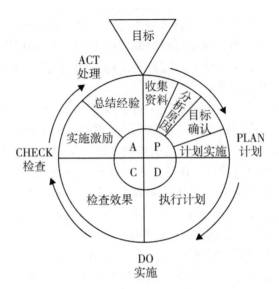

图 7-4　PDCA 循环的四个阶段八个步骤

来表示的指标要尽可能量化，不能用数量来表示的指标也要明确。目标是用来衡量实验效果的指标，因此设定应该有依据，要通过充分的现状调查和比较来获得。

（四）制定措施（计划实施）

针对主要因素制定措施，提出改进计划，并预计其效果，内容应包含"5W3H"。

（五）执行计划

按既定的措施计划实施，也就是 D 实施阶段。

对策制定完成后就进入了实验、验证阶段，也就是做的阶段。在这一阶段，除了按计划和方案实施外，还必须对过程进行测量，确保工作能够按计划进度实施；同时还须建立起数据采集，收集过程的原始记录和数据等项目文档。

（六）检查效果

根据措施计划的要求，检查、验证实际执行的结果，看是否达到了预期的效果，也就是 C 检查阶段。

方案是否有效、目标是否完成，需要进行效果检查后才能得出结论。对采取的对策进行确认后，对采集到的证据进行总结分析，把完成情况同目标值进行比较，看是否达到了预定的目标。如果没有出现预期的结果，应该确认是否严格按照计划实施对策；如果是，就意味着对策失败，那就要重新进行最佳方案的确定。

（七）纳入标准

根据检查的结果进行总结，对已被证明的有成效的措施要进行标准化，制定成工作标准,以便以后的执行和推广,还要给予一定的激励以巩固已经取得的成绩。

(八) 遗留问题

根据检查的结果提出这一循环尚未解决的问题及产生的新问题,把它们转到下一次 PDCA 循环中。对方案效果不显著的或者实施过程中出现的问题,可以将它们作为开展新一轮 PDCA 循环的依据。

应用举例 7-1

应用 PDCA 工具改善服务质量

比如某饭店为提升服务质量,运用 PDCA 方法来解决该问题。

目标:把营业部从预订房间、问询、住宿登记、结账、电传收发等一系列环节的质量活动,用必要的制度、方法和手段组织起来,形成一个围绕优质服务这个宗旨而进行活动的有机整体,从"事后处理"的落后管理变为"事先预防"的科学管理。

课题选择:根据"先易后难,逐一解决"的原则,确定了"以客人不能及时拿到电传"为重点作为主攻的课题。

P:计划

(1) 现状调查。饭店常接待大量商务客人,电传作为快速传递信息的媒介起着重要的作用;电传收发工作也是饭店服务项目之一,关系重大。电传的传统收发流程(当客人不在客房时)是:电传员—值台处—总机—留言—客人—领取。由于流程过长,客人迟收或漏收电传的情况时有发生。这不仅耽误了客人的事情,还影响了饭店的声誉,导致经济上的损失。

(2) 因果分析。对"为什么客人不能及时收到电传"进行溯因,分析发现如有一方通知客人不及时、房号查错、忘记通知或客人不明白电话机上红灯亮的原因、留言信号发生故障等都会造成客人迟收、漏收电传。

(3) 主要原因调查。电传不能及时送达的主要原因是在电传收发中的多环节状况,特别是电话留言环节很可能出问题,而且出问题后很难查明责任部门及个人。

(4) 对策与措施。首先,加强思想教育,提高大家对工作的责任心;其次,改变过去用电话通知的方法,而是采取书面通知的形式;再次,明确岗位责任制,合理分工,各负其责;最后,收到电传即发送通知单,并注明日期、地点、签收人等。

D 与 C:实施与效果检查

通过遵循以上办法,取得了很好成果。其一,这类现象从曾经频繁发生到不再发生;其二,提高了经济效益及办事效率;其三,获得了客人称赞;其四,

> 提高了饭店声誉,提升了竞争力;其五,变事后处理为事先预防,从管结果变为管过程,解决问题更高效。
>
>   A:巩固措施
>   从以上效果来看,所采取的对策及措施是行之有效的。为了巩固这一成果,又进一步采取了以下措施:班组长带头层层把关,负责督促检查电传的收发情况,保证新措施的实施;修订岗位责任制,把这一定下来的措施补充到岗位责任制中去。

四、实践案例

场景简述:"箭冠2018"收购改造寮步汽车维修店。

环境分析:项目定位与价值。

(1) 我国目前的汽车维修店、养护店大都是一些小老板在做,店面管理水平低下、落后。

(2) 4S店管理正规先进、环境舒适,显示了良好的企业形象,吸引了75%的客户消费。

(3) 知名汽配品牌商会根据店面情况和营业状况决定是否给品牌授权,一般不会授权给普通的店面。

(4) 良好的企业形象,需要严格的规矩来保证,同时也需要不断地根据行业发展状况来持续革新。

P:

(1) 收集资料(收集行业资料)。

(2) 分析维修厂状况(环境场地比较大)。

(3) 按4S店格局布置:前厅后院,招待场地和作业场地分开,员工4S服务水平。

(4) 计划实施:确认将维修厂改造为以养护为主的维修店,计划用时一个月,边营业边改造。

D:

实施目标:主营项目快修五项(养护服务为主)。首先场地规划要卫生整洁,工具摆放整齐,改变之前脏乱差的形象;其次营销计划跟进,双管齐下。

C:

检查结果。营业水平:人均接单水平没有达到1.8万元,员工出勤率一般,汽车维修老师傅居多,整体积极性不高。店面:改造第一阶段(一个月),卫生水平达标,场地翻新工作进度达90%。

A:

(1) 实施激励。奖励500元给当月达到目标的员工。

（2）总结经验。评估为什么员工总体水平没有达标，修订计划，准备下一轮循环。改善策略如下：

1）老师傅多，普通职员少，将多兵少。只留用一两个技术好的师傅，增加普通员工。

2）检查周期缩短为一周，工作详细化，具体到每个项目每人的工作量。

五、练习（PDCA 工具）

（1）刚入职时，销售部的经理让每人将自己区域的重点市场画出来，并仔细地分析每个市场的潜力和发展。他/她要求首先把重点市场做好，然后以点带面，最后覆盖自己所负责的整个区域。

（2）经理让你在这个星期四，去科技路的好家园餐厅接一个广告，把该区域的广告氛围提升起来。当天你去与餐厅负责人商谈如何做广告，接着量好尺寸与广告公司商量出效果图，再与餐厅负责人确认效果图。如果符合就制作安装，否则就修改后再确认。

扩展阅读 7-3

OK 模型

OK 模型学术全称为"策划思维要素定位展示图"（OK 模型图）。其原型是史宪文教授根据诸葛亮的《隆中对》中的思维而发明的，是一个为策划决策服务的知识框架，是总结与抽象商务策划决策规律的工具。

决策的过程中，有很多因素会影响决策的进行。OK 模型图根据策划思维各个要素的功能，以拟人的手法进行了要素归位，便于人们直觉地分析与认识各要素间千丝万缕的联系。

与之关联开发的"硬读格式"能在最短篇幅内了解策划思维全貌，即："做……事，关键在于……。要针对……，鉴于……的形势，发挥……的优势，本着……的原则，运用……方法创新，通过……等步骤，经过……时间努力，实现……的目标。"这十个空分别是各个要素的位置：课题（TA）、道理（M）、对象（O）、环境（E）、优势（S 或 M）、判断原则（PR）、创新方法（CR）、步骤（Pn）、时间（T）、目标（G）。

把《隆中对》整体策划思维用"硬读格式"表述出来就是：做造逆（复兴）的事，关键在于人谋。要针对曹孙竞而不争，鉴于荆益有利的形势，发挥帝室与信义的优势，本着总揽英雄的原则，运用逆向法方法创新，通过：①跨荆益、②保岩阻、③和诸戎、④抚夷越、⑤结孙权、⑥脩政理、⑦向宛洛、⑧出秦川、⑨迎将军九个步骤，经过⑩至天变时间努力，实现成霸业兴汉室的

> 目标。
>
> 这些要素不但前后逻辑关系十分紧密,而且整体语势也具有强烈动感:前两个要素为接下来的三个要素做准备,形成了前半区的认识论;而后半区前两个要素为接下来的三个要素做准备,形成了后半区的行动论(或方法论)。
>
> (资料来源:史宪文《现代商务策划管理教程》,中国经济出版社2007年版。有改动。)

本章小结

创新思维的最后一个阶段是验证期。明朗期形成的决策可能是比较稚嫩的,在实施之前必须进行仔细审视,关键是对决策进行正确解释,从而获得深入、全面的理解。这需要关注更多的细节。首先可以应用六项思考帽对决策进行全面的回顾;其次借助甘特图推演可能的人、财、物及时间进度的安排,寻找可能影响决策的细节,尤其要针对参与决策执行的人员应用ADI工具进行沟通确定,并且要关注决策后果可能的短期、中期、长期影响;最后还可通过试点或经验借助PDCA工具进行检视。

思考题

1. 应用六项思考帽对某个产品的一次促销活动进行复核、创新。
2. 应用甘特图对将要进行的某个活动进行推演、创新。
3. 应用MPDCA对某次联谊活动或社团活动等进行总结,提出未来创新建议。

课前动脑答案

1. 水涨船高(不可能有7尺露在海面);2. 他们彼此在对岸;3. 剩下吹灭的5根;4. 每瓶标号,第一瓶取1粒,第二瓶取2粒,依此类推……;取出的汇总秤重,以5500毫克为基础,多出10毫克即为第一瓶错药,20毫克为第二瓶错药,依此类推。

第八章　培养创新思维习性

学习目标
1. 理解缜密思维框架。
2. 掌握5分钟思维法。
3. 理解思维工具的活用。
4. 了解创新思维者的人格特质。

课前动脑
1. 在稻田一直走，不能回头，手中只能拿一个稻穗。请问如何才能捡出最大的？
2. 假设有一个池塘，现有各一个5升和6升的水壶，如何只用这两个壶最快取到3升的水？
3. 有6个杯子排成一列，前3个装满水，后3个是空的，如果只移动一个杯子，能否将盛满水的杯子与空杯子间隔起来？
4. 3名学生住酒店，交300元给小二，店主因学生优惠退回50元，小二私吞20元，每生退回10元。每生90元×3+小二私吞的20元=290元。还有10元去哪了？

> **导入案例**
>
> **日积月累，持续实践**
>
> 爱迪生获得了1000多项涉及生活各方面的发明专利，迄今为止，无人打破这一纪录。爱迪生高超的创新能力应该是一种综合能力，是各种特征共同作用的结果。
>
> 1. 良好的记录习惯。爱迪生留有3500本笔记。他始终坚持观察与记录，包含自己不成功的专利、其他发明者撰写的论文以及其他领域的人的想法。他还经常提出一些新奇的想法、热情思考以激发灵感，并进行记录。
> 2. 持续的训练。爱迪生要求自己每10天完成一个小的发明，每6个月完成一项大的发明。创新思维依赖于思想持续的流动来跳出常规思维的束缚；持续的努力将使思维变得更流畅，对信息的刺激也更易感，进而获得更丰富的创新想法。
> 3. 追求以量取胜。爱迪生认为好方案来自大量的备选。他发明碱性蓄电池

> 之前做了数万次实验、发明灯泡之前做了数千次实验。这要求克服思维的惰性，不能满足于少量看似有效的想法。
>
> 　　4. 重用失败。爱迪生认为自己从来没有失败过。这是因为他总是积极乐观对待失败并热情分析其原因，还会努力从中探寻其他机会。比如他认为自己确认了有数千种材料不能用作灯丝的事实，实际上他最终在灯泡上获得了25万项专利（包括发明专利、材料专利以及形状专利等）。
>
> 　　提高创新能力是一个长久持续的过程，大量的实践将有效提高创新能力，并培养主动创新意识与创新思维习性。
>
> （资料来源：能力邦《爱迪生创新思维策略》。有改动。）

　　创新思维是一种认知技能，技能是可以培养的。这分为两个阶段：第一个阶段，在一个特定的时间、针对一个特定的情景，能够深思熟虑地运用思维，即选用恰当的思维工具进入思维的技能。第二个阶段，形成思维的习性。在无意识状态下，将思维技能自动地应用在任何情境。最终，人们需要二者兼而有之：作为习性的思维技能和能够关注某个事件的能力。

　　要开发出这种技能，必须通过"三重训练"。

　　其一，理论学习。如果没有理论知识，创新思维技能就会是"墙上芦苇"和"山间竹笋"。学习者不可能把理论内化成自己的本能，也无法养成思维技能。这需要理解并实践本书上编的内容。当人们要获得某种技能，首先必须了解其规则与事实，比如一个不知道跳水比赛评分标准及规则的人，不可能成为优秀的跳水运动员。同样地，创新思维要求我们了解一些有关思维的机理。这有利于我们更好地理解思维的课程。

　　其二，认真实践。一种技能的掌握不可能只是知道知识（事实），比如知道如何游泳、弹钢琴等，并不代表你就会了，重点还在于实践应用。有研究认为，即便是有天赋者，也要遵循"黄金规则"，即要想在天赋领域达到世界级水平，也需要花约10年大约1万小时来进行系统强化训练。这要求理解缜密思维TEC框架并熟练应用5分钟思维法，在此基础上充分应用本书下编的内容。工具是有实践性的，因而思维实践的本质是思考应用何种思维工具于当下的情境中。

　　其三，端正态度。态度决定一切。一个人只有相信并且喜欢某事，他才可能花更多功夫，才会更加关心自己在这件事上的表现。假如开展一个活动，你很喜欢并相信它是很有价值的，你很可能会积极主动花更多精力，并期望获得好的结果。同样地，创新思维需要积极的态度。创新思维技能培养至少需要思想开放、独立思考、头脑冷静、不偏不倚和分析反思这些类型的积极态度。

　　本章主要讲述管理与训练思维的工具与方法。

第一节 缜密思维

> **小案例 8-1**
>
> **问题背后的问题**
>
> 某实习生想为企业找到提升能源车销量的对策。他首先分析销量差的原因，有消费者认知偏差、汽车储电能力不高、充电不便利等。但这些原因是否全面，需要先确定；在此基础上，我们还不能同时解决以上所有问题，需要逐一思考。这将有利于提升思维结果的条理性，找到的对策也将更具说服力。比如针对消费者认知偏差的解决措施，他就需要了解偏差是哪些，每一种偏差又各有哪些解决措施，哪些措施又是真正可行、有效的。在这个问题的解决中，思维始终遵循着"目标确定—思维发散—思维收敛"，即"问题（目标）—溯因—结论"的缜密思维过程，而且是层层递进，越来越具体。显然，只有问题背后的原因越明确，其解决措施才越有针对性，最终的对策才越有价值。
>
> （资料来源：笔者撰写。）

人们对创新思维的看法，最容易产生的一种误解是凡创新思维都是发散的，只有发散思维才是有创造性的，围绕创新思维的训练都是基于发散思维进行的设计。发散思维具有多端性、灵活性、精细性和新颖性等四个特点，确实表现出很大的创造性。但是，作为一个完整的思维过程，创新思维的价值性还必须依靠收敛，因为针对发散出的诸多方案或决策必须经过收敛才能确定最适合的结果。所以思维的发散和收敛是创新思维的双翼，缺一不可。离开发散思维，就不可能得到可供比较、选择的多种假设和途径，思维就只能沿着一个方向去思考，最终因思路狭窄而导致答案缺乏创造性；没有经历思维的收敛，思维便只会漫无边际地发散，尽管其中有正确的、新颖的答案，也会由于不能集中而寻找不到最佳的解决方案。因而，创新思维的完整过程应包含发散与收敛两个阶段，创新思维训练与实践都必须遵循这样的过程。让这个过程透明化并进行管理的工具就是 TEC 框架。

一、TEC 框架（工具）

如果你打算规划一项持久的健身活动，你会选什么？也许是游泳、跳舞、瑜伽、跳绳、跑步、快走等。用以健身的选项很多，但当你真正决定的时候，你会考虑到很多限制条件，也许你最终会选择约束条件比较少的跑步。在这个过程中，思维经历了发散再到收敛，这就是 TEC 框架或工具。

（一）内涵

TEC 是德博诺提出的一个缜密思维工具。缜密思维是指思考者能把自己的思维引向任意一个主题，或主题的任意一个方面。

T 代表目标和任务，是思维精确的聚焦点。T 的价值在于提醒思维者进入思维。它可能是一种回顾，考察做某件事情的方式是否已经获得提高；可能是对思维过程进行错误矫正或发现错误；可能是解决问题；也可能仅仅是发现问题。比如围绕"让过年更有仪式感"这个主题的思考，此时的 T 可能是过年是否应该有仪式感（如果这个思考获得否定性结论，那么该主题的思考也就没有必要了），过年怎样才算有仪式感，过年的仪式感要求经历哪些程序，过年的春联应该怎么写，团年饭应该怎么设计，甚至可能是这个问题应该使用什么思维工具等。

E 代表扩展和探究，是思维的开发阶段。这个阶段要运用各种引导感知的思维工具，比如 BS、强制联想等来进行思维的发散；可以是考查所有因素、审视已有经验等。扩展阶段是积极而自由的发挥，因而数量是这个阶段最重要的考量。不要试图给予评价，或者急于在这个阶段就确定最好的点子。

C 是思维逐渐收紧的阶段，是思维的结果。在这个阶段要确认已获得了哪些信息，并据此得出明确的结论。这可能是一个解决方案、一个有创造力的想法、备选方案或者一个建议。思考者应该从 3 个层面确定结论。第一，可能是一个明确的答案、创意或者意见；第二，已经取得的全部收获，例如，对一系列创意进行考虑；第三，已经客观地对思维进行了考察。有时第一个层面也许不明确，但也应该有另外两个层面的收获。

TEC 是一个缜密思维的框架。首先是确定并聚焦目标，然后思维发散，最后思维收敛、确定思维的结果。

（二）价值

TEC 框架的价值在于开发创意，即把注意力集中在既有方案不足的方面，然后围绕不足，寻找解决问题的办法。

1. TEC 是对思维进行思考的工具，是思维的最初展露工具

首先，TEC 是管理并提醒思考者的思维聚焦某个对象进行思考；其次，为了摆脱定势的束缚，我们要养成依靠模型做决策的习惯，而模型的确定本身也是一个决策，也应该遵循与应用 TEC 框架。这提示 TEC 用于管理思维时的第一个 TEC 就是"找工具"，其后在工具应用中也要遵循 TEC 框架。比如，针对"铅笔的创新用途"可有以下思考。

首先，确定可以使用的工具（TEC）。T：寻找工具；E：可能的工具有属性列举法、思维导图、和田十二法、SWOT 工具、强制联想法等；C：找到了 5 个工具，可行的或是次要使用的工具有 3 个即属性列举法、和田十二法、强制联想法。

接着，运用工具进行决策，每个工具均要遵循 TEC。

T1：用属性列举法来寻找铅笔的创新用途；E：属性列举法应用，名词属性的方法、形容词属性的方法、动词属性的方法；C：应用列举法思考共计找到多少种铅笔的用途，有创新性的方法有哪些。

T2：用和田十二法，……

T3：用强制联想法，……

最后，将应用 3 种模型找到的所有方法汇总评价，就可能找到铅笔比较有创新性的用途。

可以看出，TEC 其实是一个对思维进行管理进而使思维过程透明化的工具。

2. TEC 是一个不断循环、思维不断聚焦并前行的过程工具

这个过程中准确定义目标和任务是非常重要的，要求抽丝剥茧层层递进，找出问题背后的问题。T 只有越来越具体，才有利于 E 发掘出有创意的想法，C 的结论才可能有价值。比如前述的"让过年更有仪式感"，如果直接将此定义为 T，最终得到的结论就会比较空泛。T 如果是"如何让过年更有仪式感"，则在 E 的阶段时就可能存在穿衣、吃饭、年画等诸多方面的广泛而普通的想法，这样 C 的结论极其可能缺乏价值。这要求我们的思维不断前行，围绕"让过年更有仪式感"的主题，经过多次使用 TEC 框架，将 T 最终确定为具体的某种仪式，进而创新。这样的 C 才会是有意义的思维结果。我们最终得以解决的问题，都是在层层深入的思维探究中实现的。比如要想"提升能源车的销量"，首先，要分析销量不好的原因；其次，分析原因背后的解决措施有哪些；再次，分析哪些措施是可以实现的；最后，分析如何去实现；等等。

（三）实施方式

TEC 框架是思维的过程工具，因而在思维的过程中都应该遵循此框架。这也说明此工具可应用在 T、E、C 每一个阶段中，包括集中精力、确定任务、开发、收缩和下结论等，即在 T、E、C 三阶段均应该可以嵌入适宜的思维工具来促进并完成该阶段的任务。TEC 在管理思维时一般包含两步：第一，找模型的 TEC 阶段；第二，模型应用的 TEC 阶段。比如，关于"让过年更有仪式感"的思维过程如下：

（1）针对"过年的仪式感"确定工具：T 找工具，E 发散找工具，最后 C 收敛确定用思维导图。

（2）应用思维导图"确定仪式感内容"：T 运用思维导图寻找过年的仪式感，E 发散找仪式感的内容，C 确定为贴门神。

（3）针对"贴门神的仪式感"确定工具：进行 TEC 确定思维工具为头脑风暴。

（4）应用头脑风暴法思考"贴门神如何有仪式感"（T），E 就可能发散出很多超出寻常的想法，如贴门神的时间、步骤；贴门神的内容，如做程序设计的可能会贴自己认为的"八阿哥"（BUG），做生意的也许会贴关公等等，因而 C 的结论将会变得有些新意（依职业习惯贴门神）。

如果此时的创意仍然不够，就可能需要更深入的思考。比如进一步围绕"依职业习惯贴门神"，确定可能的工具，再进行后续的思考。如此递进，最终必将找出具操作性的创意设想。比如围绕让春节每家必贴的"福"字更有特色，就有人想到结合32个城市的特色设计了32种福字：广州的福字有小蛮腰、早茶组合；重庆的福字则有火锅形状；北京的福字包含天安门、京剧……

以上步骤中，TEC工具的应用强调呈现思维的过程。在思维技能培养的阶段，思维工具的寻找要专门应用TEC，这有利于对思维模型的熟悉与大脑模式的建立。但在对思维工具熟练以后，这个阶段在实践中可以瞬间决定而不必专门显示。

二、5分钟思维法

创新思维是可以通过训练提高的技能。未经训练的思维，很容易漫无目的地从一个点到另一个点，产生许多无意义、无效率的内容。由于思维极易沿着引发好奇或触发情感的细节展开，从而偏离对问题本身进行真正探究的路线。创新思维的训练离不开对思维过程透明化与管理，即离不开TEC工具的应用。思维技能的培养必须结合时间训练，即在思维训练中将TEC工具与时间结合。德博诺提出了5分钟思维法。

（一）内涵

5分钟思维法是指思维的时间训练，通常与TEC框架结合：第1分钟：思维的聚焦（T），厘清目标和任务；第2—3分钟：思维的发散（E），进行充分扩展和探究；第4—5分钟：思维的收敛（C），收缩和下结论。时间训练有助于提高思维的有效性，进而提升思考的乐趣。

5分钟思维训练法要求严格遵循5分钟的时间分配要求。这预示着思考一件事情只允许在短时间内完成，时间的限制会让思维变得全神贯注而深思熟虑。

首先，思考者会明示自己要开始思考问题，将注意力集中到任务上。

其次，短时间有利于思考者减轻思维的负担与压力，更有利于调动思维的活力与积极性，令思考更有效。

最后，时间训练还在于将思维过程的时间进行了合理分配，建立了大脑思维模式。

在时间训练中，对于收获的看法亦至关重要。收获指的是思维本身或者创意，强调的是"知道自己已经做到了什么"的问题：某些问题要点是否变得更清晰？某些创新其实是否不合适？是否有更实际的提议？是否有更详细的选择方案？这种收获不必是解决难题，证明他人错误，有出众的创意等；最基本的收获是思考者完成了一次思维训练。

（二）价值

5分钟全神贯注的思考，对于思维来说，其实是一段漫长的时间。在短暂地集中精力的思考中，巨量的神经元细胞参与其中，大量的创新亦蕴藏其间。

5 分钟思维法的价值体现在以下 4 点。

1. 让人学会进入思考

时间限制的暗示作用有利于引导注意力寻求思考对象的聚焦而开始思考。

2. 学会情景思考

面对任何问题首先思考选择用何种工具或模型，再遵循时间要求应用模型，这有利于快速进入问题情景中。

3. 养成缜密思考的习性

每次思考都必须经历 1 分钟的目标选定、2 分钟的发散、最后 2 分钟的收敛这一完整的创新思维过程，这将逐渐建立起大脑思维的框架模式。

4. 培养了三思而行的习惯

按时间序，将一个思维切割成 T、E、C 三阶段，这有利于避免思维的盲目性。

（三）实施方式

TEC 是个管理思维过程的工具，因而在训练中应依循 TEC 框架来呈现所有决策的过程。每个决策都应该是 TEC 的循环应用：每一个决策必须首先思考选用思维模型；每个思维模型应用时都应该遵循 TEC 过程。

1. 组织要求

5 分钟的思维既可以由个体单独进行，也可以通过分组集体进行。一个组的成员数量尽量不要超过 4 人，否则每人参与的时间就会太少。

（1）必须严格遵守时间训练的原则，遵守它就意味着要全神贯注。在限定的时间内只能做规定的任务，由于任何一个阶段的简单化，都会令思维自认为这是一个曾经成功的主题而匆忙进入下一阶段，都预示着思维的深度不够，也预示着可能达不到思维的效果。

（2）如果有太多需要思考的内容，可以进行多次应用 TEC，以确保思维的效果。

（3）在现实的情形中，关于 5 分钟的思维时间分配，所有想法是在头脑中思考的，不必写下来；但小组训练时可以表述出来以发挥团队的绩效。

2. 训练要求

认同这是一种技能，时间的掌控很重要。

（1）1 人计时、控制与记录，其余成员进行思考。

（2）严格按时间要求；每次 5 分钟：T 用时 1 分钟，E 用时 2 分钟，C 用时 2 分钟。

（3）评述是否取得思维结果。

（4）总结经验。

（5）选取最终结果分享。

3. 练习提示

（1）尽可能地多找答案。没有标准答案（不同的人找的不一样），也没有最全的答案。

（2）注重思考过程，而不是练习内容本身。规定练习时间一到就要停下来，这是思维训练的纪律。重要的是多做几个练习，从而培养我们的思考技能与模式，而不是花过多的时间去寻找正确、全面的答案。

总之，对于想要享受思维过程，想要开发思维技能的人，思维与其他的技能或爱好没有分别，都需要付出努力。因而，我们需要进行周密、持续的训练。训练可以是团体的，比如和舍友的每天一练；也可以是三五知己在固定时间的约练；当然，我们也可以自己独立进行。最根本的思维训练是在日常生活、工作之中有意识的应用与训练。无论何种情形的训练，我们都应该应用与遵循TEC工具并结合5分钟思维法。

练习（TEC工具）：如果你得到的创意不够，可持续多次运用TEC工具进行训练。

（1）加强游客环保意识。
（2）为假期做计划。
（3）让大学生加强锻炼。
（4）创建一个社团。

三、思维工具的活用

解决一件事情就是一个决策。养成依靠思维工具而不是放任经验、知识或情绪进行决策的习惯，这有利于个体的缜密思维。

工具的本质在于对认知的矫正，或者就是引导我们的思维进入思维。对于绝大多数人来说，比较难做到凡事使用思维工具分析，这是由于当我们遇到事情的时候，就会根据以往的经验在潜意识里面做出判断。我们很容易陷入惯性思维中，因而我们必须有意提示自己对工具的选用思考。思维工具在实践中的应用分为以下两步。

第一，会用并刻意用之。思维工具本身是种引导与管理思维的工具，只有懂得如何使用才能进一步用以创新。在平时进行的每个行动或决策前都略作停顿，让思维先行：做任何行动之前先想想有什么思维工具可以应用，有意识地将自己的思维从当前定势的操作中脱离。比如有人和你说，他/她想买鞋，习惯上你可能就会让对方使用某购物网。但如果你决定用工具来帮你决策，比如5W2H工具，就会问对方："给谁买？为什么要买？什么时间用？用在什么场合？想买怎样的？预算多少？什么品牌？"这样问完后，对方也许说他/她好像不需要买鞋；或者你也可以更清楚地帮对方决策。这也适用于对自我决策的检视。

这个阶段可以通过事后以思维工具进行总结梳理，进而对该项工作提出改进，从而逐渐建立并掌握思维工具的应用情境及思考模式。

第二，熟练运用与引导创新。个体在进行思考时，要因应不同的思维时机选用不同的思维工具进行思考。本书第五至七章依次对应创新思维过程的各阶段（见图8-1），而各章中的各小节亦沿着思维的程度或流程进行了工具的介绍。这样将有利于受教者培养并掌握在不同时期按照一定的次序嵌入拓展感知的思维工具的习性，有利于围绕问题的解决寻找到更多的情境要素，从而发掘更多的思维视角，进而找到创新的思维模式。思维工具的应用，不只是产生新的联系，也有助于个体对一些传统看法进行重新解读，从而找到更多的创意。当个体逐渐学会将各种思维工具运用到生活和工作上，做事将更有效率和更加科学。

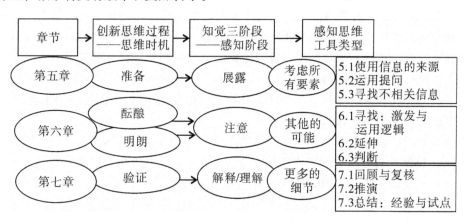

图 8-1　思维时机与思维工具类型

> 扩展阅读 8-1　　　　项目策划书中的工具，整体思维应用 5W2H
>
> 1. 封面（项目名、团队、时间等）
> 2. 项目概述（简述项目模式）
> 3. 目录
> 4. 环境分析——宏观 PEST、微观（3C 模型）：行业、竞争者（波特五力）、消费者
> 5. SWOT：外环境＋内资源
> 6. 公司战略：使命与愿景、中长期目标（SMART）
> 7. 运营管理（办公设施、HR—组织结构、职能分工等）
> 8. 营销策略（BS、专业思维工具 STP 与 4P）
> 9. 财务预算：财务三张表
> 10. 风险管理：行业竞争态势
> 11. 实施策略（甘特图、PDCA 管理循环）
>
> （资料来源：笔者撰写。）

此外，思维工具应用中需要注重灵活性与更新。一方面，从理论上来说，用于创新实践的思维工具的选择面可以比较宽泛，甚至随机。这完全可以因应个体所在的行

业情境、专业知识、对技法的娴熟性及具体场景的差异等选用。这也正是"大学教育是思维教育"的内涵——所有的专业知识的学习实际上是（专业）思维视角的培养。换言之，创新思维教育培养的是"如何思考"，是对思维本身的管理；而专业教育提供的是"思考什么（视角）"，是对思维的具体内容的思考。另一方面，本书编排的思维工具虽然是按照创新思维过程进行的编排，但这不过是一种工具选用的建议，或者是编者的一种思维定势；所谓不同阶段的思维工具的价值不过是引导我们突破这种或那种具体的倾向性和准备状态从而创新。我们很难摆脱大脑自身筛选机制与重构机制的影响，总不可避免受到自身定势的制约，即个体已有的知识、经验、观念等对之后思维过程中的倾向性影响总是存在的。要想突破自我不断存在的新定势，就必须不断突破既有的思考框架，并持续更新工具与专业知识。因而，在应用思维工具突破定势时应秉持如下认知：

（1）思维工具是引导我们科学思考的工具，但不必拘泥于工具。

（2）思维工具可以应用于生活与工作的方方面面，提升效率与效果。

（3）主动应用思维工具，逐渐养成创新思维习性。

（4）尝试组合使用多个创新思维工具（针对不同思维阶段选用不同工具），也可自我总结创新思维工具，拓展思维技能。

四、TEC 与创新思维过程

TEC 是缜密思维的过程管理工具，对创新思维过程起着统筹、提示的作用。创新思维过程本来就符合 TEC 框架（如准备期确定目标 T，酝酿、明朗期是发散 E，验证期是收敛 C），创新思维活动也需要依靠 TEC 工具完成每个思维阶段的任务。

我们在面临任何决策时，首先必须考虑使用何种工具，这也是第一个 TEC 要考虑的（在思维的过程中，这个阶段可以瞬间完成，其价值在于提示思维者离开定势的情境）。这其实是最初的展露，根本作用就是引导大脑进入思维，如前述的 TEC 工具应用中对铅笔的用途、让过年更有仪式感的主题思考过程。在对工具进行寻找时，可以结合决策所处的创新思维阶段，亦即思维对象的思维层次来确定。如果是准备期，就可以优先考量、选用充分展露的感知思维工具；如果是针对已有常规决策或运用展露工具后仍然找不到决策的情形，说明需要进入思维的酝酿与明朗期，此时对工具的选用就应该重点考量引导注意的感知思维工具；如果是已经深思熟虑产生了几个可行的决策，则需要对决策进行深入解释、小心验证，选用的工具应该是有利于全面理解的思维工具。

创新思维过程是思维过程中的知觉三阶段，TEC 工具应用中对工具的反复寻找，其实质就是随着思维的层层递进与深入，在不同知觉阶段嵌入不同感知思维工具的过程。根据本书第五至七章的内容，即使在同一知觉阶段，也可以细分为不同的思维过程，嵌入不同思维工具，以拓展感知，寻找到更宽广的思维视角。TEC 的循环使用与思维的递进在一定程度上也揭示与体现了创新思维过程中知觉的回溯，或者说是创新思维明朗期之前的酝酿阶段的苦索。总之，任何的决策都可能或应该选用多个感知思维工具组合来解决问题。一般来说，针对具体问题的解决，每次至少组合使用3个思维工具可能是比较适合的。

练习（TEC与创新思维过程）
（1）挑选可能的三个工具组合，说明可用来解决的问题及组合的依据。
（2）设计"让春节更有仪式感的感恩筷、节日筷……"。

扩展阅读 8-2

过程导向的创新思维教育的能力评价及测试

如果基于创新思维能力的培养测试，重点应是考查创新思维进行的过程。过程暴露的创新思维教育模式强调对思维的知觉三阶段施力，这寓示着创新思维能力来源于知觉三阶段的信息加工能力，即展露能力、注意能力与解释能力。这三方面能力测试可以按照知觉三阶段的思维过程，与英国思维训练大师比尔·卢卡斯领衔开发的基于认知科学的创新思维评价模型（5个维度、15个评价项目）中的评价项目匹配。这样就构建成了按照知觉三阶段思维层次排序的创新思维能力测量模型（3个维度、15个评价项目）。从思维过程来测试创新思维能力，将有利于实践中创新思维教育的改进与调整。

1. 展露能力评价
H1 我擅长通过思考要用的模型或工具来进入思维。
H2 我擅长从环境中寻找信息。
H3 我擅长通过对目的的明确来获取信息。
H4 我擅长通过提问来获得重要信息。
H5 我擅长借助工具拓展到看似不相干的信息。

2. 注意能力评价
H6 我能放任直觉获得许多新想法，但不一定都予以深思。
H7 我能容忍在完全不确定的状态下，另寻其他可能的想法。
H8 我能基于既有想法进行延伸，找到新想法。
H9 我能通过寻找事物间的逻辑关系，找到新设想。
H10 我不会毫无批判地看待事情，能通过提出有挑战性的假设来帮助判断。

3. 解释能力评价
H11 我能对想法进行多个角度的全面评估。
H12 我愿意在团队中分享自己的创意，并且能获得更好的想法。
H13 我愿意关注团队中他人的想法，并且能完善这些想法。
H14 我认同团队的分工与合作，注重成员间的时间统筹（即不一定所有时间一起工作）。

> H15 我能根据经验或实验中的细节来改进想法。
>
> （资料来源：笔者撰写。）

试一试：请思考每一项评价项目可能对应的思维工具。

第二节　思维的修炼

人是认识的主体，自身的情感、思维模式和价值观等主观因素会不自觉地投入到认识活动中。要想突破这些束缚，产生创新思维，需要思维主体的智力、知识、思维风格、人格、动机和环境等资源协同作用。这些成分并不是简单累加，某些不同成分间可在对方达到最低标准的基础上互补；同时各成分间又可通过相互作用而增强创新性。吉尔福特认为创造性才能、认知需求、兴趣、坚持性之间的有机联系、互相作用，促成了创新思维活动。创新思维要求个体能随时随地管理自己的思维，脱离情感、利益或偏见的影响，以进行最合适的决策。创新思维的培养离不开自我人格特质的准备及对思维有意识的修炼。

一、人格特质准备

创新思维的发生与个体的人格特质准备存在着必然的关系。人格是一个人整体心理面貌，是在一定社会历史条件下，个体所具有的个性倾向性和经常稳定地表现出来的心理特征总和。人格差异直接影响主体创新思维的发展，自然科学、社会科学及文学艺术创作等不同创造性活动，需要主体具备的人格特性是不同的。心理学家们从不同角度探讨了不同领域对创新思维发展有决定意义的共通性的人格特征。

（1）有强烈的好奇心，对事物的机理不满足于已有的结论，总愿深究。一个人对某种事物好奇，就意味着他/她要不断思考，以求明了事物的真相，因此好奇是创造的出发点、动机和推动力。

清华大学物理系曾邀请到4位诺贝尔奖获得者来访，在探讨他们为什么取得科学成就时，清华学生认为是基础好、数学好、动手能力强、勤奋、努力等，但是这4人的回答出奇一致，都认为好奇心最重要。爱因斯坦也曾说，"我没有特殊的天赋，我只是极度地好奇"。创新的火花不会凭空而来，好奇心是走上科技发明创造之路的起点，是创新的最初动力。

（2）求知欲强，喜欢接受各种事物。总是乐观积极拥抱所有的变化；知识面宽，善于观察，这为创新提供了多维的视角。

（3）丰富的想象力、敏锐的直觉。喜欢抽象思维，对智力活动与游戏有广泛的兴趣。这实际上锻炼了思维的灵活性与灵敏性，有利于思维的发散。这是创新思维的内核来源。

（4）不怕孤独，全身心投入所从事的事业中。很多跨越时代的创新都是由长久的独立深思得来的；只有长时间地专注于感兴趣的问题中，才可能窥得创新之门。

对所从事活动的热爱即创造兴趣是一个重要的内部创造动力。在对具有高创造性的人的人格研究显示，他们完全受工作吸引，全身心投入工作。对数学、科学领域天才青年的研究也说明有创造性的十几岁的青年表现出比他们同龄人更高水平的内部动机。

（5）坚韧不拔，执着追求，深深理解自己行为的价值。这会形成一种认知需要，这种需要会压倒马斯洛需求顺序中的更基本的需求，即在吃、住、穿都极端困难的情况下，也要从事研究，以满足认知需要；甚至在爱的需要、尊重的需要得不到满足，不受社会承认的情况下也要追求真理。

创新过程中的酝酿、明朗期会令主体茶饭不思，睡不安寝，行为怪异，极易受到来自他人的侧目。只有意志品质出众者，才能理解自己认知需要的价值，从而排除外界干扰。

（6）独立自信，不从众，不轻易相信别人的看法。凡事以批判性眼光看待，这样才能与他人看同样的事情而得到不同的看法。这是创新思维的起点。

（7）自制力强，能克服困难，达到成功的目的，并在此过程中体验到快乐。当参与同自己能力水平相当的挑战性活动时，个体便会产生高内部动机，每一次失败都离成功更近一步。中等水平的挑战性将有利于产生大量的可能的问题解决方案，这样也就越可能有创造性。爱迪生在寻找灯丝过程中，认为自己找到了1000多种不适合的灯丝，最终找到了适合照明用的灯丝。

每个人或多或少都具有挑战心理，这种内在动机为创造提供了极大的内在动力。很多著名创造者选择并着迷于富有挑战性的、冒险的问题，这些问题使他们有机会运用自己的能力并从中获得极大的愉快感——被解决悬而未决的问题的动力所驱动，这种状态逐渐增加愉悦感和某种核心注意，这将有利于寻找到更有挑战性的问题。

（8）反叛，不顺从。创新人才通常表现得不那么合群，离经叛道，因为创新必然是对既有共识的推翻。只有个体在其领域里更反叛，才会更有独立性，从而更少受"保持一致"的压力影响。

综上所述，心理学家们认为创造者应该具备典型的人格特质有：高度的独立性和坚持性、强烈的好奇心和自信心、旺盛的求知欲、兴趣广泛、富于想象等。这要求：一方面，培养个体浓厚的学习兴趣。激发个体的求知欲，引发其好奇心。另一方面，丰富他们的想象力，鼓励个体敢于想象、敢于创新；鼓励独创性、多样性和大胆幻想；鼓励与高创造者接触。此外，还要进一步加强个体意志力和学习态度的培养，克服胆怯、倦怠等不良因素给创造性带来的消极影响。

二、自信愉悦，修炼思维

创新思维的本质在于超越。创新思维是对原有的知识、经验、方法、观念的超越，是创新的实践中思维的突变，这种突变必然会受到思维定势的阻碍。思考者的自信不是为了证明自己正确，不是为了打败对方；不是为了标新立异。自信的思考者会把思维看作一种操作技能，会十分乐于思考事物，并相信自己的创新潜能。

绝大多数人都没有达到自己可以达到的高度。我们的能力巨大，但其中绝大部分都在沉睡中，没有得到开发。思维能力的提高，就如篮球、芭蕾舞或者演奏萨克斯方面的能力提高一般，如果没有意识到努力学习的重要性，那么这种技艺就不太可能有所提高。如果对自己的思维能力抱有想当然的态度，我们就不会愿意付出提高思维能力所必需的努力。

如果思维只是遇到难题时的偶尔应用，思维不可能成为真正的技能，因为这样的思维应用不会是愉悦的。思维者不仅仅在有明确需要的时候，即使在没有选择方案的情况下，也会本能地寻找各种选择方案。教育家陶行知说：时时是创造之时，处处是创造之地，人人是创造之人。不相信，不喜欢，我们将很难持续某个训练。相信与喜爱思考，预示着要努力去思考，喜欢拥有更多的思维技能，创新思维是我们需要运用一生的技能。

思维的修炼要求思考者明确认同把思维当作一项技能持续修炼，思维者的修炼需要主动自觉的坚持。思维能力的提高是一个渐进的过程，需要一段学习平稳期及全心全意的刻苦努力。

事实上，无论我们如何修炼，人的大脑都难以达到理想的工作境界。无论我们如何发掘自身理性的潜能，以自我为中心和以特定群体为中心的天性总会在不经意中出现；无论我们如何力求面面俱到，总还是会出现自相矛盾和缺乏协调一致的疏漏；无论怎样提高自身对事物的悟性，总有些事我们无法领悟。总之，我们的大脑无论怎样发达，总是既有限度，又难免出错；总难免以自我、社会为中心，满怀偏见和非理性。思维修炼者要永不停止学习和成长，永不停止在思维上需要批评和反思的领域中进行探索。这包括：①独立思考。关注思考的过程，不满足于出现的唯一答案，有追根溯源的耐心与毅力。②宽容与包容。更能接受他人的不同看法，并能仔细思考这些相异观点。相信一个问题的解决可以并存多个方案。③三思而行。不会局限于基于情感或利益的决策，而是有意识拓宽感知以寻找其他的决策可能。改变一个人的思维习惯是一个长期的计划，需要经年累月的努力，无法一蹴而就，需要经过长期的培养和锤炼。

这要求思维修炼者把思维看作一种操作技巧，养成一种能够考察自己思想的习惯，能回顾自己在执行一项思维任务过程中的思维，能考察自己正在进行的思维，能看到自己认为会用到的思想。思想者还应该能够看到他人运用过的思想，乐于通过获得一个新的创意或看待事物的新方法来改善自己的思维。思考者理解认知的重要性，把大脑的模式形成和模式使用体系看成认知本质;在思维过程中不抱以自大的态度;在得出结论之前广泛浏览各种各样的情况,这些情况可能包括各种感知思维工具的应用。

扩展阅读 8-3

思维修炼过程

1. 轻率鲁莽的思考者:对自我思维过程中的重大问题一无所知

生活中的许多问题都是由糟糕的思维技巧所引致的,自我中心定势在思考过程中扮演了决定性的角色。自我判断:如果你在回答下述问题时有困难,则你很有可能正处于这个思维阶段。

(1) 你是否可以描述一下你在生活中扮演的角色?

(2) 你最近所做出(而你不应该做出)的某个假设是什么?

(3) 你最近形成的某个概念(该概念是你过去所缺乏的)是什么?

列出你在过去一个小时内所做出的五个推论。

(1) 请举出某个你有时候会用来指导自己思考的观点,并对之进行解释。

(2) 请列举一些你所使用的心智标准(思维定势),解释一下你是如何应用它们的。

(3) 请简要描述一下你是如何分析和评估思考过程的。

(4) 请解释自我中心思考在你生活中所扮演的角色。

(5) 请选择一两个思维素质,并且解释一下你现在为了体现它们而在做些什么。

2. 面临挑战的思考者:自知思维存在问题

个体认识到自我的思维方式塑造着自己的生活,思维中存在的问题是生活中产生问题的根源。个体还认识到在"改善"自己的思维能力方面所蕴含的困难,这种欠缺深思熟虑能力的困难与受教育程度并不具直接关系。教育可能导致头脑中的骄傲自大,谦虚与自我反省的态度最重要。

3. 初级思考者:尝试提高思维技巧,但缺乏有规律的训练

个体开始思考自我中心的来源,并尝试突破,这其实是价值观提升的过程。

其一,个体必须探索思维的基础面:自己是如何去想及相信的?或者说,是什么塑造了自己的思想?可以从这些方面进行思考。

(1) 所处的文明:亚洲文明、欧洲文明、非洲文明、美洲文明……

(2) 诞生的时代背景:战争、婴儿潮、土地改革、改革开放、计划生育……

(3) 出生地:国家、城市……

(4) 家庭及信仰。

(5) 所受的教育及程度。

(6) 你所处的人际环境、参与的团队。

你可以尝试着改变自己以上任一项,也许就会有不同的信念体系。

其二,审视思维所在范畴。如社会学、哲学、伦理学、历史学、神学及心理学等,这种审视会让个体发觉思想的匮乏与约束。

个体通过这两方面审视能够意识到关于自我的事实,就会找到激励自我掌控自己思想的动力,从而真正成为命运的主宰。

4. 思维实践者:意识到有规律训练的必要性,练习阶段

思维的实践,不是偶一为之,而应该是有计划、有意识、有目的的循序渐进地训练。在这个过程中,你需要思考的是你每天可以做些什么来改善思维能力并持之以恒。在这个过程中,个体需要重视基础,不断地反省。思维实践的要点是正确的理论、充分的练习和有益的反馈。

5. 高级思考者:技巧随训练精进,高级阶段

动机、诚意和定期的练习是思维训练者最重要的变量。逐渐养成分析自我思维的习惯,能在更深层的思维水平上对问题有深入的了解,从而驾驭我们内心的自我中心和社会中心的本性,最终会形成公平正直、文明谦让和坚持不懈的美德。

6. 思想大师:成为本能,精通阶段

当个体凭直觉就能完成在练习和高级阶段刻意操练的过程时,就进入了大师阶段。技艺高超的学员会让高难动作显得简单容易。也许我们永远无法成为一个思想大师,但以之为目标,认真对待每一次思维的训练,个体将会逐渐更公正、理智对待决策,形成值得尊重的社会价值观。

下图为思维修炼过程。

(资料来源:[美] 布朗、[美] 基利著《学会提问:批判性思维指南》,赵玉芳译,中国轻工业出版社2006年版,第1页。)

三、留白时间，张弛有度

人是一个开放系统，是社会关系的总和，由生至死都在不停地与外部环境进行物质、能量和信息的交流与交换。创新思维的思维方式、方法、过程和结果，既受到人脑生理状态、人体健康状况等因素的影响和制约，也受到外部环境的激发和阻碍。创新思维既要不断地否定现实，超越现实，又离不开现实的客观条件和环境。可以这样认为，创新的内因是创新者自身的知识、能力和人格因素等，环境因素则属于外因。创新者是否能够取得创造的成果，离不开外部的环境因素。一般来说，如果创新者所处的环境越好，那么他/她的创新成果就会越多；反之创造成果就会越少。因此，创新主体正确地处理好创新与环境的相互关系极为重要。

按环境范围不同，创造环境可分为社会环境、家庭环境和工作环境等。

首先，家庭环境是创新者的初始环境，这主要是从保护与培养创新者的好奇心而言。一些大科学家、大发明家之所以成为世界伟人，是与其家庭影响特别是其孩童时代的家庭教育环境密不可分的。例如爱迪生小时候出于好奇曾用自己的身体去孵鸡蛋，其母亲不但不觉怪异，反而向他仔细地解释他孵不出小鸡的原因，并进一步鼓励他去探索世界。

其次，社会环境对社会的创新能力起着很重要的作用。这一环境主要是指社会制度、社会体制及其所制定的各种法律、法规、政策等。中华人民共和国在成立初期，由于实行计划经济体制，因此在一定程度上限制了人们创造力的开发。而实施改革开放以后取得的巨大经济成果，就源于民众的创造力得到了极大的释放。家庭作为社会的基本组织，也会极大地受制于社会环境。

最后，创新者的工作环境将直接影响个体在工作岗位上的创新。任何个体都是在一定的组织中，组织首要保障其正常运转以完成一定的任务，因而组织内部会有一定的约束与限制。这必然对个体的创造性有某种抑制作用。个体在组织中的工作环境主要由企业文化、直接上司或领导的管理风格构成。这首先表现在创新者的行为可能受到来自上司和领导对创造的误解。这是由于创造活动与已有的常规组织行为之间通常会存在矛盾。其次，社会的一些落后观念和思想意识的影响。对创新的接受需要时间，其间可能遭遇层层关卡及种种非难，甚而会被扼杀在萌芽状态。

实践证明，创新思维除受以上组织环境影响外，还需要一个良好的物理环境。一般来说，良好的物理环境有利于创新思维的直接激发。这是因为舒适的生活环境、优美的自然环境，既有利于思维的放松，促进右脑的工作，也有利于较长时间地保持注意力和思维的兴趣状态。比如，以创新为第一生产力、坐落于硅谷的科技公司已经意识到了此点。他们将工作时间的20%设置为"自由时间"。其间，员工可以散步、与人交谈、吃饭、酝酿灵感、听音乐、社交以及自省。

> **小案例 8-2**
>
> **谷歌办公室**
>
> 谷歌员工不但拥有令人羡慕的工资待遇,而且办公环境也舒适惬意。只要能够激发思维实现目标,在办公室里躺着都行。如其悉尼办公室,员工可躺在吊床上办公;苏黎世办公室,员工能在水上主题"睡眠舱"中休息;慕尼黑办公室,员工可在按摩椅上放松。
>
> (资料来源:笔者撰写。)

物理环境会因人而异。据日本 1983 年对 821 名发明家发明灵感产生的地点调查显示:枕上占 52%、家中桌子旁占 23%、浴室占 8%、厕所占 11%、办公桌前占 21%、资料室占 17%、会议室占 7%、乘车中占 4%、步行中占 46%、茶馆等占 31%。可见,不同的人对创造性思维的物理环境要求不尽相同,而且许多著名人物在思考时对环境的要求表现出特殊的癖好。如苏格拉底经常要站在冰天雪地里思索哲学问题;席勒创作诗歌时要在书桌旁边放烂苹果激发兴趣;笛卡尔要在烧着壁炉的房间内裹着被子沉思;普鲁斯特每当找不出恰当词汇的时候,会盯着书房一排软木塞出神。

环境对创新思维的影响体现了情境对思维的作用。这说明当我们处于思维之中时,要让自己离开忙碌的状态(忙碌时更多的是反射脑工作),寻找一段放松、休闲时光(让储存脑工作),可以是睡觉、泡澡、散步、听音乐等,从而留给储存脑足够的工作时间。这其实就是一种拓展展露的方式,即通过改变思考者的外在环境从而将思维引导进不同的视角中。

> **小案例 8-3**
>
> **办公室帐篷**
>
> 为了提高员工的效率,200 多家日本企业允许员工在办公室搭建帐篷办公,大部分公司是 IT 类企业,也有部分是餐饮、通信类企业。同一部门的员工通常会在办公室搭建一个帐篷,里面摆放一张桌子和几把椅子以及折叠床。一家公司的员工表示,有了这样一个空间之后,员工既可以得到休息,也可以很好地与小组内成员交流,更加适合做创造性的工作。一家 IT 创新型企业表示,自从在办公室支起帐篷以来,各部门的员工沟通变得更加频繁,产生了很多新的创意,各部分的创作量也大大增加。
>
> (资料来源:腾讯网《200 家日本企业允许办公室搭帐篷》。有改动。)

在创造性思维的环境基础上，还有关于时间的选择问题。生命科学研究表明，人的体力、智力和情绪都是随时间而呈周期性变化的：体力的完整周期是 23 天，智力和情绪的周期分别是 33 天和 28 天。创造性思维的最佳时期应是三者处在高潮的交汇点处。另外，在一天中，人的思维能力也不一样，也呈现出周期性的变化。创造性思维一般产生在人的精力最旺盛、思维最灵活的时期。

要培养创新思维首先应提供可以进行创新思维的环境，包括社会环境、学校和家庭环境等。这不仅包括提供一种积极的物理环境，更重要的是营造宽松的心理安全环境，即令学生感到"心理安全"和"心理自由"。这样个体就能够自由地表达自己的思想，自主地塑造自己的人格，表现出极高的创造性水平。

四、习惯培养，注重积累

俗语说，习惯成自然，这是创新思维培养的终极目标。如何形成一个创新思维的习惯呢？行为心理学研究表明，21 天以上的重复会形成习惯，90 天的重复会形成稳定的习惯。也就是说，同一个动作，重复 21 天就会变成习惯性动作。任何一个想法，重复 21 天，也会成为一个习惯，进而影响潜意识，在不知不觉中改变你的行为。习惯的形成有以下三个阶段。

第一阶段，7 天。此阶段是"刻意、不自然"。你需要十分刻意提醒自己改变，而你也会觉得有些不自然，不舒服。比如碰到任何事情，行动前都要停下来想一想用什么思维工具，如何思考。

第二阶段，7—21 天。此阶段是"刻意，自然"。你已经觉得比较自然，比较舒服，但是一不留意，还会回复到从前。因此，你还需要刻意提醒自己改变。

第三阶段，21—90 天。此阶段是"不经意，自然"。其实这就是习惯，也被称为"习惯的稳定期"。一旦跨入此阶段，你已经完成了自我改造。持续下去，你将不断地提升自己的思维能力，成为高阶思考者。

比如，可以通过一天解决一个问题来训练自己的思维。挑选一个问题，在每一天开始时（上班或上学路上）有空的时候琢磨：选用至少 3 种思维工具，想出至少 21 种解决方案。

创新思维的训练要关注思维的习惯，经由形成思维的习惯提升思维的能力。思维训练应当不同于知识的学习，而应关注思维的走向与思考的过程，只有将创新思维过程内化为个体的思考习惯，才能在创新的过程中自觉开展创造性的思考。因此，需要通过持续大量的思维练习，进行习惯培养。

同时，灵感来去倏忽，因此要善于捕捉，做好积累。

第一，需要做好三个随时随刻的准备。工具的准备，如电脑、手机、纸、录音笔等；地点的准备，如你日常生活的必经之处；适宜场合的准备，如公交车上、咖啡厅中、听音乐时、刷牙洗脸时、凌晨时刻。

第二，需要做好三个行动。

（1）日积月累——想到什么写什么，每天需要坚持。

（2）即刻记下——不要以为灵感会牢牢记在脑子里。直觉产生的想法常常转瞬即逝，容易遗忘，在有价值的想法产生时，要及时准确地记录下来。

（3）回看补充。需要的时候可以用。经常回看记录，增添再创意。

第三，注重增广见闻。这主要指的是思维方面的。包括两方面：一方面是刻意寻求陌生的环境。比如外出旅游、走不寻常的路径等，注意体会思维的新奇感。另一方面是扩大知识的涉猎面，提高对专业知识的理解。这些都将为创新思维提供有益的视角。

每天都需要用一点时间，回忆当天的经历，评估一下自己哪里做得好，哪里做得不好。在每个问题上都花点时间，这很重要，并将结果记录下来。你需要把细节说清楚，从而就拥有了清楚的认识——探寻自己的日常思维模式和你观察评估自己思维的模式。

世界著名的物理学家劳厄曾说过："重要的不是获得知识，而是发展思维能力。教育无非是一切已学过的东西都遗忘掉的时候所剩下来的东西。"大量的事实也表明，个人的观察、分析、判断、理解等思维技能是否成熟，是否接受过系统的训练，将决定个人未来的职业发展前途。因此，一个人要想在激烈的脑力竞争中生存，就要学会更新自己僵化的头脑、简单的思维模式，让自己成为一个思维技能训练有素的人。

西方有句谚语：上帝偏爱有准备的头脑。只要你能够像训练体能一样训练你的思维能力，那么你的思维就会变得更快、更高、更强，在激烈的智力竞争中，你就能领先一步，更胜一筹。每个人都拥有一个优秀的大脑，就像赛车拥有一个优秀的引擎。但优异的汽车性能并不等于优异的比赛表现，优异的表现往往取决于驾驶者的驾驶技术。如果我们愿意改变自己，那么我们就有了超越他人的机会，而且我们也会由此而变得与众不同。思维可以训练、培养和管理，刻意地训练思维，让思考为我所用是每个大学生步入社会的首要职责。我国大学生拥有扎实的基础知识，如果能再掌握高效科学的思维方法，必将涌现出大量的优秀的创新型人才。

本章小结

创新思维修炼可以应用 TEC 框架结合 5 分钟思维法实施。TEC 框架是种缜密思维工具，包含了创新思维的全过程，即思维目标选定、思维发散、思维收敛三阶段。T 强调思维的目标要尽量聚焦而具体，思维的发散 E 才可能更具新颖性，思维的收敛阶段 C 才可能产生比较有价值的结论。5 分钟思维法要求 1 分钟思考确定目标，2 分钟进行思维发散，2 分钟进行思维收敛、总结。训练中要求时间遵守的严格性。只有持续有意识地实践，才可能提升创新思维技能。作为习性的创新思维培养需要自信愉悦的态度与刻意训练，也需要个体人格、动机、环境、留白时间等的准备，还要注重对灵感的记录与积累。

思考题

1. TEC 框架含义。
2. 5 分钟思维训练法内涵。
3. 如何看待态度对创新思维培养的价值？
4. 如何理解并践行创新思维的人格准备？

课前动脑答案

1. 碰到的第一个大的拿在手上，后续碰到更大的则进行替换。2. 取两次 5 升倒满 6 升壶；余 4 升，倒入空置的 6 升壶；再取第 3 次 5 升倒满 6 升壶后余下即为 3 升。3. 将第 2 只杯的水倒入第 5 只空杯。4. 从学生角度：$90 \times 3 + 30 = 300$；从店小二视角：$250 + 20 + 3 \times 10 = 300$。

附录 课程考查

1. 考查内容：分为小组作业与个人作业两部分，小组作业 70 分，个人作业 30 分。
2. 考查目的：透明思维的过程，掌握管理思维的技能。掌握思维工具的应用方式；培养依据思维模型而不是经验与直觉进行决策的思维方式与技能；培养创新思维习性。
3. 考查要求：TEC 是个管理思维过程的工具，请在作业过程中应用 TEC 框架来呈现所有决策的过程。每个决策都应该是 TEC 的循环应用，每一个决策都必须经由主体思考并呈现要用的思维模型（找模型的 TEC 过程），每个思维模型应用时都应该遵循 TEC 过程。

一、小组作业（二选一）

（一）未来问题解决计划

想象一个未来社会的场景（必须是有所依据的想象），详细描述，然后指出可能存在的问题（21 个）。挑选一个核心问题，寻找出至少 21 个解决方案，评价最优方案（说明评优的理由）。

（二）社会问题解决计划

列举一个当下的社会问题，详细描述，然后指出可能存在的后果（21 种）。挑选一个核心后果并寻找出至少 21 个解决方案，评价最优方案（说明评优的理由）。

1. **考查依据**
（1）思维过程的透明化。
（2）工具应用恰当性。
（3）问题解决策略的价值性、创新性。
（4）文字表达能力与现场展示技巧。小组作业提交书面过程记录（word），并在最后 2～3 次课进行每组 5～8 分钟的 PPT 展示。

2. **作业示例（思维过程透明化）**
（1）确定社会问题（或未来问题）：①选择工具（可能是多个，比如 3 个，方便找出更多社会问题）；②应用工具，确定社会问题；③选定社会问题的标准—选择工具；④应用工具选定社会问题。

（2）确定后果：①选择工具（可能是多个，比如3个，方便找出更多后果）；②应用工具，确定存在的后果。

（3）最核心的后果：①选择工具（可以是多个，方便殊途同归）；②确定最核心的后果。

（4）解决方式：①选择工具（可能是多个，比如3个，方便找出更多解决方式）；②应用工具，确定解决方式。

（5）最佳解决方案：①选择工具；②应用工具，确定最佳方案。

二、个人作业

请提供至少10个工具的应用案例，必须是自己亲身经历的，也可以是一个问题多个工具的综合应用。

1. **考查依据**

（1）工具应用恰当性。

（2）结果创新性、价值性。

（3）多多益善——超出10个，每多一个加1分，总共不超过5分。

2. **具体要求**

每个工具的应用内容包括以下三方面。

（1）描述事件的情境。

（2）工具应用的TEC过程呈现。

（3）效果评价。请注重平时积累，实时记录。

参 考 文 献

[1] [英] 爱德华·德博诺. 我对你错——从岩石的思维到水的思维 [M]. 冯杨, 译. 太原：山西人民出版社, 2008.

[2] [美] 亚历斯·奥斯本. 我是最懂创造力的人物 [M]. 厦门：鹭江出版社, 1989.

[3] [英] 爱德华·德博诺. 12 堂思维课 [M]. 韩英鑫, 译. 上海：华东师范大学出版社, 2014.

[4] 张晓芒. 创新思维的逻辑学基础 [J]. 南开学报, 2006 (6): 88-96.

[5] 赵国庆. 思维教学研究百年回顾 [J]. 现代远程教育研究, 2013 (6): 39-49.

[6] 家蕊. 创新思维的基本因素探究 [D]. 长春：吉林大学, 2018.

[7] 周耀烈. 思维创新与创造力开发 [M]. 杭州：浙江大学出版社, 2008.

[8] 温兆麟, 周艳, 刘向阳. 创新思维的培养 [M]. 北京：清华大学出版社, 2016.

[9] 王延光. 斯佩里对裂脑人的研究及其贡献 [J]. 中华医史杂志, 1998 (1): 59-63.

[10] 刘卫平. 论思维创新活动的主体 [J]. 广西社会科学, 2008 (1).

[11] 陶国富. 马克思主义创新思维之非逻辑思维 [J]. 马克思主义研究, 2010 (6): 88.

[12] 马克思恩格斯全集：第 23 卷 [M]. 北京：人民出版社, 1979.

[13] 罗翠莲. 逻辑思维与创造性思维 [D]. 贵阳：贵州大学, 2009.

[14] 马艳蕾. 远距离联想和近距离联想的脑机制研究 [D]. 重庆：西南大学, 2010.

[15] 张志胜. 创新思维的培养与实践 [M]. 南京：东南大学出版社, 2012.

[16] 施小红. 试析广告自身因素对消费者知觉的影响策略 [J]. 安徽文学 (下半月), 2008 (3): 368-369.

[17] 陈林兴. 基于知觉理论的我国企业广告策略的调整 [J]. 商场现代化, 2006 (4): 173-174.

[18] 赵迪. 创新思维：科学知识增长的灵魂 [D]. 长春：吉林大学, 2018.

[19] 王跃新, 赵迪, 王叶, 等. 创新思维发生及运行机制探赜 [J]. 吉林大学社会科学学报, 2015 (9).

[20] 刘卫平. 论思维创新的抽象逻辑思维形态 [J]. 辽宁师范大学学报 (社会科学

版），2007（4）：9.

[21] 方展画. 关于"思维过程"的心理学研究［J］. 上海教育科研，1988（4）：52–54.

[22] 许冬梅. 大学生创新思维培养教育的路径探析［J］. 创新与创业教育，2018（2）：19–22.

[23] 林家金. 暴露思维过程，提高思维能力［J］. 基础教育研究，2014（23）：48，50.

[24] 欧阳群壮. 在教学中培养数学思维能力的几种途径［J］. 数学学习与研究，2016（13）：126–127.

[25] 沈汪兵，袁媛，赵源，等. 顿悟体验的特性、结构和功能基础［J］. 心理科学，2017（2）：347–352.

[26] 王颖超. 不同情境下强制联想法对创造性产出影响的实验研究［D］. 苏州：苏州大学，2013.

[27] 李尚之，王灿明. 创新思维的七要素模型及其商业应用［J］. 经济研究导刊，2017（2）：177–180.

[28] 柏永全. 技术创新过程中创造性思维探究［D］. 沈阳：东北大学，2006.

[29]［美］理查德·保罗，［美］琳达·埃尔德. 批判性思维：思维、写作、沟通、应变、解决问题的根本技巧［M］. 乔苒，徐笑春，译. 北京：新星出版社，2006.

[30]［美］D. Q. 麦克伦尼. 简单的逻辑学［M］. 赵明燕，译. 杭州：浙江人民出版社，2013.

[31]［美］布朗，［美］基利. 学会提问：批判性思维指南［M］. 赵玉芳，等，译. 北京：中国轻工业出版社，2006.

[32] 王保国. 创新思维的逻辑学基础研究［J］. 延边大学学报（社会科学版），2009（3）：26–30.

[33] 张德琦. 创造性思维与创新方法［M］. 北京：化学工业出版社，2018.

[34]［美］芭芭拉·明托. 金字塔原理——思考、表达和解决问题的逻辑［M］. 汪洱，高愉，译. 海口：南海出版公司，2012.

[35]［英］爱德华·德博诺. 六顶思考帽［M］. 冯杨，译. 北京：北京科学技术出版社，2004.

[36]［英］东尼·博赞. 思维导图［M］. 叶刚，译. 北京：中信出版社，2009.

[37]［英］爱德华·德博诺. 水平思考［M］. 卜煜婷，译. 北京：化学工业出版社，2017.

[38] 史宪文. 现代商务策划管理教程［M］. 北京：中国经济出版社，2007.

[39]［美］特奥·康普诺利. 慢思考：大脑超载时代的思考学［M］. 阳曦，译. 北京：九州出版社，2006.

[40]［美］彼得·德鲁克. 创新与企业家精神［M］. 北京：机械工业出版社，2009.

[41] 徐艳,张杨. 脑科学研究新进展对创造性思维培养的启示[J]. 教育探索,2004(8):11-12.

[42] 张丽华,白学军. 创造性思维研究概述[J]. 教育科学,2006(5):86-89.

[43] 陈亮,余伟阳,李宝华. 如何将物理实验教学中的科学思维显性化[J]. 科教文汇(上旬刊),2012(3):88-89.

[44] 洪昆辉. 创造性思维问题解决的八阶段模型[C]//中国思维科学学会. 中国思维科学会议 CCNS2019 暨上海市社联学术活动月思维科学学术讨论会论文集. 中国思维科学学会;云南省思维科学学会,2019:138-160.

[45] 董奇. 发散思维测验的发展与简评[J]. 北京师范大学学报,1985(1):23-28.

[46] 牙述刚. 威尔逊云室的发明[J]. 广西民族学院学报(自然科学版),2003(4):49-52.

[47] 欧阳振文. 潜意识思维探幽[J]. 社会心理科学,2002(1):7-8.

[48] 李琳. 复杂性视野下的创造性思维研究[D]. 北京:中央民族大学,2017.

[49] 韦鹬. 托尔曼认知行为理论对成人学习的启示[J]. 湖北大学成人教育学院学报,2009(6):11-13.

[50] 李付春. 英国每年要卖几个高尔夫球?[J]. 职业,2011(16):32.

[51] [德]马克斯·韦特海默. 创造性思维[M]. 林宗基,译. 北京:教育科学出版社,1987.

[52] [澳]芭贝特·E. 本苏桑,[加]克雷格·S. 弗莱舍. 决策的10个工具[M]. 王哲,译. 北京:中国人民大学出版社,2012.

[53] 松林. 选狼还是选狮子[J]. 政府法制,2010(18):55.

[54] [美]史蒂芬·柯维. 高效能人士的七个习惯[M]. 高新勇,王亦兵,葛雪蕾,译. 北京:中国青年出版社,2011.

[55] [美]威廉·戈顿. 综摄法——创造才能的开发[M]. 林康义,等,译. 北京现代管理学院,1986.

[56] 方陵生. 屠呦呦接受美国《临床研究期刊》访谈[N]. 文汇报,2011-09-22.

[57] [美]卡尔·维克. 组织的社会心理学[M]. 高隽,译. 北京:中国人民大学出版社,2009.

[58] 卢业忠. 智慧的价值[J]. 发明与革新,2000(1):9.

[59] 赵一飞. 撩开发明创造的面纱——发明创造原理与方法漫谈(连载)[J]. 发明与革新,2002(8):8-9

[60] 彭健伯. 论动作形象思维方法及其能力开发[J]. 发明与革新,2000(12):10-12.

[61] 佟雨航. 波斯猫泄露敌情[J]. 内蒙古林业,2017(1):41.

[62] 红烛. 要经得起失败的考验——爱迪生发明电灯的启示[J]. 人民教育,1979

(9)：53-55.

[63] 黄建东. 电影发明权的归属之争［J］. 发明与创新，2004（7）：26-27.

[64] 汤东康. 鸟儿因噪声而走调［J］. 环境，1995（10）：32.

[65] 冷冶夫. "从众现象"小析［J］. 中国广播电视学刊，1991（4）：94.

[66] 刘志敏. 不拉马的兵与不应站的岗［N］. 解放军报，2012-07-15（07）.

[67] 祝国强. 趣谈统计工作中易忽视的错误——幸存者偏差［J］. 中国统计，2014（9）：53-54.

[68] 罗先德. 从"分苹果"与"让梨"的故事说起［J］. 中小学德育，2013（2）：92-93.

[69] 晓眠. 牛仔裤的诞生［J］. 农家之友，2003（14）：30.

[70] ［德］赫伯特·亨茨勒. 麦肯锡思维［M］. 郭颖杰，译. 北京：民主与建设出版社，2015.

[71] ［美］安东尼奥·R. 达马西奥. 笛卡尔的错误［M］. 毛彩凤，译. 北京：教育科学出版社，2007.

[72] 刘妍. 爱因斯坦大脑中的罕见结构［J］. 今日科苑，2011（24）：71-72.

[73] 魏晓. 帕累托法则［J］. 中国工会财会，2009（10）：51.

[74] 陈璟. 需要一把剪刀［J］. 基础教育，2005（Z1）：118.

[75] 李莹莹. 浅析爱因斯坦的科学方法［J］. 黑龙江科技信息，2012（5）：251，308.

[76] 李敏霞. 关于爱因斯坦《自述》的启示［J］. 中国校外教育，2012（31）：37，101.